人工智能科学与技术丛书

TensorFlow
自然语言处理及应用

李炳银 编著

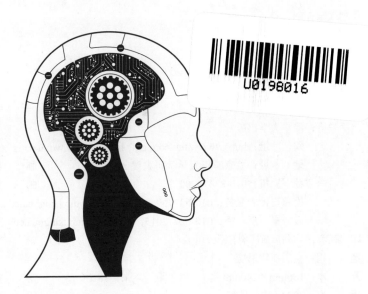

清华大学出版社
北京

内 容 简 介

本书以 TensorFlow 为平台,讲述 TensorFlow 与自然语言的技术及开发。书中每章都以理论开始,以 TensorFlow 应用及自然语言分析结束,将理论与实践相结合,让读者可以快速掌握 TensorFlow 与自然语言分析。本书共 9 章,主要内容为 TensorFlow 与编程、自然语言处理与深度学习基础、神经网络算法基础、词嵌入、卷积神经网络分析与文本分类、几种经典的卷积神经网络、循环神经网络及语言模型、长短期记忆及自动生成文本、其他网络的经典分析与应用。

本书注重应用,实例丰富,可作为高等院校人工智能相关专业的教材,也可作为研究 TensorFlow 与自然语言分析的广大科研人员、学者、工程技术人员的参考书籍。

版权所有,侵权必究。举报: 010-62782989, beiqinquan@tup.tsinghua.edu.cn。

图书在版编目 (CIP) 数据

TensorFlow 自然语言处理及应用 / 李炳银编著 .
北京 : 清华大学出版社 , 2024.10. -- (人工智能科学与技术丛书). -- ISBN 978-7-302-67374-3

I. TP391

中国国家版本馆 CIP 数据核字第 2024TQ1662 号

策划编辑:刘　星
责任编辑:李　锦
封面设计:李召霞
责任校对:韩天竹
责任印制:刘海龙

出版发行:清华大学出版社
网　　址:https://www.tup.com.cn,https://www.wqxuetang.com
地　　址:北京清华大学学研大厦 A 座　　　邮　编:100084
社 总 机:010-83470000　　　邮　购:010-62786544
投稿与读者服务:010-62776969, c-service@tup.tsinghua.edu.cn
质 量 反 馈:010-62772015, zhiliang@tup.tsinghua.edu.cn
印 装 者:定州启航印刷有限公司
经　　销:全国新华书店
开　　本:186mm×240mm　　　印　张:18.25　　　字　数:379 千字
版　　次:2024 年 10 月第 1 版　　　印　次:2024 年 10 月第 1 次印刷
印　　数:1 ~ 1500
定　　价:69.00 元

产品编号:106649-01

前言
PREFACE

近年来,随着机器学习和深度学习的发展,TensorFlow 作为它们的开源框架,也得到了快速发展。TensorFlow 的核心组件包括分发中心、执行器、内核应用和设备层,它的工作原理是基于数据流图和计算图的相互转化过程。

TensorFlow 的前身是 DistBelief 神经网络算法库,它的功能是构建各尺度下的神经网络分布式学习和交互系统,也被称为"第一代机器学习系统"。随着时间的推移,DistBelief 逐渐发展并应用于许多谷歌产品中,包括语言识别、图像识别、自然语言处理等。随着异构硬件和多核在 CPU 上运行效率的需求,TensorFlow 应运而生。由于 TensorFlow 灵活高效且支持各种不同类型的硬件,故其在各领域中得到了广泛的应用。

随着计算机和互联网的广泛应用,计算机可处理的自然语言文本数量空前增长,面向海量信息的文本挖掘、信息提取、跨语言信息处理、人工交互等应用需求急速增长,自然语言处理研究必将对人们的生活产生深远的影响。自然语言处理是人工智能中最困难的问题之一,对自然语言处理的研究是充满魅力与挑战的,其中汉语相对于其他语种更复杂,更难以分析。

近年来自然语言处理(NLP)技术已经取得了阶段性进展,在电商、金融、翻译、旅游等行业有了广泛应用,应用场景涵盖语音交互、文本分类、图像识别等。在深度学习技术的驱动下,自然语言处理技术应用又上了一个新台阶。TensorFlow 作为广泛使用的深度学习框架,在自然语言处理领域得到了广泛应用。之所以结合 TensorFlow 进行自然语言处理,是因为 TensorFlow 完全绑定兼容 Python,即具备 Python 的特点,所以利用 TensorFlow 完全可以对大数据进行提取、分析、降维。

本书首先介绍 TensorFlow 框架本身的特点与编程实现,然后介绍 NLP 在 TensorFlow 中的实现,此部分内容涉及词嵌入的各种方法、CNN/RNN/LSTM 的 TensorFlow 实现及应用、LSTM 在文本生成中的应用等。采用 TensorFlow 代码实现自然语言处理,可以使读者更容易理解自然语言处理技术的原理。

本书主要内容如下所述。

第 1~3 章介绍 TensorFlow 框架、自然语言处理与深度学习、神经网络算法等内容,主要包括TensorFlow软件特点及其编程实现、自然语言处理与深度学习的定义、联系、应用，神经网络的基础等内容。通过这些内容的学习，读者可对TensorFlow的特点、编程应用、自然语言处理、深度学习、神经网络算法等有简单的认识，轻松了解这些定义之间的区别与联系。

第4章介绍词嵌入的相关内容，主要包括词嵌入分布式表示、jieba分词处理、离散表示法、word2vec模型等内容。通过这些内容的学习，读者可对词嵌入有全面的认识，也能体会到利用TensorFlow框架实现词嵌入有多么简单、快捷、方便。

第5~8章介绍深度学习及自然语言处理相关内容，主要包括卷积神经网络、循环神经网络、长短期记忆、文本分析、语言模型、自动生成文本等内容。通过这些内容的学习，读者可从各个方面深入透彻地了解深度神经网络的相关概念，学会利用神经网络解决自然语言处理等机器问题，进一步了解TensorFlow的强大功能，同时也就明白了为什么TensorFlow可以成为现今最为流行的软件之一。

第9章介绍机器学习的综合实例，在深度神经网络、自然语言处理的基础上，综合应用深度神经网络知识求解实际问题。其中有几个实例使用的是同一组数据集，利用不同的方法进行求解，比较各种方法的求解结果，通过对比学习，读者能够更直观地感受各方法的优缺点，这样读者在以后的应用中可以根据需要选择合适的方法。

【配套资源】

本书提供教学课件、程序代码等配套资源，可以在清华大学出版社官方网站本书页面下载，或者扫描封底的"书圈"二维码在公众号下载。

由于时间仓促，加之编者水平有限，书中错误和疏漏之处在所难免，诚恳地期望各领域的专家和广大读者批评指正。

编者
2024年8月

目 录
CONTENTS

第 1 章　TensorFlow 与编程 ··· 1
　1.1　语言与系统的支持 ··· 1
　1.2　TensFlow 的特点 ··· 2
　1.3　TensorFlow 的环境搭建 ·· 3
　　1.3.1　安装环境介绍 ·· 3
　　1.3.2　安装 TensorFlow ·· 5
　　1.3.3　安装测试 ·· 6
　1.4　张量 ·· 7
　　1.4.1　张量的概念 ··· 7
　　1.4.2　张量的使用 ··· 8
　　1.4.3　NumPy 库 ·· 9
　　1.4.4　张量的阶 ·· 10
　　1.4.5　张量的形状 ·· 10
　1.5　认识变量 ·· 11
　　1.5.1　变量的创建 ·· 11
　　1.5.2　变量的初始化 ··· 19
　1.6　矩阵的操作 ··· 21
　　1.6.1　矩阵的生成 ·· 22
　　1.6.2　矩阵的变换 ·· 25
　1.7　图的实现 ·· 31
　1.8　会话的实现 ··· 34
　1.9　读取数据方式 ·· 36
　　1.9.1　列表格式 ·· 37
　　1.9.2　读取图像数据 ··· 38

第 2 章 自然语言处理与深度学习基础 ... 40

2.1 自然语言概述 ... 40
2.1.1 自然语言处理面临的困难 ... 40
2.1.2 自然语言处理的发展趋势 ... 41
2.1.3 自然语言处理的特点 ... 42

2.2 NLP 技术前沿与未来趋势 ... 43
2.2.1 挑战与突破 ... 43
2.2.2 人机交互的未来 ... 43
2.2.3 未来发展趋势与展望 ... 44
2.2.4 技术挑战与解决路径 ... 44

2.3 深度学习 ... 44
2.3.1 深度学习背景 ... 45
2.3.2 深度学习的核心思想 ... 46
2.3.3 深度学习的应用 ... 47

2.4 深度学习的优势与劣势 ... 51

第 3 章 神经网络算法基础 ... 52

3.1 激活函数及实现 ... 53
3.1.1 激活函数的用途 ... 53
3.1.2 几种激活函数 ... 53
3.1.3 几种激活函数的绘图 ... 57

3.2 门函数及实现 ... 59

3.3 单个神经元的扩展及实现 ... 62

3.4 构建多层神经网络 ... 65

第 4 章 词嵌入 ... 69

4.1 词嵌入概述 ... 69

4.2 分布式表示 ... 69
4.2.1 分布式假设 ... 70
4.2.2 共现矩阵 ... 70
4.2.3 存在的问题 ... 73

4.3 jieba 分词处理 ... 73
4.3.1 jieba 库的三种模式和常用函数 ... 74

- 4.3.2 jieba 库分词的其他操作 ··················· 75
- 4.3.3 中文词频统计实例 ······················· 81

4.4 离散表示 ································· 82
- 4.4.1 one-hot 编码 ························· 82
- 4.4.2 词袋模型 ··························· 87
- 4.4.3 TF-IDF 算法 ························· 90
- 4.4.4 n-gram 模型 ························· 92

4.5 word2vec 模型 ······························ 98
- 4.5.1 word2vec 模型介绍 ······················ 98
- 4.5.2 word2vec 模型结构 ····················· 103
- 4.5.3 Skip-gram 算法 ······················· 105
- 4.5.4 CBOW 算法 ························· 106
- 4.5.5 CBOW 算法与 Skip-gram 算法的对比 ············· 107
- 4.5.6 算法改进 ·························· 108
- 4.5.7 训练概率 ·························· 109
- 4.5.8 word2vec 实现 ······················· 110

第 5 章 卷积神经网络分析与文本分类 ···················· **120**

5.1 全连接网络的局限性 ··························· 120

5.2 卷积神经网络的结构 ··························· 121
- 5.2.1 卷积层 ··························· 122
- 5.2.2 池化层 ··························· 129
- 5.2.3 全连接层 ·························· 131

5.3 卷积神经网络的训练 ··························· 131
- 5.3.1 池化层反向传播 ······················· 132
- 5.3.2 卷积层反向传播 ······················· 134

5.4 卷积神经网络的实现 ··························· 139
- 5.4.1 识别 0 和 1 数字 ······················· 139
- 5.4.2 预测 MNIST 数字 ······················ 145

5.5 NLP 的卷积 ······························ 149
- 5.5.1 NLP 卷积概述 ······················· 149
- 5.5.2 用于文本分类的 CNN ···················· 151

第 6 章 几种经典的卷积神经网络 161

6.1 AlexNet 161
6.1.1 AlexNet 的结构 161
6.1.2 AlexNet 的亮点 162
6.1.3 AlexNet 的实现 163

6.2 DeepID 网络 168

6.3 VGGNet 169
6.3.1 VGGNet 的特点 169
6.3.2 VGGNet 的结构 169
6.3.3 VGGNet 的实现 171

6.4 Inception Net 175
6.4.1 Inception Net 的原理 175
6.4.2 Inception Net 的经典应用 176

6.5 ResNet 181
6.5.1 ResNet 的结构 181
6.5.2 ResNet 的实现 184

第 7 章 循环神经网络及语言模型 190

7.1 循环神经网络概述 190
7.1.1 循环神经网络的原理 191
7.1.2 循环神经网络的简单应用 194

7.2 损失函数 195

7.3 梯度求解 196
7.3.1 E_3 关于参数 V 的偏导数 197
7.3.2 E_3 关于参数 W 的偏导数 197
7.3.3 E_3 关于参数 U 的偏导数 197
7.3.4 梯度消失问题 198

7.4 循环神经网络的经典应用 198
7.4.1 实现二进制数加法运算 198
7.4.2 实现拟合回声信号序列 202
7.4.3 基于字符级循环神经网络的语言模型 209
7.4.4 使用 PyTorch 实现基于字符级循环神经网络的语言模型 213

第 8 章 长短期记忆及自动生成文本 ... 220

8.1 长短期记忆网络 ... 220
8.1.1 LSTM 核心思想 ... 221
8.1.2 LSTM 详解与实现 ... 222

8.2 窥视孔连接 ... 230

8.3 GRU 网络对 MNIST 数据集分类 ... 231

8.4 双向循环神经网络对 MNIST 数据集分类 ... 233

8.5 CTC 实现端到端训练的语音识别模型 ... 237

8.6 LSTM 生成文本预测 ... 244
8.6.1 模型训练 ... 244
8.6.2 预测文本 ... 246

第 9 章 其他网络的经典分析与应用 ... 248

9.1 自编码网络及实现 ... 248
9.1.1 自编码网络的结构 ... 248
9.1.2 自编码网络的代码实现 ... 249

9.2 栈式自编码器及实现 ... 256
9.2.1 栈式自编码概述 ... 256
9.2.2 栈式自编码训练 ... 256
9.2.3 栈式自编码实现 MNIST 手写数字分类 ... 257
9.2.4 栈式自编码器的应用场合与实现 ... 259

9.3 变分自编码及实现 ... 268
9.3.1 变分自编码原理 ... 268
9.3.2 变分自编码模拟生成 MNIST 数据 ... 269

9.4 条件变分自编码及实现 ... 275
9.4.1 条件变分自编码概述 ... 275
9.4.2 条件变分自编码网络生成 MNIST 数据 ... 275

参考文献 ... 281

第 1 章 TensorFlow 与编程

CHAPTER 1

TensorFlow 是一个采用数据流图（data flow graphs），用于数值计算的开源软件库。其命名来源于本身的原理，Tensor（张量）意味着 N 维数组，Flow（流）意味着基于数据流图的计算。TensorFlow 的运行过程就是张量从图的一端流动到另一端的计算过程。张量从图中流过的直观图像是其取名为 TensorFlow 的原因。

1.1 语言与系统的支持

TensorFlow 支持多种客户端语言下的安装和运行，目前最新版本为 2.12.1，新版本提供了更多的 Bug 修复和功能改进，还针对漏洞发布了补丁。

1. Python

TensorFlow 提供 Python 语言下的四个不同版本：CPU 版本（TensorFlow）、包含 GPU 加速的版本（TensorFlow-gpu），以及两个编译版本（tf-nightly、tf-nightly-gpu）。TensorFlow 的 Python 版本支持 Ubuntu16.04、Windows 7、macOS10.12.6 Sierra、Raspbian 9.0 及对应的更高版本，其中 macOS 版不包含 GPU 加速。安装 Python 版 TensorFlow 可以使用模块管理工具 pip/pip3 或 anaconda 并在终端直接运行。

此外 Python 版 TensorFlow 也可以使用 Docker 安装。

2. C

TensorFlow 提供 C 语言下的 API，可以用于构建其他语言的 API，支持 x86-64 下的 Linux 类系统和 macOS 10.12.6 Sierra 或其更高版本，macOS 版不包含 GPU 加速。其安装过程如下：

- 下载 TensorFlow 预编译的 C 文件到本地系统路径（通常为 usr/local/lib）并解压缩。
- 使用 ldconfig 编译链接。

用户也可在其他路径解压文件并手动编译链接，此外，编译 C 接口时需确保本地的 C 编译器（例如 gcc）能够访问 TensorFlow 库。

3. 配置 GPU

TensorFlow 支持在 Linux 和 Window 系统下使用统一计算架构（Compute Unified Device Architecture，CUDA）高于 3.5 的 NVIDIAGPU。配置 GPU 时要求系统有 NVIDIA GPU 驱动 384.x 及以上版本、CUDA Toolkit 和 CUPTI（CUDA Profiling Tools Interface）9.0 版本、cuDNN SDK7.2 以上版本。其可选配置包括 NCCL 2.2（用于多 GPU 支持）、TensorRT 4.0（用于 TensorFlow 模型优化）。

1.2 TensFlow 的特点

TensorFlow 到底有什么特点，能让它在这么短的时间内得到如此广泛的应用呢？下面就简要介绍 TensorFlow 的特点。

1. 高度灵活性

TensorFlow 不仅是一个深度学习库，所有可以把计算过程表示成一个数据流图的过程，都可以用它来计算。TensorFlow 允许用计算图的方式建立计算网络，同时又可以很方便地对网络进行操作。

2. 真正的可移植性

TensorFlow 可以在台式计算机中的一个或多个 CPU（或 GPU）、服务器、移动设备等上运行。

3. 自动求微分

TensorFlow 自动求微分的能力非常适用于基于梯度的机器学习算法。作为 TensorFlow 用户，只需要定义预测模型的结构，将这个结构和目标函数（objective function）结合在一起，并添加数据，就可以用 TensorFlow 自动计算相关的微分导数。

4. 多语言支持

TensorFlow 采用非常易用的 Python 来构建和执行计算图，同时也支持 C++、Java、Go 语言。

5. 丰富的算法库

TensorFlow 提供了所有开源机器学习框架里最全的算法库，并且还在不断添加新的算法库。这些算法库已经能满足大部分需求，对于普通应用，基本上不用再去自定义算法库。

6. 大量的开源项目

TensorFlow 在 GitHub 上的主项目下还有类似 models 这样的项目，里面包含了许多应用领域的最新研究算法的代码实现，比如图像识别领域效果最好的 Inception 网络和残差网络，能够让机器自动用文字描述一张图片的 im2txt 项目，自然语言某些处理领域达到人类专家水平的 syntaxnet 项目，等等。

7. 性能最优化

假设有一个 32 个 CPU 内核、4 个 GPU 显卡的工作站，想要将工作站的计算潜能全部发挥出来。TensorFlow 由于给予了线程、队列、异步操作等最佳的支持，故可将硬件的计算潜能全部发挥出来。

8. 将科研和产品联系在一起

目前谷歌的科学家已经用 TensorFlow 尝试新的算法，产品团队采用 TensorFlow 来训练和使用计算模型，并直接提供给在线用户。使用 TensorFlow 可以让应用型研究者将想法迅速运用到产品中，也可以让学术性研究者更直接地彼此分享代码，从而提高科研产出率。

1.3　TensorFlow 的环境搭建

本节主要介绍如何在几个主要的平台上安装 TensorFlow，以及对其进行简单的运行测试。

1.3.1　安装环境介绍

目前 TensorFlow 社区推荐的环境是 Ubuntu，但是 TensorFlow 同时支持 macOS 及 Windows 上的安装部署。

在深度学习计算过程中，大量的操作是向量和矩阵的计算，而 GPU 在向量和矩阵计算方面比 CPU 有一个数量级的速度提升，显然机器学习在 GPU 上运算效率更高，所以推荐在 GPU 的机器上运行 TensorFlow 程序。

1. CUDA 简介

显卡厂商 NVIDIA 推出的运算平台 CUDA（Compute Unified Device Architecture），是一种通用的并行计算架构，该架构使 GPU 能够解决复杂的计算问题，它包含了 CUDA 指令集以及 GPU 内部的并行计算引擎。它还提供了硬件的直接访问接口，因此不必像传统方式一样必须依赖图形 API 接口来实现 GPU 的访问，从而给大规模的数据计算应用提供了一种比 GPU 更加强大的计算能力。程序开发人员通过 C 语言，利用 CUDA 的指令接口，就可以编写 CUDA 架构的程序。

2. CuDNN 简介

CuDNN 的全称是 CUDA Deep Neural Network library，是专门针对深度学习框架设计的一套 GPU 计算加速方案，最新版本的 CuDNN 提供了对深度神经网络中的向前向后的卷积、池化以及 RNN 的性能优化。目前，大部分深度学习框架都支持 CuDNN。

目前包括 TensorFlow 在内的大部分深度学习框架都支持 CUDA，所以为了让深度神经网络的程序在 TensorFlow 上运行得更好，推荐至少配置一块支持 CUDA 和 CuDNN 的 NVIDIA 的显卡。

3. 查看机器的显卡信息

下面从 Windows 系统上查看机器的显卡信息。

在"运行"对话框中输入 dxdiag，如图 1-1 所示，然后单击"确定"按钮，此时会打开"DirectX 诊断工具"窗口。单击其中的"显示"标签页，就可以查看机器的显卡信息，如图 1-2 所示。

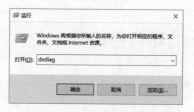

图 1-1 输入 dxdiag 命令

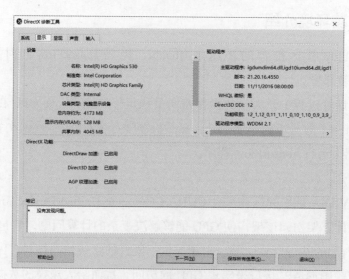

图 1-2 查看机器的显卡信息

从图 1-2 中可以看到，这个机器上的显卡是 Intel(R) HD Graphics Family。

1.3.2　安装 TensorFlow

TensorFlow 的 Python 语言 API 支持 Python 2.7 和 Python 3.3 以上的版本。GPU 版本推荐使用 CUDA Toolkit 8.0 和 CuDNN v5. 版本，CUDA 和 CuDNN 的其他版本也支持，不过需采用自己编译源码的方式安装。

1. 安装 pip

pip 是用来安装和管理 Python 包的管理工具，在此首先介绍它在各个平台上的安装方法。在安装 pip 之前，请先自行安装好 Python。

1）Ubuntu/Linux

在 Ubuntu/Linux 系统上安装 pip 的命令如下：

```
$ sudo apt-get install python3-pip
```

2）macOS

在 macOS 系统上安装 pip 的命令如下：

```
$ sudo easy_install pip
$ sudo easy_install --upgrade six
```

3）Windows

在 Windows 系统上安装 pip 的命令如下：

```
# 去 Python 官网下载 pip
https://pypi.python.org/pypi/pip#downloads
# 解压文件，通过命令行安装 pip
>> python setup.py install
# 设置环境变量
```

在 Windows 的环境变量的 PATH 变量的最后添加 "\Python 安装目录 \Scripts"。

2. 通过 pip 安装 TensorFlow

TensorFlow 已经把最新版本的安装程序上传到了 PyPI，所以可以通过最简单的方式来安装 TensorFlow（要求 pip 版本在 8.1 版本或者更高）。

安装 CPU 版本的 TensorFlow 的命令如下：

```
sudo pip3 install TensorFlow
```

安装支持 GPU 版本的 TensorFlow 的命令如下：

```
sudo pip3 install TensorFlow-gpu
```

在 Windows 系统上安装 CPU 版本。

```
C:\> pip install --upgrade
```

3. 源码编译安装 TensorFlow

有时需要单独自定义一下 TensorFlow 的安装，比如 CUDA 是 7.5 版本的，可能需要自己编译源码进行安装。在此只介绍在 Ubuntu 系统上如何通过源码编译安装。

1）从 git 上下载源码

从 git 上下载源码的地址为 git clone https://github.com/TensorFlow/TensorFlow。

2）安装 Bazel

Bazel 是谷歌开源的一套自动化构建工具，可以通过源的方式安装，也可以通过编译源码安装，这里只介绍通过源的方式安装。

首先，安装 JDK8。

```
$ sudo add-apt-repository ppa:webupd8team/java
$ sudo apt-get update
$ sudo apt-get install oracle-java8-installer
```

接着，添加 Bazel 源的地址。

```
$ echo "deb [arch=amd64] http://storage.googleapis.com/bazel-apt stable jdk1.8" | sudo tee /etc/apt/sources.list.d/bazel.list
$ curl https://bazel.build/bazel-release.pub.gpg | sudo apt-key add -
```

1.3.3 安装测试

到这里就成功安装好了 TensorFlow，下面简单测试一下安装是否成功。

```
>>> import TensorFlow as tf
>>> print(tf.__version__)
2.12.1
```

上面这段代码若正常运行会打印 TensorFlow 的版本号，这里是 "2.12.1"。但经常会存在一些问题，例如，如果在 import TensorFlow as tf 之后打印没有显示 CUDA 或者 CUDNN，一般是因为 CUDA 或者 CUDNN 的路径没有添加到环境变量中。

再通过一个简单的计算查看 TensorFlow 是否运行正常。输入如下代码：

```
>>> import TensorFlow as tf
>>> hello = tf.constant('Hello, TensorFlow!')
>>> sess=tf.compat.v1.Session()
>>> sess
<TensorFlow.python.client.session.Session object at 0x00000216881BD310>
>>> print(sess.run(hello))
b'Hello, TensorFlow!'
>>> a = tf.constant(1)
>>> b = tf.constant(2)
>>> c=sess.run(a + b)
>>> print("1+2= %d" % c)
1+2=3
```

如果这段代码可以正常输出"Hello, TensorFlow!"和"1+2=3",即说明 TensorFlow 已经安装成功。

1.4 张量

TensorFlow 是一个开源软件库,使用数据流图进行数值计算。图中的节点表示数学运算,而图边表示在它们之间传递的多维数据数组(张量)。

Tensor 的意思是"张量",Flow 的意思是"流或流动"。任意维度的数据都可以称作张量,如一维数组、二维数组、N 维数组。

1.4.1 张量的概念

张量可以被简单理解为多维阵列,其中零阶张量表示标量,也就是一个数。一阶张量表示一维阵列;n 阶张量表示 n 维阵列。

张量在 TensorFlow 中的实现不是直接采用阵列的形式,它只是对 TensorFlow 中运算结果的引用。张量中并没有真正存储数字,它存储的是得到这些数字的计算过程。例如:

```
import TensorFlow as tf
a = tf.constant([1.0, 2.0], name="a")
b = tf.constant([2.0, 3.0], name="b")
res = tf.add(a, b, name="add")
print (res)
```

运行程序,输出如下:

```
Tensor("add:0", shape=(2,), dtype=float32)
```

TensorFlow 中的张量和 Numpy 中的阵列不同，TensorFlow 的计算结果不是一个具体的数字，而是一个张量的结构。一个张量存储了三个属性：名字、维度和型别。表 1-1 列出了张量的数据类型。

表 1–1 张量的数据类型

数据类型	Python 类型	描述
DT_FLOAT	tf.float32	32 位浮点数
DT_DOUBLE	tf.float64	64 位浮点数
DT_INT8	tf.int8	8 位有符号整型
DT_INT16	tf.int16	16 位有符号整型
DT_INT32	tf.int32	32 位有符号整型
DT_INT64	tf.int64	64 位有符号整型
DT_UINT8	tf.uint8	8 位无符号整型
DT_STRING	tf.string	可变长度的字节数组，每一个张量元素都是一个字节数组
DT_BOOL	tf.bool	布尔型

1.4.2 张量的使用

张量的使用可以总结为两大类。

第一类使用情况是对中间计算结果的引用。当一个计算包含很多计算结果时，使用张量可以提高代码的可读性。下面代码对使用张量和不使用张量记录中间结果来完成向量相加进行了对比。

```
import TensorFlow as tf
# 使用张量记录中间结果
a=tf.constant([1.0,2.0],name='a')
b=tf.constant([2.0,3.0],name='b')
result=a+b

# 直接结算
result=tf.constant([1.0,2.0],name='a')+
tf.constant([2.0,3.0],name='b')
```

从上面的程序样例可以看到 a 和 b 其实就是对常量生成这个运算结果的引用，这样在做加法时可以直接使用这两个变量，而不需要再去生成这些常量。同时通过张量来存储中间结果，可以很方便地获取中间结果。比如在卷积神经网络中，卷积层或池化层有可能改变张量的维度，通过 result.get_shape 函数来获取结果张量的维度信息可以免去人工计算的麻烦。

第二类使用情况是当计算图构造完成之后，可以用张量来获取计算结果，即得到真实的数字。虽然张量本身没有存储具体的数字，但可以通过会话 session 得到这些具体的数字，比如使用 tf.Session().run(result) 语句得到计算结果。

1.4.3 NumPy 库

TensorFlow 的数据类型是基于 NumPy 的数据类型。例如：

```
>>> import numpy as np
>>> import TensorFlow as tf
>>> np.int64 == tf.int64
True
>>>
```

任何一个 NumPy 数组均可传递给 TensorFlow 对象。

对于数值类型和布尔类型而言，TensorFlow 和 NumPy dtype 的属性是完全一致的，但在 NumPy 中并无与 tf.string 精确对应的类型。TensorFlow 可以从 NumPy 中导入字符串数组，只是不要在 NumPy 中显式指定 dtype。

在运行数据流图之前和之后，都可以利用 NumPy 库的功能，因为从 Session.run 方法返回的张量均为 NumPy 数组。例如：

```
>>> t1 = np.array(50, dtype= np.int64)
# 在 NumPy 中使用字符串时，不要显式指定 dtype 属性
>>> t2 = np.array([b'apple', b'peach', b'grape'])

>>> t3 = np.array([[True, False, False],[False, False, True],[False, True, True]], dtype = np.bool)
>>> t4 = np.array([[[1]]], dtype= np.float32)
```

TensorFlow 是为理解 NumPy 原生数据类型而设计的，但反过来行不通，所以不要尝试用 tf.int32 去初始化一个 NumPy 数组。

```
>>> a = np.array(3, np.int) # 不是 np.int32
>>> a.dtype
dtype('int32')
>>>
>>> a = np.array(3, np.float)
>>> a.dtype
dtype('float64')
>>>
>>> a.dtype
dtype('float64')
>>>
>>> a = np.array(3, np.float32)
>>> a.dtype
dtype('float32')
```

```
>>>
```

手工指定 Tensor 对象时，使用 NumPy 是推荐的方式。

1.4.4 张量的阶

张量的阶（rank）表征了张量的维度，但是与矩阵的秩（rank）不一样，它的阶表示张量的维度的质量。

阶为 1 的张量等价于向量，阶为 2 的张量等价于矩阵。对于一个阶为 2 的张量，通过 $t[i, j]$ 就能获取它的每个元素。对于一个阶为 3 的张量，需要通过 $t[i, j, k]$ 进行寻址，以此类推，如表 1-2 所示。

表 1–2 张量的阶

阶	数学实体	实 例
0	Scalar	scalar=999
1	Vector	vector=[3,6,9]
2	Matrix	matrix=[[1,4,7],[2,5,8],[3,6,9]]
3	3-tensor	tensor=[[[5],[1],[3]],[[99],[9],[100]],[[0],[8],[2]]]
n	n-tensor	...

在下面的例子中，可创建一个张量，获取其结果。

```
>>> import TensorFlow as tf
>>> tens1=tf.constant([[[1,2],[3,6]],[[-1,7],[9,12]]])
>>> sess=tf.Session()
```

这个张量的阶是 3，因为该张量包含的矩阵中的每个元素都是一个向量。

1.4.5 张量的形状

TensorFlow 使用三个术语描述张量的维度：阶（rank）、形状（shape）和维数（dimension number）。三者之间的关系如表 1-3 所示。

表 1–3 三者之间的关系

阶	形 状	维 数	实 例
0	[]	0-D	5
1	[D0]	1-D	[4]
2	[D0,D1]	2-D	[3,9]
3	[D0,D1,D2]	3-D	[1,4,0]
n	[D0,D1,...,Dn-1]	n-D	形为 [D0,D1,...,Dn-1] 的张量

如下代码创建了一个三阶张量，并打印出它的形状。

```
>>> import TensorFlow as tf
>>> tens1=tf.constant([[[1,2],[3,6]],[[-1,7],[9,12]]])
>>> tens1
<tf.Tensor 'Const:0' shape=(2, 2, 2) dtype=int32>
>>> printf sess.run(tens1) [1,1,0]
```

1.5 认识变量

从初识 tf 开始，变量这个名词就很重要，因为深度模型往往所要获得的就是通过参数和函数对某一或某些具体事物的抽象表达。而那些未知的数据需要通过学习而获得，在学习的过程中它们不断变化着，最终收敛达到较好的表达能力，因此它们无疑是变量。

训练模型时，用变量来存储和更新参数。变量包含张量（tensor）存放于内存的缓存区。建模时它们需要被明确地初始化，模型训练后它们必须被存储到磁盘。这些变量的值可在之后模型训练和分析时被加载。

通过之前的学习，可以列举出以下 tf 的函数：

```
var = tf.get_variable(name, shape, initializer=initializer)
global_step = tf.Variable(0, trainable=False)
init = tf.initialize_all_variables()# 高版本 tf 已经舍弃该函数，改用 global_
                                    # variables_initializer()
saver = tf.train.Saver(tf.global_variables())
initial = tf.constant(0.1, shape=shape)
initial = tf.truncated_normal(shape, stddev=0.1)
tf.global_variables_initializer()
```

上述函数都和 tf 的参数有关，主要包含在以下两类中：

（1）tf.Variable 类；

（2）tf.train.Saver 类。

从变量存在的整个过程来看主要包括变量的创建、初始化、更新、保存和加载。

1.5.1 变量的创建

创建一个变量时，会将一个张量作为初始值传入构造函数 variable()。tf 提供了一系列操作符来初始化张量，初始值是常量或随机值。注意，所有这些操作符都需要指定张量的 shape。变量的 shape 通常是固定的，但 TensorFlow 提供了高级的机制来重新调整其行列数。

可以创建以下类型的变量：常数、序列、随机数。

【例 1-1】创建常数变量。

```
import TensorFlow as tf
tf.compat.v1.disable_eager_execution()

# 常数 constant
tensor=tf.constant([[1,3,5],[8,0,7]])
# 创建 tensor 值为 0 的变量
x = tf.zeros([3,4])
# 创建 tensor 值为 1 的变量
x1 = tf.ones([3,4])
# 创建 shape 和 tensor 一样，但值全为 0 的变量
y = tf.zeros_like(tensor)
# 创建 shape 和 tensor 一样，但值全为 1 的变量
y1 = tf.ones_like(tensor)
# 用 8 填充 shape 为 2*3 的 tensor 变量
z = tf.fill([2,3],8)
sess = tf.compat.v1.Session()
sess.run(tf.compat.v1.global_variables_initializer())
print (sess.run(x))
print (sess.run(y))
print (sess.run(tensor))
print (sess.run(x1))
print (sess.run(y1))
print (sess.run(z))
```

运行程序，输出如下：

```
[[0. 0. 0. 0.]
 [0. 0. 0. 0.]
 [0. 0. 0. 0.]]
[[0 0 0]
 [0 0 0]]
[[1 3 5]
 [8 0 7]]
[[1. 1. 1. 1.]
 [1. 1. 1. 1.]
 [1. 1. 1. 1.]]
[[1 1 1]
 [1 1 1]]
[[8 8 8]
 [8 8 8]]
```

【例 1-2】创建数字序列变量。

```
import TensorFlow as tf
tf.compat.v1.disable_eager_execution()
x=tf.linspace(10.0, 15.0, 3, name="linspace")
y=tf.compat.v1.lin_space(10.0, 15.0, 3)
w=tf.range(8.0, 13.0, 2.0)
z=tf.range(3, -3, -2)
sess = tf.compat.v1.Session()
sess.run(tf.compat.v1.global_variables_initializer())
print (sess.run(x))
print (sess.run(y))
print (sess.run(w))
print (sess.run(z))
```

运行程序，输出如下：

```
[10.  12.5 15. ]
[10.  12.5 15. ]
[ 8. 10. 12.]
[ 3  1 -1]
```

此外，TensorFlow 有几个操作用来创建不同分布的随机张量。注意随机操作是有状态的，并在每次评估时创建新的随机值。

下面是一些与随机张量相关的函数的介绍。

（1）tf.random_normal() 函数。

该函数用于从正态分布中输出随机值，其语法格式为：

```
random_normal(
    shape,
    mean=0.0,
    stddev=1.0,
    dtype=tf.float32,
    seed=None,
    name=None
)
```

其中，参数含义如下。

- shape：一维整数或 TensorFlow 数组表示输出张量的形状。
- mean：dtype 类型的 0-D 张量或 TensorFlow 值表示正态分布的均值。
- stddev：dtype 类型的 0-D 张量或 TensorFlow 值表示正态分布的标准差。

- dtype：输出的类型。
- seed：一个 TensorFlow 整数，用于为分发创建一个随机种子。
- name：操作的名称（可选）。
- 返回：将返回一个指定形状的张量，采用符合要求的随机值填充。

（2）tf.truncated_normal() 函数。

该函数生成的值遵循具有指定平均值和标准差的正态分布，和 tf.random_normal( ) 函数的不同之处在于，其平均值大于 2 个标准差的值将被丢弃并重新选择。其语法格式为：

```
tf.truncated_normal(
    shape,
    mean=0.0,
    stddev=1.0,
    dtype=tf.float32,
    seed=None,
    name=None
)
```

其中，参数含义如下。
- shape：一维整数或 TensorFlow 数组表示输出张量的形状。
- mean：dtype 类型的 0-D 张量或 TensorFlow 值表示截断正态分布的均值。
- stddev：dtype 类型的 0-D 张量或 TensorFlow 值表示截断前正态分布的标准偏差。
- dtype：输出的类型。
- seed：一个 TensorFlow 整数，用于为分发创建随机种子。
- name：操作的名称（可选）。
- 返回：函数返回指定形状的张量，采用随机截断的符合要求的值填充。

（3）tf.random_uniform() 函数。

该函数从均匀分布中输出随机值，其语法格式为：

```
random_uniform(
    shape,
    minval=0,
    maxval=None,
    dtype=tf.float32,
    seed=None,
    name=None
)
```

其中，生成的值在 [minval, maxval) 范围内遵循均匀分布，下限 minval 包含在范围内，而上限 maxval 被排除在外。其参数含义如下。

- shape：一维整数或 TensorFlow 数组表示输出张量的形状。
- minval：dtype 类型的 0-D 张量或 TensorFlow 值，要生成的随机值范围的下限，默认为 0。
- maxval：dtype 类型的 0-D 张量或 TensorFlow 值，要生成的随机值范围的上限，如果 dtype 是浮点，则默认为 1。
- dtype：输出的类型，如 float16、float32、float64、int32、orint64。
- seed：一个 TensorFlow 整数，用于为分布创建一个随机种子。
- name：操作的名称（可选）。
- 返回：返回填充随机均匀值的指定形状的张量。

（4）tf.random_shuffle() 函数。

该函数用于随机地将张量沿其第一维度打乱，其语法格式为：

```
random_shuffle(
    value,
    seed=None,
    name=None
)
```

张量沿着维度 0 被重新打乱，使得每个 value[i][j] 被映射到唯一一个 output[m][j]。例如，一个 3×2 张量可能出现的映射为：

```
[[1, 2],          [[5, 6],
 [3, 4],   ==>     [1, 2],
 [5, 6]]           [3, 4]]
```

其参数含义如下。

- value：将被打乱的张量。
- seed：一个 TensorFlow 整数，用于为分布创建一个随机种子。
- name：操作的名称（可选）。
- 返回：与 value 具有相同的形状和类型的张量，沿着它的第一个维度打乱。

（5）tf.random_crop() 函数。

该函数用于随机地将张量裁剪为给定的大小，其语法格式为：

```
random_crop(
    value,
    size,
```

```
        seed=None,
        name=None
)
```

以一致选择的偏移量将一个形状 size 部分从 value 中切出，需要满足的条件为 value. shape >= size。

如果大小不能裁剪，会传递该维度的完整大小。例如，可以使用 size = [crop_height, crop_width, 3] 裁剪 RGB 图像。

cifar10 中就有利用该函数随机裁剪 24×24 大小的彩色图片的例子，代码如下：

```
distorted_image = tf.random_crop(reshaped_image, [height, width, 3])
```

random_crop() 函数的参数含义如下。

- value：向裁剪输入张量。
- size：一维张量，大小等级为 value。
- seed：TensorFlow 整数，用于创建一个随机的种子。
- name：此操作的名称（可选）。
- 返回：与 value 具有相同的秩并且与 size 具有相同形状的裁剪张量。

（6）tf.multinomial() 函数。

该函数用于从多项式分布中抽取样本，其语法格式为：

```
multinomial(
    logits,
    num_samples,
    seed=None,
    name=None
)
```

其中，参数含义如下。

- logits：形状为 [batch_size, num_classes] 的二维张量；每个切片 [i, :] 都表示所有类的非标准化对数概率。
- num_samples：0 维张量，是为每行切片绘制的独立样本数。
- seed：TensorFlow 整数，用于为分布创建一个随机种子。
- name：操作的名称（可选）。
- 返回：返回绘制样品的形状 [batch_size, num_samples]。

（7）tf.random_gamma() 函数。

该函数用于从每个给定的伽马分布中绘制 shape 样本，其语法格式为：

```
random_gamma(
    shape,
    alpha,
    beta=None,
    dtype=tf.float32,
    seed=None,
    name=None
)
```

其中，alpha 是形状参数，beta 是尺度参数。其他参数含义如下。
- shape：一维整数张量或 TensorFlow 数组。输出样本的形状是按照 alpha/beta-parameterized 分布绘制的。
- alpha：一个张量或者 TensorFlow 值或者 dtype 类型的 n-D 数组。
- beta：一个张量或者 TensorFlow 值或者 dtype 类型的 n-D 数组，默认为 1。
- dtype：alpha、beta 的类型，输出 float16、float32 或 float64。
- seed：一个 TensorFlow 整数，用于为分布创建一个随机种子。
- name：操作的名称（可选）。
- 返回 samples：具有 dtype 类型值的带有形状 tf.concat(shape, tf.shape(alpha + beta)) 的 Tensor。

（8）tf.set_random_seed() 函数。

该函数用于设置图形级随机 seed，作用在于可以在不同的图中重复那些随机变量的值，其语法格式为：

```
set_random_seed(seed)
```

可以从两个 seed 中获得依赖随机 seed 的操作：图层级 seed 和操作级 seed。seed 必须是整数，对大小没有要求，只是作为图层级和操作级标记使用。下面介绍如何设置 seed。

图层级 seed 与操作级 seed 的关系如下。
- 如果既没有设置图层级也没有设置操作级的 seed，则使用随机 seed 进行该操作。
- 如果设置了图层级 seed，但没有设置操作级 seed，则系统确定性地选择与图层级 seed 结合的操作级 seed，以便获得唯一的随机序列。
- 如果未设置图层级 seed，但设置了操作级 seed，则使用默认的图层级 seed 和指定的操作级 seed 来确定随机序列。
- 如果图层级 seed 和操作级 seed 都被设置了，则两个 seed 将一起用于确定随机序列。

具体来说，使用 seed，牢记以下 3 点。

① 要在会话的不同图中生成不同的序列，不要设置图层级 seed 或操作级 seed。

② 要为会话中的操作在不同图中生成相同的可重复序列，设置操作级 seed。

③ 要使所有操作生成的随机序列在会话中的不同图中都可重复，设置图层级 seed。

【例 1-3】创建随机变量。

```
# 不同情况请注释或取消注释相关语句
import TensorFlow as tf
tf.compat.v1.disable_eager_execution()
# 第一种情形：无 seed
a = tf.compat.v1.random_uniform([1])
# 第二种情形：操作级 seed
#a = tf.random_uniform([1], seed=-8)
# 第三种情形：图层级 seed
#tf.set_random_seed(1234)
#a = tf.random_uniform([1])
b = tf.compat.v1.random_normal([1])
tf.compat.v1.global_variables_initializer()

print("Session 1")
with tf.compat.v1.Session() as sess1:
  print(sess1.run(a))   # a1
  print(sess1.run(a))   # a2
  print(sess1.run(b))   # b1
  print(sess1.run(b))   # b2
print("Session 2")
with tf.compat.v1.Session() as sess2:
  print(sess2.run(a))   # a3（第一种情形 a1!=a3；第二种情形 a1==a3；第三种情形 a1==a3）
  print(sess2.run(a))   # a4（同上）
  print(sess2.run(b))   # b3（第一种情形 b1!=b3；第二种情形 b1!=b3；第三种情形 b1==b3）
  print(sess2.run(b))   # b4（同上）
```

运行程序，输出如下：

```
[0.3589779]
[0.746384]
[0.29682708]
[-1.2591735]
Session 2
[0.9770962]
[0.60623896]
[-0.5013621]
```

```
[-1.4085363]
```

上述函数都含有 seed 参数,属于操作级 seed。

在 TensorFlow 中,提供了 range() 函数用于创建数字序列变量,有以下两种形式:
- range(limit, delta=1, dtype=None, name='range')
- range(start, limit, delta=1, dtype=None, name='range')

该数字序列开始于 start 并且将以 delta 为增量扩展到不包括 limit 时的最大值结束,类似 Python 的 range 函数。

【例 1-4】利用 range 函数创建数字序列。

```
import TensorFlow as tf
tf.compat.v1.disable_eager_execution()
x=tf.range(8.0, 13.0, 2.0)
y=tf.range(10, 15)
z=tf.range(3, 1, -0.5)
w=tf.range(3)
sess = tf.compat.v1.Session()
sess.run(tf.compat.v1.global_variables_initializer())
print (sess.run(x))
print (sess.run(y))
print (sess.run(z))
print (sess.run(w))
```

运行程序,输出如下:

```
[ 8. 10. 12.]
[10 11 12 13 14]
[3.  2.5 2.  1.5]
[0 1 2]
```

1.5.2 变量的初始化

变量的初始化必须在模型的其他操作运行之前先明确地完成。最简单的方法就是添加一个给所有变量初始化的操作,并在使用模型之前首先运行那个操作。使用 tf.global_variables_initializer() 添加一个操作对变量做初始化。例如:

```
# 创建两个变量
weights = tf.Variable(tf.random_normal([784, 200], stddev=0.35),
                      name="weights")
biases = tf.Variable(tf.zeros([200]), name="biases")
...
```

```
# 添加一个操作来初始化变量
init = tf.global_variables_initializer()

# 稍后，当启动模型时
with tf.Session() as sess:
  # Run the init operation.
  sess.run(init)
  ...
  # 使用模型
  ...
```

有时候会需要用另一个变量的初始化值给当前变量初始化。由于 tf.global_variables_initializer() 是并行地初始化所有变量，所以用其他变量的值初始化一个新的变量时，使用其他变量的 initialized_value() 属性，可以直接把已初始化的值作为新变量的初始值，或者把它当作 tensor 计算得到一个值赋予新变量。例如：

```
# 创建一个变量并赋予随机值
weights = tf.Variable(tf.random_normal([784, 200], stddev=0.35),
                      name="weights")
# 创建另一个变量，使它们的权值相同
w2 = tf.Variable(weights.initialized_value(), name="w2")
# 创建另一个两倍于权值的变量
w_twice = tf.Variable(weights.initialized_value() * 0.2, name="w_twice")
```

assign() 函数也有初始化的功能，tf 中 assign() 函数可用于对变量进行更新，可以更新变量的 value 和 shape。其涉及以下函数：

- tf.assign(ref, value, validate_shape = None, use_locking = None, name=None)
- tf.assign_add(ref, value, use_locking = None, name=None)
- tf.assign_sub(ref, value, use_locking = None, name=None)
- tf.variable.assign(value, use_locking=False)
- tf.variable.assign_add(delta, use_locking=False)
- tf.variable.assign_sub(delta, use_locking=False)

这 6 个函数本质上是一样的，都是用来对变量值进行更新，其中 tf.assign() 可以更新变量的 shape，它是用 value 的值赋给 ref，这种赋值会覆盖原来的值，更新但不会创建一个新的 tensor。tf.assign_add() 相当于用 ref=ref+value 更新 ref。tf.assign_sub() 相当于用 ref=ref-value 更新 ref。tf.variable.assign() 相当于 tf.assign(ref,value)，tf.variable.assign_add() 和 tf.variable.assign_sub() 同理。

tf.assign() 函数的语法格式为：

```
tf.assign(ref, value, validate_shape = None, use_locking = None,
name=None)
```

其中，参数含义如下。
- ref：一个可变的张量。应该来自变量节点，节点可能未初始化，参考例 1-5。
- value：张量，必须具有与 ref 相同的类型，是要分配给变量的值。
- validate_shape：一个可选的 bool，默认为 True。如果为 True，则操作将验证 value 的形状是否与分配给的张量的形状相匹配；如果为 False，ref 将对"值"的形状进行引用。
- use_locking：一个可选的 bool，默认为 True。如果为 True，则被锁进行保护；否则，该行为是未定义的，但可能会显示较少的争用。
- name：操作的名称（可选）。
- 返回：返回一个在赋值完成后将保留 ref 新值的张量。

下面通过实例演示说明变量的初始化应用。

【例 1-5】变量的初始化应用演示。

说明：assign 操作会初始化相关的节点，并不需要 tf.global_variables_initializer() 初始化，但是并非所有的节点都会被初始化。

```
import TensorFlow as tf
import numpy as np
tf.compat.v1.disable_eager_execution()
weights=tf.Variable(tf.compat.v1.random_normal([1,2],stddev=0.35),name=
"weights")
biases=tf.Variable(tf.zeros([3]),name="biases")
x_data = np.float32(np.random.rand(2, 3))  # 随机输入 2 行 3 列的数据
y = tf.matmul(weights, x_data) + biases

update=tf.compat.v1.assign(weights,tf.compat.v1.random_normal([1,2],
stddev=0.50))
with tf.compat.v1.Session() as sess:
    for _ in range(2):
        sess.run(update)
        print(sess.run(weights))# 正确，因为assign操作会初始化相关的节点
        print(sess.run(y))# 错误，因为使用了未初始化的biases变量
```

1.6 矩阵的操作

理解 TensorFlow 如何计算（操作）矩阵，对于理解计算图中数据的流动来说非常重要。

许多机器学习算法依赖矩阵操作。在 TensorFlow 中，矩阵计算是相当容易的。在下面的所有例子中都会创建一个图会话，代码为：

```
import TensorFlow as tf
sess=tf.Session()
```

1.6.1 矩阵的生成

这部分主要介绍如何生成矩阵，包括全 0 矩阵、全 1 矩阵、随机数矩阵、常数矩阵等。

（1）tf.ones()| tf.zeros() 函数。

这两个函数的用法类似，都是产生尺寸为 shape 的张量（tensor），它们的语法格式为：

```
tf.ones(shape,type=tf.float32,name=None)
tf.zeros([2, 3], int32)
```

【例 1-6】产生大小为 2×3 的全 1 矩阵与全 0 矩阵。

```
import TensorFlow.compat.v1 as tf
tf.compat.v1.disable_eager_execution()
sess=tf.compat.v1.Session()
sess = tf.compat.v1.InteractiveSession()
x = tf.ones([2, 3], "int32")
print(sess.run(x))
y = tf.zeros([2, 3], "int32")
print(sess.run(y))
```

运行程序，输出如下：

```
[[1 1 1]
 [1 1 1]]
[[0 0 0]
 [0 0 0]]
```

（2）tf.ones_like() | tf.zeros_like() 函数。

这两个函数用于新建一个与给定 tensor 的类型、大小一致的 tensor，其所有元素为 1 和 0，它们的语法格式为：

```
tf.ones_like(tensor,dype=None,name=None)
tf.zeros_like(tensor,dype=None,name=None)
```

【例 1-7】利用 ones_like() 函数新建一个类型、大小与给定 tensor 一致的全 1 矩阵。

```
import TensorFlow as tf
tf.compat.v1.disable_eager_execution()
sess = tf.compat.v1.InteractiveSession()

x = tf.ones([2, 3], "float32")
print("tf.ones():", sess.run(x))
tensor = [[1, 2, 3], [4, 5, 6]]
x = tf.ones_like(tensor)
print("与ones_like()给定的tensor类型、大小一致的tensor,其所有元素为1和0", sess.run(x))
print("创建一个形状大小为shape的tensor,其初始值为value", sess.run(tf.fill([2, 3], 2)))
```

运行程序,输出如下:

```
tf.ones(): [[1. 1. 1.]
 [1. 1. 1.]]
与ones_like()给定tensor的类型、大小一致,其所有元素为1和0 [[1 1 1]
 [1 1 1]]
创建一个形状大小为shape的tensor,其初始值为value [[2 2 2]
 [2 2 2]]
```

运行程序,输出如下:

```
[[1 1 1]
 [1 1 1]]
[[0 0 0]
 [0 0 0]]
```

(3) tf.fill() 函数。

该函数用于创建一个形状大小为 shape 的 tensor, 其初始值为 value, 其语法格式为:

```
tf.fill(shape,value,name=None)
```

【例 1-8】利用 fill() 函数创建一个形状为 shape 的矩阵。

```
import TensorFlow as tf
tf.compat.v1.disable_eager_execution()
sess=tf.compat.v1.Session()
print(sess.run(tf.fill([2,4],3)))
```

运行程序,输出如下:

```
[[3 3 3 3]
```

```
 [3 3 3 3]]
```

（4）tf.constant() 函数。

该函数用于创建一个常量 tensor，按照给出的 value 来赋值，可以用 shape 指定其形状。value 可以是一个数，也可以是一个 list。如果是一个数，那么这个常量中所有的值都用该数赋值。如果是一个 list，那么 len(value) 一定要小于或等于 shape 展开后的长度，赋值时，先将 value 中的值逐个存入，不够的部分全部存入 value 的最后一个值。

函数的语法格式为：

```
tf.constant(value,dtype=None,shape=None,name='Const')
```

【例 1-9】利用 constant() 函数创建常数矩阵。

```
import TensorFlow as tf
tf.compat.v1.disable_eager_execution()
sess = tf.compat.v1.InteractiveSession()

a = tf.constant(2, shape=[2])
b = tf.constant(2, shape=[2, 2])
c = tf.compat.v1.constant([1, 2, 3], shape=[6])
d = tf.compat.v1.constant([1, 2, 3], shape=[3, 2])

print("constant 的常量: ", sess.run(a))
print("constant 的常量: ", sess.run(b))
print("constant 的常量: ", sess.run(c))
print("constant 的常量: ", sess.run(d))
```

运行程序，输出如下：

```
constant 的常量:  [2 2]
constant 的常量:  [[2 2]
 [2 2]]
constant 的常量:  [1 2 3 3 3 3]
constant 的常量:  [[1 2]
 [3 3]
 [3 3]]
```

（5）tf.random_normal ()| tf.truncated_normal() | tf.random_uniform() 函数。

这几个函数都用于生成随机数 tenso，尺寸是 shape。

- random_normal：随机数，均值为 mean，标准差为 stddev。
- truncated_normal：截断正态分布随机数，均值为 mean，标准差为 stddev，不过只保

留 [mean-2*stddev,mean+2*stddev] 上的随机数。
- random_uniform：均匀分布随机数，范围为 [minval,maxval]。

它们的语法格式分别为：

```
tf.random_normal(shape,mean=0.0,stddev=1.0,dtype=tf.float32,seed=None, name=None)
tf.truncated_normal(shape, mean=0.0, stddev=1.0, dtype=tf.float32, seed=None, name=None)
tf.random_uniform(shape,minval=0,maxval=None,dtype=tf.float32,seed=None, name=None)
```

【例 1-10】利用 random_normal() 函数生成随机矩阵。

```
import TensorFlow as tf
tf.compat.v1.disable_eager_execution()
sess = tf.compat.v1.InteractiveSession()
x = tf.compat.v1.random_normal(shape=[1, 5], mean=0.0, stddev=1.0, dtype=tf.float32, seed=None, name=None)
print("打印随机数: ", sess.run(x))
x = tf.compat.v1.truncated_normal(shape=[1, 5], mean=0.0, stddev=1.0, dtype=tf.float32, seed=None, name=None)
print(" 截断正态分布随机数: [mean-2*stddev,mean+2*stddev]", sess.run(x))
x = tf.compat.v1.random_uniform(shape=[1, 5], minval=0, maxval=None, dtype=tf.float32, seed=None, name=None)
print(" 均匀分布随机数: [minval,maxval]", sess.run(x))
```

运行程序，输出如下：

```
打印随机数：  [[-0.56721544  1.890861    0.85449654  0.67190397 -1.3613324 ]]
截断正态分布随机数：[mean-2*stddev,mean+2*stddev] [[-0.42709324  0.07788924 -0.422174    1.0733088  -0.31796047]]
均匀分布随机数: [minval,maxval] [[0.3846115  0.14571834 0.7016494  0.38841534 0.6024381 ]]
```

1.6.2 矩阵的变换

TensorFlow 也提供了相关函数用于实现矩阵的变换，下面分别进行介绍。

（1）tf.shape() 函数。

该函数用于返回张量的形状。但需注意，tf.shape() 函数本身也会返回一个张量，在 tf 中，张量需要用 sess.run(Tensor) 来得到具体的值。其语法格式为：

```
tf.shape(Tensor)
```

【例 1-11】 用 shape() 函数返回矩阵的形状。

```
import TensorFlow as tf
tf.compat.v1.disable_eager_execution()
sess = tf.compat.v1.InteractiveSession()
labels = [1, 2, 3]
shape = tf.shape(labels)
print(shape)
print(" 返回张量的形状： ", sess.run(shape))
```

运行程序，输出如下：

```
Tensor("Shape:0", shape=(1,), dtype=int32)
返回张量的形状： [3]
```

（2）tf.expand_dims() 函数。

该函数用于为张量 +1 维，其语法格式为：

```
tf.expand_dims(Tensor, dim)
```

【例 1-12】 用 expand_dims() 函数为给定矩阵添加一维。

```
import TensorFlow as tf
tf.compat.v1.disable_eager_execution()
sess = tf.compat.v1.InteractiveSession()
labels = [1, 2, 3]
x = tf.expand_dims(labels, 0)
print(" 为张量 +1 维，但是 X 执行的维度为 0，则不更改 ", sess.run(x))
x = tf.expand_dims(labels, 1)
print(" 为张量 +1 维，X 执行的维度为 1，则增加一维 ", sess.run(x))
x = tf.expand_dims(labels, -1)
print(" 为张量 +1 维，但是 X 执行的维度为 -1，则不更改 ", sess.run(x))
```

运行程序，输出如下：

```
为张量 +1 维，但是 X 执行的维度为 0，则不更改 [[1 2 3]]
为张量 +1 维，X 执行的维度为 1，则增加一维 [[1]
 [2]
 [3]]
为张量 +1 维，但是 X 执行的维度为 -1，则不更改 [[1]
 [2]
 [3]]
```

（3）tf.concat() 函数。

该函数将张量沿着指定维数拼接起来，其语法格式为：

```
tf.concat(concat_dim, values, name="concat")
```

【例 1-13】利用 concat() 函数将给定的矩阵进行拼接。

```
import TensorFlow as tf
tf.compat.v1.disable_eager_execution()
sess = tf.compat.v1.InteractiveSession()
t1 = [[1, 2, 3], [4, 5, 6]]
t2 = [[7, 8, 9], [10, 11, 12]]
print("tf.concat 将张量沿着指定维数拼接起来 ", sess.run(tf.concat([t1, t2], 0)))
print("tf.concat 将张量沿着指定维数拼接起来 ", sess.run(tf.concat([t1, t2], 1)))
```

运行程序，输出如下：

```
tf.concat 将张量沿着指定维数拼接起来 [[ 1  2  3]
 [ 4  5  6]
 [ 7  8  9]
 [10 11 12]]
tf.concat 将张量沿着指定维数拼接起来 [[ 1  2  3  7  8  9]
 [ 4  5  6 10 11 12]]
```

（4）tf.sparse_to_dense() 函数。

该函数将稀疏矩阵转为密集矩阵，其语法格式为：

```
def sparse_to_dense(sparse_indices,
                    output_shape,
                    sparse_values,
                    default_value=0,
                    validate_indices=True,
                    name=None):
```

其中，各参数含义如下。

- sparse_indices：元素的坐标，如 [[0,0],[1,2]] 表示 (0,0) 和 (1,2) 处有值。
- output_shape：得到的密集矩阵的 shape。
- sparse_values：sparse_indices 坐标表示的点的值，可以是 0-D 或者 1-D 张量。若是 0-D，则所有稀疏值都一样；若是 1-D，则 len(sparse_values) 应该等于 len(sparse_indices)。
- default_values：默认点的默认值。

（5）tf.random_shuffle() 函数。

该函数将沿着 value 的第一维进行随机重新排列，其语法格式为：

```
tf.random_shuffle(value,seed=None,name=None)
```

【例 1-14】 利用 random_shuffle() 函数对给定的矩阵进行重新排列。

```
import TensorFlow as tf
tf.compat.v1.disable_eager_execution()
sess = tf.compat.v1.InteractiveSession()

a = [[1, 2], [3, 4], [5, 6]]
print("沿着 value 的第一维进行随机重新排列: ", sess.run(tf.compat.v1.random_
shuffle(a)))
```

运行程序，输出如下：

```
沿着 value 的第一维进行随机重新排列:    [[5 6]
 [3 4]
 [1 2]]
```

（6）tf.argmax()| tf.argmin() 函数。

函数找到给定的张量 tensor，并在 tensor 中指定轴 axis 上的最大值的位置。tf.argmax()，其语法格式为：

```
tf.argmax(input=tensor,dimention=axis)
tf.argmin() 函数同理
```

【例 1-15】 利用 argmax() 函数，寻找给定矩阵行与列的最大值。

```
import numpy as np
import TensorFlow as tf
tf.compat.v1.disable_eager_execution()
x = np.array([[3, 1, 2],
              [4, 7, 3],
              [5, 0, 1],
              [2, 4, 6]])
a = tf.argmax(x, axis=0)    # 求各列最大值
b = tf.argmax(x, axis=1)    # 求各行最大值

sess = tf.compat.v1.Session()
print(" 各列最大值 :",sess.run(a))
print(" 各行最大值 :",sess.run(b))
```

运行程序，输出如下：

```
各列最大值 : [2 1 3]
各行最大值 : [0 1 0 2]
```

(7) tf.equal() 函数。

该函数用于判断两个 tensor 是否每个元素都相等，返回一个格式为 bool 的 tensor，其语法格式为：

```
tf.equal(x, y, name=None):
```

(8) tf.cast() 函数。

该函数将 x 的数据格式转换成 dtype。例如，原来 x 的数据格式是 Bool，那么将其转换成 float 以后，就能将其转换成 0 和 1 的序列，反之也可以。其语法格式为：

```
cast(x, dtype, name=None)
```

【例 1-16】利用 tf.cast() 函数，将给定的 float 数值转换为 Bool 类型。

```
import TensorFlow as tf
tf.compat.v1.disable_eager_execution()
sess = tf.compat.v1.InteractiveSession()
a = tf.Variable([1, 0, 0, 1, 1])
b = tf.cast(a, dtype=tf.bool)
sess.run(tf.compat.v1.global_variables_initializer())
print("float 的数值转换为 Bool 的类型：", sess.run(b))
```

运行程序，输出如下：

```
float 的数值转换为 Bool 的类型： [ True False Flse    True  True]
```

(9) tf.matmul() 函数。

该函数用来做矩阵乘法。若 a 为 l×m 的矩阵，b 为 m×n 的矩阵，那么通过 tf.matmul(a,b) 就会得到一个 l×n 的矩阵。不过这个函数还提供了很多额外的功能。函数的语法格式为：

```
matmul(a, b,
       transpose_a=False, transpose_b=False,
       a_is_sparse=False, b_is_sparse=False,
       name=None):
```

可以看到，该函数还提供了 transpose 和 is_sparse 的选项。如果对应的 transpose 项为 True，例如 transpose_a=True，那么 a 在参与运算之前会先转置。如果 a_is_sparse=True，那么 a 会被当作稀疏矩阵来参与运算。

【例 1-17】利用 tf.matmul() 函数，对两矩阵进行相乘操作。

```
import TensorFlow as tf
tf.compat.v1.disable_eager_execution()
sess = tf.compat.v1.InteractiveSession()
a = tf.constant([1, 2, 3, 4, 5, 6], shape=[2, 3])
b = tf.constant([7, 8, 9, 10, 11, 12], shape=[3, 2])
c = tf.matmul(a, b)
print("矩阵 a 与 b 相乘为: ",sess.run(c))
```

运行程序，输出如下：

```
矩阵 a 与 b 相乘为: [[ 58  64]
 [139 154]]
```

（10）tf.reshape() 函数。

该函数将 tensor 按照新的 shape 重新排列。一般来说，shape 有以下三种用法。

- 如果 shape=[-1]，表示要将 tensor 展开成一个 list。
- 如果 shape=[a,b,c,…]，其中每个 a,b,c…均大于零，那么就是常规用法。
- 如果 shape=[a,-1,c,…]，此时 b=-1，a,c…依然都大于零，这时表示 tf 会根据 tensor 的原尺寸，自动计算 b 的值。

函数的语法格式为：

```
reshape(tensor, shape, name=None)
```

【例 1-18】利用 reshape() 函数对矩阵按照新的形状进行重新排列。

```
import TensorFlow as tf
tf.compat.v1.disable_eager_execution()
sess = tf.compat.v1.InteractiveSession()
t = [1, 2, 3, 4, 5, 6, 7, 8, 9]
sess.run(tf.compat.v1.global_variables_initializer())
r = tf.reshape(t, [3, 3])
print("重置为 3X3", sess.run(r))
v = tf.reshape(r, [-1])
print("重置回 1X9", sess.run(v))
h = [[[1, 1, 1],
      [2, 2, 2]],
     [[3, 3, 3],
      [4, 4, 4]],
     [[5, 5, 5],
      [6, 6, 6]]]
# -1 被变成了 't'
print("重置 list", sess.run(tf.reshape(h, [-1])))
```

```
# -1 inferred to be 9:
print("重置2维", sess.run(tf.reshape(h, [2, -1])))
# -1当前被推到维 2 :   (-1 is inferred to be 2)
print("重置2维", sess.run(tf.reshape(h, [-1, 9])))
# -1 inferred to be 3:
print("重置3维", sess.run(tf.reshape(h, [2, -1, 3])))
```

运行程序，输出如下：

```
重置为 3X3 [[1 2 3]
 [4 5 6]
 [7 8 9]]
重置回 1X9 [1 2 3 4 5 6 7 8 9]
重置list [1 1 1 2 2 2 3 3 3 4 4 4 5 5 5 6 6 6]
重置2维 [[1 1 1 2 2 2 3 3 3]
 [4 4 4 5 5 5 6 6 6]]
重置2维 [[1 1 1 2 2 2 3 3 3]
 [4 4 4 5 5 5 6 6 6]]
重置3维 [[[1 1 1]
  [2 2 2]
  [3 3 3]]
 [[4 4 4]
  [5 5 5]
  [6 6 6]]]
```

1.7 图的实现

首先，要弄清楚机器学习框架所谓的"动态框架"和"静态框架"的含义，支持动态计算图的叫动态框架，支持静态计算图的叫静态框架。当然，也有同时支持动态和静态计算图的框架。

在静态框架中使用的是静态声明策略，计算图的声明和执行是分开的。打个比方，现在要造一栋大楼，需要设计图纸和施工队施工，当设计师在设计图纸的时候，施工队什么也不干，等所有图纸设计完成后，施工队才开始施工，当这两个阶段完全分开进行的时候，这种模式是深度学习静态框架模式。在静态框架运行的方式下，先定义计算执行顺序和内存空间分配策略，然后执行过程按照规定的计算执行顺序和当前需求进行计算，数据就在这张实体计算图中计算和传递。常见的静态框架有 TensorFlow、MXNet、Theano 等。

而动态框架中使用的是动态声明策略，其声明和执行是一起进行的。打个比方，动态声明策略就如同设计师和施工队是一起工作的，设计师说"先打地基"，就会马上设计出打地基的方案并交给施工队去实施,然后设计师又设计出"铺地板"的方案,再交给施工队按照图纸去实施。这样虚拟计算图和实体计算图的构建就是同步进行的,类似于平时写程序的方式。因为可以实时计划,动态框架可以根据实时需求构建对应的计算图,所以在灵活性上,动态框架会更胜一筹。Torch、DyNet、Chainer等是动态框架。

动态框架灵活性很好,但有代价,所以在现在流行的程序中,静态框架占比更重。静态框架将声明和执行分开有什么好处呢?最大的好处就是在执行前就知道了所有需要进行的操作,所以可以对图中各节点的计算顺序和内存分配进行合理规划,这样就可以较快地执行所需的计算。但是动态框架在每次规划、分配内存、执行的时候,都只能看到局部需求,所以并不能做出全局最优的规划和内存分配。

有了张量和基于张量的各种操作,之后就需要将各种操作整合起来,输出结果。但不幸的是,随着操作种类和数量的增多,有可能引发各种意想不到的问题,例如多个操作之间应该并行还是顺次执行,如何协同各种不同的底层设备,以及如何避免各种类型的冗余操作等。这些问题有可能拉低整个深度学习网络的运行效率或者引入不必要的bug,为解决这些问题,计算图应运而生。

使用TensorFlow编写的程序主要分为两部分,一部分是构建计算图,另一部分是执行计算图。下面构建一个非常简单的计算图。

```
import TensorFlow as tf
tf.compat.v1.disable_eager_execution()
if __name__ == "__main__":
    a = tf.constant([1.0,2.0],name="a")
    b = tf.constant([2.0,3.0],name="b")
    result = a + b
```

在上面的代码中,TensorFlow会自动将定义的计算转化成计算图上的节点,系统还会自动维护一个默认的计算图。可以通过下面的代码获取当前默认的计算图:

```
# 通过a.graph获取当前节点所属的计算图
print(a.graph)
# <TensorFlow.python.framework.ops.Graph object at 0x000001AE4A2A73C8>
# 判断当前的张量是否属于默认的计算图
print(a.graph is tf.get_default_graph())
# True
```

TensorFlow提供了tf.Graph()方法来产生一个新的计算图,在不同的计算图中张量不会共享。例如:

```
g1 = tf.Graph()
# 将计算图 g1 设置为默认计算图
with g1.as_default():
    # 在计算图 g1 中定义变量 c, 并将变量 c 初始化为 0
    c = tf.get_variable("c",initializer=tf.zeros_initializer,shape=(1))
# 定义第二个计算图
g2 = tf.Graph()
# 将计算图 g2 设置为默认计算图
with g2.as_default():
    # 在计算图 g2 中定义变量 c, 并将变量 c 初始为 1
    c = tf.get_variable("c",initializer=tf.ones_initializer,shape=(1))

# 在计算图 g1 中读取变量 c
with tf.Session(graph=g1) as sess:
    # 初始化变量
    tf.initialize_all_variables().run()
    with tf.variable_scope("",reuse=True):
        # 在计算图 g1 中, 定义变量 c 为 0
        print(sess.run(tf.get_variable("c")))
        #[ 0.]
# 在计算图 g2 中读取变量 c
with tf.Session(graph=g2) as sess:
    # 初始化变量
    tf.initialize_all_variables().run()
    with tf.variable_scope("",reuse=True):
        # 在计算图 g2 中定义变量 c 为 1
        print(sess.run(tf.get_variable("c")))
        #[ 1.]
```

分别在计算图 g1 和 g2 中定义张量 c, 在 g1 中初始化为 0, 在 g2 中初始化为 1, 从上面的代码可以看出, 在运行不同的计算图时, 张量 c 的值是不同的。所以, 在 TensorFlow 中可以通过计算图来隔离张量的运算, 除此之外, TensorFlow 还为计算图提供了管理张量的机制, 可以设置是在 GPU 上还是在 CPU 上进行, 设置使用 GPU 可以加速运行, 但需要计算机上有 GPU, 例如:

```
g = tf.Graph()
# 指定计算图 g 在 gpu 0 (计算机上有多个 GPU, 需要指定) 上运行
with g.device("/gpu:0"):
    result = a + b
```

1.8 会话的实现

TensorFlow 中使用会话（session）来执行定义好的运算，会话拥有并管理 TensorFlow 程序运行时的所有资源，当计算完成之后需要关闭会话来帮助系统回收资源。

可以明确调用会话生成函数和关闭函数：

```
import TensorFlow as tf
tf.compat.v1.disable_eager_execution()
#定义两个向量a,b
a = tf.constant([1.0, 2.0], name='a')
b = tf.constant([2.0, 3.0], name='b')
result = a+b
sess = tf.compat.v1.Session() #生成一个会话，通过一个会话session计算结果
print(sess.run(result))
sess.close()  # 关闭会话
```

运行程序，输出如下：

```
[3. 5.]
```

如果程序在执行中异常退出，可能导致会话不能关闭，这时可以使用 Python 上下文管理器机制，将所有的计算放在 with 的内部，在代码块中执行时就可以保持在某种运行状态，而当离开该代码块时就结束当前状态，省去会话关闭代码：

```
with tf.Session() as sess:
    print(sess.run(result))
    #print(result.eval())   # 这行代码也可以直接计算
```

nsorFlow 不会自动生成默认的会话，需要程序员指定。若将会话指定为默认会话，则 TensorFlow 执行时自动启用此会话：

```
sess = tf.Session()
with sess.as_default():
    print(result.eval()) #tf.Tensor.eval 在默认会话中可直接计算张量的值
```

在使用 Python 编写时，可以使用函数直接构建默认会话：

```
sess = tf.InteractiveSession()
print(result.eval())
sess.close()
```

会话可以通过 ConfigProto Protocol Buffer 进行功能配置，如并行的线程数、GPU 分配

策略、运算超过时间等参数设置，比较常用的是以下两个：

```
config = tf.ConfigProto(allow_soft_placement=True, log_device_placement=True)
sess1 = tf.InteractiveSession(config=config)
sess2 = tf.Session(config=config)
```

第一个 allow_soft_placement 参数，当其为 True 时，在以下任意一个条件成立时，GPU 上的运算可以放到 CPU 上计算。

（1）运算不能在 GPU 上运行。

（2）没有空闲 GPU 可使用。

（3）运算输入包含对 CPU 计算结果的引用。

当其为 True 时，可以使代码的可移植性更强。

第二个 log_device_placement 参数，当其为 True 时，日志中将会记录每个节点被安排在了哪个设备上，但这会增加日志量。

如果上述代码在没有 GPU 的机器上运行，会获得以下输出：

```
Device mapping: no known devices.
```

下面通过一个例子来演示张量、计算图及会话的相关操作。

【例 1-19】会话的实现应用实例。

```
# 张量、计算图及会话的相关操作
import TensorFlow as tf
tf.compat.v1.disable_eager_execution()
#tensor 张量：零阶张量是标量 scalar，一阶张量是向量 vector，n 阶张量理解为 n 维数组
# 张量在 TensorFlow 中不是直接采用数组的形式，只是运算结果的引用，即并没有保存数组，
# 保存的是得到这些数字的计算过程

#tf.constan 是一个计算，结果为一个张量，保存在变量 a 中
a=tf.constant([1.0,2.0],name="a")
b=tf.constant([2.0,3.0],name="b")

result=a+b
print(result)
#result.get_shape 获取张量的维度
print(result.get_shape)

# 当计算图构造完成后，张量可以获得计算结果（张量本身没有存储具体的数字）
# 使用 session 来执行定义好的运算（也就是张量存储了运算的过程，使用 session 执行运算
# 获取结果
```

```
# 创建会话
sess=tf.compat.v1.Session()
res=sess.run(result)
print(res)
# 关闭会话释放本地运行使用到的资源
sess.close()

# 也可以使用Python上下文管理器机制，把所有的计算放在with中，上下文管理器退出时自动
# 释放所有资源，可以避免忘记用sess.close()去释放资源
with tf.compat.v1.Session() as sess:
    print(sess.run(result))

#as_default 通过默认的会话计算张量的取值，会话不会自动生成默认的会话，需要手动指定，
# 指定后可以通过eval计算张量的取值
sess =tf.compat.v1.Session()
with sess.as_default():
    print(result.eval())
#ConfigProto 配置需要生成的会话
#allow_soft_placement GPU设备相关
#log_device_palcement 日志相关
config=tf.compat.v1.ConfigProto(allow_soft_placement=True,
                    log_device_placement=True)
sess1=tf.compat.v1.InteractiveSession(config=config)
sess2=tf.compat.v1.Session(config=config)
```

运行程序，输出如下：

```
Tensor("add_20:0", shape=(2,), dtype=float32)
<bound method Tensor.get_shape of <tf.Tensor 'add_20:0' shape=(2,) dtype=float32>>
    [3. 5.]
    [3. 5.]
    [3. 5.]
Device mapping: no known devices.
Device mapping: no known devices.
```

1.9 读取数据方式

TensorFlow可以读取许多常用的标准格式，如列表格式（CSV）、图像文件（JPG和PNG格式）和标准TensorFlow格式等。

1.9.1　列表格式

为了读列表格式（CSV），TensorFlow 构建了自己的方法。与其他库（如 Pandas）相比，读取一个简单 CSV 文件的过程稍显复杂。

读取 CSV 文件需要两个步骤。首先，必须创建一个文件名队列对象与将使用的文件列表；然后，创建一个 TextLineReader，使用此行读取器解码 CSV 列，并将其保存于张量中。如果想将同质数据混合在一起，可以使用 pack 方法。

【例 1-20】利用 pack 方法读取列表格式信息。

```
import TensorFlow as tf
tf.compat.v1.disable_eager_execution()
# 将文件名列表传入
filename_queue = tf.compat.v1.train.string_input_producer(["file0.csv",
"file1.csv"],shuffle=True,num_epochs=2)
# 采用读文本的 reader
reader = tf.compat.v1.TextLineReader()
key, value = reader.read(filename_queue)
# 默认值是 1.0，这里也默认指定了要读入数据的类型是 float
record_defaults = [[1.0], [1.0]]
v1, v2 = tf.compat.v1.decode_csv(
    value, record_defaults=record_defaults)
v_mul = tf.multiply(v1,v2)
init_op = tf.compat.v1.global_variables_initializer()
local_init_op = tf.compat.v1.local_variables_initializer()
# 创建会话
sess = tf.compat.v1.Session()
# 初始化变量
sess.run(init_op)
sess.run(local_init_op)
# 输入数据进入队列
coord = tf.train.Coordinator()
threads = tf.compat.v1.train.start_queue_runners(sess=sess, coord=coord)
try:
    while not coord.should_stop():
        value1, value2, mul_result = sess.run([v1,v2,v_mul])
        print("%f\t%f\t%f"%(value1, value2, mul_result))
except tf.errors.OutOfRangeError:
    print('Done training -- epoch limit reached')
finally:
    coord.request_stop()
# 等待线程结束
```

```
coord.join(threads)
sess.close()
```

运行程序,输出如下:

```
2.000000 2.000000    4.000000
2.000000 3.000000    6.000000
3.000000 4.000000    12.000000
1.000000 2.000000    2.000000
1.000000 3.000000    3.000000
1.000000 4.000000    4.000000
1.000000 2.000000    2.000000
1.000000 3.000000    3.000000
1.000000 4.000000    4.000000
2.000000 2.000000    4.000000
2.000000 3.000000    6.000000
3.000000 4.000000    12.000000
Done training -- epoch limit reached
Process finished with exit code 0
```

1.9.2 读取图像数据

TensorFlow 能够以图像格式导入数据,这对于面向图像的模型非常有用,因为这些模型的输入往往是图像。TensorFlow 支持的图像格式是 JPG 和 PNG,程序内部以 uint8 张量表示,每幅图像通道都是一个二维张量。

【例 1-21】加载一幅原始图像(见图 1-3),并对其进行一些处理,最后保存。

图 1-3 原始图像

```
import TensorFlow as tf
tf.compat.v1.disable_eager_execution()
sess = tf.compat.v1.Session()
filename_queue = tf.compat.v1.train.string_input_producer(tf.train.match_filenames_once("xiaoniao.jpg"))
```

```
    reader = tf.compat.v1.WholeFileReader()
    key, value = reader.read(filename_queue)
    image = tf.compat.v1.image.decode_jpeg(value)
    flipImageUpDown = tf.compat.v1.image.encode_jpeg(tf.image.flip_up_
down(image))
    flipImageLeftRight = tf.compat.v1.image.encode_jpeg(tf.image.flip_left_
right(image))
    tf.compat.v1.initialize_all_variables().run(session=sess)
    coord = tf.compat.v1.train.Coordinator()
    threads = tf.compat.v1.train.start_queue_runners(coord=coord, sess=sess)
    example = sess.run(flipImageLeftRight)
    print example
    file = open("flipImageUpDown.jpg", "wb+")
    file.write(flipImageUpDown.eval(session=sess))
    file.close()
    file.open(flipImageLeftRight.eval(session=sess))
    file.close()
```

运行程序，效果如图1-4所示。

图1-4 原始图像与转变后的图像对比（向下翻转与向左翻转）

第 2 章 自然语言处理与深度学习基础
CHAPTER 2

什么是自然语言处理（Natural Language Processing，NLP）？ NLP 是指用计算机来处理、理解以及运用人类语言（如中文、英文等），以达到人与计算机之间进行有效通信的目的。它属于人工智能的一个分支，是计算机科学与语言学的交叉学科，常被称为计算机语言学。

什么是深度学习（Deep Learning，DL）？深度学习是包含多个隐层的机器学习模型，核心是基于训练的方式，从海量数据中挖掘有用信息，实现分类与预测。

本章将对自然语言处理基础与深度学习基础进行介绍。

2.1 自然语言概述

从研究内容来看，自然语言处理包括语法分析、语义分析、篇章理解等。从应用角度来看，自然语言处理具有广泛的应用前景。特别是在信息时代，自然语言处理的应用包罗万象，如机器翻译、手写体和印刷体字符识别、语音识别及文语转换、信息检索、信息抽取与过滤、文本分类与聚类、舆情分析和观点挖掘等，它涉及与语言处理相关的数据挖掘、机器学习、知识获取、知识工程、人工智能研究及与语言计算相关的语言学研究等。

由于理解人类语言远比破译密码要复杂得多，因此研究进展非常缓慢。那么，自然语言处理到底面临哪些主要的困难或挑战，吸引了那么多研究者几十年如一日孜孜不倦地探索解决之道呢？

2.1.1 自然语言处理面临的困难

自然语言处理面临的困难很多，不过关键在于消除歧义问题，如消除词法分析、句法分析、语义分析等过程中存在的歧义问题，简称为消歧。而正确的消歧需要大量的知识，包括语言学知识（如词法、句法、语义、上下文等）和世界知识（与语言无关），这给自然语言处理带来以下几个主要的困难。

1. 单词界定问题

单词界定问题是属于词法层面的消歧任务。在口语中，词与词之间通常是连贯的；在书面语上，中文等语言也没有词与词之间的边界。由于单词是承载语义的最小单元，要解决自然语言处理，单词的边界界定问题是主要问题。特别是中文文本通常由连续的字序列组成，词与词之间缺少天然的分隔符，因此中文信息处理比英文等西方语言多了"确定词的边界"这一步工序，称之为"中文自动分词"任务。

2. 短语级别歧义问题

同样一个单词、短语或者句子有多种可能的理解，可以表达多种可能的语义。如果不能解决好各级语言单位的歧义问题，就无法正确理解语言要表达的意思。

3. 上下文知识的获取问题

所谓的"上下文"指的是当前这句话所处的语言环境，例如说话人所处的环境，或者是这句话的前几句话或者后几句话，等等。以"小文带弟弟爬树，因此我批评了他"为例。其中第二句话中的"他"是指代"小文"还是"弟弟"呢？要正确理解，就要理解上句话"小文带弟弟爬树"意味着"小文"做得不对，因此第二句中的"他"应当指代的是"小文"。由于上下文对于当前句子的暗示形式是多种多样的，因此如何考虑上下文影响问题是自然语言处理中面临的主要困难之一。

4. 背景知识原因

正确理解人类语言还要有足够的背景知识。例如，英文"The spirit is willing but the flesh is weak."意为"心有余而力不足"。但是当某个机器翻译系统先将这句英文翻译为俄文，然后翻译回英文的时候，却变成了"The Voltka is strong but the meat is rotten."，意思是"伏特加酒是浓的，但肉却腐烂了"。从字面意义上看，"spirit"（烈性酒）与"Voltka"（伏特加）对译似乎没有问题，而"flesh"和"meat"也都有肉的意思，那么这两句话在意义上为什么会大相径庭了呢？关键的问题就在于在翻译的过程中，机器翻译系统对于英语成语并无了解，仅是从字面上进行翻译，结果自然失之毫厘，差之千里。

从上面所面临的几方面的困难可以看出，自然语言处理这个难题的根源就是人类语言的复杂性和语言描述的外部世界的复杂性。那么目前人们是如何尝试进行自然语言处理的呢？

2.1.2 自然语言处理的发展趋势

目前，人们主要通过基于规则的理性主义和基于统计的经验主义这两种思路进行自然语言处理。

理性主义认为，人类语言主要是由语言规则来产生和描述的，因此只要能够用适当的形式将人类语言的规则表示出来，即能理解人类语言，并实现语言间的翻译等各种自然语言处理任务。

经验主义认为，从语言数据中获取语言统计知识，可以有效建立语言的统计模型，因此只要有足够多的用于统计的语言数据，就能够理解人类语言。

然而，当面对现实世界的模糊与不确定性时，这两种方法都存在着各自无法解决的问题。迈进21世纪，统计学习方法越来越受到重视，因此自然语言处理中越来越多地使用机器自动学习的方法来获取语言知识。

随着互联网的普及和海量信息的涌现，自然语言处理在人们的日常生活中扮演着越来越重要的作用。然而，面向海量的大规模文本数据，人们面临的一个严峻事实是如何有效利用海量信息。人们逐渐意识到，单纯依靠统计方法已经无法快速有效地从海量数据中学习语言知识。随着2013年word2vec技术的发表，以神经网络为基础的深度学习技术开始在自然语言处理中广泛使用，深度学习的分布式语义表示和多层网络架构具有强大的拟合和学习能力，显著提升了自然语言处理中各种任务的性能，因而成为现阶段自然语言处理的主要技术方案。

2.1.3 自然语言处理的特点

从图像和语言两种模态来看，对文本处理技术的大规模应用要早于计算机视觉。图2-1将图像和语言处理对象做了一个不太严谨的对应。大体上像素类似于语言中的字母；图像中的对象类似于语言中的单词/概念；图像中对象组成的场景类似于语言中的句子表达的语义；视频则类似于语言中的篇章。

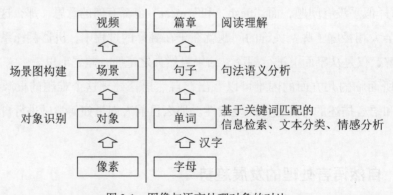

图2-1 图像与语言处理对象的对比

由图 2-1 可以看出，NLP 在单词层面的处理比图像的对象识别要简单得多。但近年来，由于深度学习对非结构数据的强大表示和学习能力，开始让对象识别走向了实用化。

2.2 NLP 技术前沿与未来趋势

随着科技的快速发展，语音识别与 NLP 技术逐渐成为人工智能领域的研究热点。这两项技术的结合，使得机器能够更好地理解和处理人类语言，进一步推动了人机交互的革命性进步。本节将探讨语音识别与 NLP 的应用场景及未来发展趋势，展望这两项技术在未来的挑战与机遇。

2.2.1 挑战与突破

NLP 是一种将人类语言转换为机器语言，以实现人机交互的技术。NLP 技术通过对文本进行分词、词性标注、句法分析等一系列处理，使机器能够理解和解析人类语言的语义和语境。随着 DL 技术的发展，NLP 技术在文本分类、情感分析、机器翻译等领域取得了显著成果。

NLP 技术可帮助机器对大量文本数据进行自动分类，提高信息处理的效率。在情感分析方面，NLP 技术可分析文本中的情感倾向，为生产运营、舆情监控等领域提供有力支持。在机器翻译方面，NLP 技术可实现不同语言间的自动翻译，为跨语言交流提供便利。

2.2.2 人机交互的未来

如图 2-2 所示，语音识别与 NLP 技术的融合，使得机器能够更好地理解和处理人类语言。这种融合技术为人机交互带来了更多可能性，使得人与机器之间的交流更加自然、高效。例如，在智能客服领域，用户可以通过语音或文本与机器人进行交流，机器人能够准确地理解用户的问题并提供相应的解答，这大大提高了客户服务效率，降低了人工成本。

图 2-2 人机交互

2.2.3 未来发展趋势与展望

随着技术的不断进步和应用场景的不断拓展,语音识别与 NLP 技术将在更多领域发挥重要作用。其未来发展趋势包括以下几方面。

(1)技术创新。随着深度学习技术的不断发展,语音识别与 NLP 技术的精度和效率将进一步提高。新型算法和模型的研发将推动这两项技术在性能和功能上的创新。

(2)应用拓展。随着物联网、5G 等技术的普及,语音识别与 NLP 技术将在智能家居、智能交通、智能医疗等领域发挥更大作用。

(3)隐私保护。随着语音识别与 NLP 技术的广泛应用,个人隐私保护成为一个重要问题。

(4)跨学科合作。语音识别与 NLP 技术的发展需要跨学科合作,包括计算机科学、心理学、语言学等领域。各学科的协同创新将为这两项技术的发展提供更多思路和解决方案。

2.2.4 技术挑战与解决路径

虽然语音识别和自然语言处理技术取得了显著进步,但仍面临以下一些技术挑战。解决这些挑战是推动这两项技术进一步发展的关键。

(1)语境理解。当前的语音识别和 NLP 技术在处理复杂语境时仍存在一定困难。未来的研究方向可以包括更深入的语境建模和对话管理,以提高机器对语境和对话流的理解。

(2)多模态交互。语音识别和 NLP 技术主要基于文本和语音,但人类交流通常还包括肢体语言、面部表情等多种模态。未来,可以探索多模态交互技术,将语音识别和 NLP 与其他模态结合起来,实现更加自然和丰富的人机交互。

(3)数据稀疏性。对于一些低资源语言或特定领域,可用的标注数据非常有限,这给语音识别和 NLP 技术带来了挑战。可以利用无监督学习、迁移学习等方法,减少对大量标注数据的依赖,提高技术在数据稀疏情况下的性能。

(4)可解释性与透明度。当前的深度学习模型往往被视为"黑箱",其决策过程缺乏可解释性。为了增加技术的可信度和应用范围,需要研究如何提高模型的可解释性和透明度。

2.3 深度学习

深度学习的常用模型主要包括卷积神经网络(Convolutional Neural Network,CNN)、深度信念网络（Deep Belief Nets，DBN）、深度自动编码器（Deep Auto-encoder，DAE）及限制玻尔兹曼机（Restricted Boltzmann Machine，RBM）。CNN 有全监督学习和权值共享的特点，在自然语言处理和语音图像识别领域有很强优势。其他深度学习模型大多先采用无监督方式逐层预训练，再采用有监督方式调整参数。

各个模型的共同之处是采取分层结构来处理问题。模型的基本元件为神经元，具有多层次结构，训练方式为梯度下降，训练过程可能出现过拟合或欠拟合的情况。

深度学习的效果优于传统的多层神经网络，最大的改进在于：深度学习算法结合了无监督特征学习与有监督特征学习，将多层结构中的上层输出作为下层输入，经过层与层之间的非线性组合，形成机器学习的流程。深度学习与传统机器学习流程对比如图 2-3 所示。

图 2-3　深度学习与传统机器学习流程对比

2.3.1　深度学习背景

谷歌大脑自 2011 年成立起开展了面向科学研究和谷歌产品开发的大规模深度学习应用研究，其早期即 TensorFlow 的前身 DistBelief。DistBelief 的功能是构建各尺度下的神经网络分布式学习和交互系统，也被称为"第一代机器学习系统"。DistBelief 在谷歌和 Alphabet 旗下其他公司的产品开发中被改进和广泛使用。2015 年 11 月，在 DistBelief 的基础上，谷歌大脑完成了对"第二代机器学习系统"TensorFlow 的开发并对代码开源。相比于前作，TensorFlow 在性能上有显著改进，构架灵活性和可移植性也得到了增强。此后 TensorFlow 快速发展，截至稳定 API 版本 1.12，已拥有包含各类开发和研究项目的完整生态系统。

模拟人类大脑也不再是深度学习研究的主导方向，不应该认为深度学习是在试图模仿人类大脑。目前科学家对人类大脑学习机制的理解还不足以为当下的深度学习模型提供指导，现在的深度学习已经超越了神经科学观点，它可以更广泛地适用于各种并不是受神经网络启发而来的机器学习框架。深度学习领域主要关注如何搭建智能的计算机系统，解决人工智能中遇到的问题。计算机学则主要关注如何建立更准确的模型来模拟人类大脑的工作。

总体来说，人工智能、机器学习和深度学习是非常相关的几个领域，图2-4总结了它们之间的关系。人工智能是一类非常广泛的问题，机器学习是解决这类问题的一个重要手段，深度学习则是机器学习的一个分支。在很多人工智能问题上，深度学习的方法突破了传统机器学习方法的瓶颈，推动了人工智能领域的发展。

图2-4 人工智能、机器学习及深度学习之间的关系

2.3.2 深度学习的核心思想

目前大家所熟知的"深度学习"基本上是深层神经网络的一个代名词，而神经网络技术可以追溯到1943年。深度学习之所以看起来像是一门新技术，一个很重要的原因是它在21世纪初期并不流行。深度学习是无监督学习的一种，含多隐层的多层感知器就是一种深度学习结构。深度学习通过组合低层特征形成更加抽象的高层表示属性类别或特征，以发现数据的分布式特征表示。深度学习的概念由Hinton等于2006年提出，他们基于深度信念网络（DBN）提出非监督贪心逐层训练算法，为解决与深层结构相关的优化难题带来希望，随后他们还提出了多层自动编码器深层结构。此外LeCun等提出的卷积神经网络是第一个真正的多层结构学习算法，它利用空间相对关系减少参数数目以提高训练性能。

传统的前馈神经网络的深度与其层数相等（比如对于输出层为隐层数加1）。SVMs的深度为2（一个对应核输出或者特征空间，另一个对应所产生输出的线性混合）。需要使用深度学习解决的问题有以下特征。

（1）深度不足会出现问题。

（2）网络具有一个深度结构。

（3）认知过程逐层进行，逐步抽象。

在许多情形中，深度2就足够表示任何一个带有给定目标精度的函数。可以将深度架构看作一种因子分解。大部分随机选择的函数不能被有效表示，无论是用深的还是浅的架构。但是许多能够有效被深度架构表示的却不能有效被浅的架构表示。因为一个存在深度的表示,意味着可能会潜在函数中的某种结构。如果不存在任何结构,那将不可能很好地泛化。

如果把学习结构看作一个网络,则深度学习的核心思路如下。

(1)无监督学习用于每一层网络的 pre-train。

(2)每次只用无监督学习训练一层,将其训练结果作为其高一层的输入。

(3)用监督学习去调整所有层。

2.3.3 深度学习的应用

深度学习最早兴起于图像识别,但是在短短几年内,深度学习推广到了机器学习的各个领域。如今,深度学习在很多机器学习领域都有非常出色的表现,在图像和语音识别、音频处理、自然语言处理、机器人、生物信息处理、化学、计算机游戏、搜索引擎、网络广告投放、医学自动诊断和金融等各大领域均有应用。本节将选取几个应用比较广泛的领域进行介绍。

1. 计算机视觉

计算机视觉是深度学习技术最早实现突破性成就的领域,其与其他领域的关系如图 2-5 所示。随着 2012 年深度学习算法 AlexNet 赢得图像分类比赛 ILSVRC 冠军,深度学习开始受到学术界的广泛关注。ILSVRC 是基于 ImageNet 图像数据集举办的图像识别技术比赛,这个比赛在计算机视觉领域有极高的影响力。

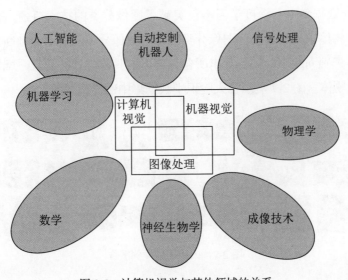

图 2-5 计算机视觉与其他领域的关系

图 2-6 展示了历年 ILSVRC 图像分类比赛最佳算法的错误率，可以看到，在深度学习被使用之前，传统计算机视觉方法在 ImageNet 数据集上最低的 Top5 错误率为 26%。从 2010 年到 2011 年，基于传统机器学习的算法并没有带来正确率的大幅提升。2012 年，Geoffrey Everest Hinton 教授的研究小组利用深度学习技术将 ImageNet 图像分类的错误率大幅降低到 16%。而且，AlexNet 深度学习模型只是一个开始，在 2013 年的比赛中，排名前 20 的算法都使用了深度学习。2013 年之后，ILSVRC 基本上就只有深度学习算法参赛了。

从 2012 年到 2015 年，通过对深度学习算法的不断研究，ImageNet 图像分类的错误率以每年 4% 的速度递减。这说明深度学习完全打破了传统机器学习算法在图像分类上的瓶颈，让图像分类问题得到了更好的解决。如图 2-6 所示，2015 年深度学习算法的错误率为 4%，已经成功超越了人工标注的错误率（5%），实现了计算机视觉研究领域的一个突破。

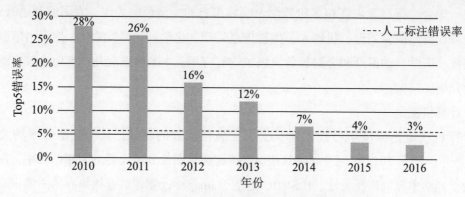

图 2-6　历年 ILSVRC 图像分类比赛最佳算法的错误率

在 ImageNet 数据集上，深度学习不仅突破了图像分类的技术瓶颈，也突破了物体识别的技术瓶颈。物体识别的难度比图像分类更高。图像分类问题只需判断图像中包含哪种物体。但在物体识别问题中，需要给出所包含物体的具体位置。而且一幅图像中可能出现多个需要识别的物体。图 2-7 展示了人脸识别数据集中的样例图像。

图 2-7　人脸识别样例图像

在技术革新的同时，工业界也将图像分类、物体识别应用于各种产品中。谷歌已将图像分类、物体识别技术广泛应用于谷歌无人驾驶车、YouTube、谷歌地图、谷歌图像搜索等产品中。

在深度学习得到广泛应用之前,基于传统的机器学习技术并不能很好地满足人脸识别的精度要求。人脸识别的最大挑战在于不同人脸的差异较小,有时同一个人在不同光照条件、不同姿态下脸部的差异甚至比不同人脸之间的差异更大。传统的机器学习算法很难抽象出足够有效的特征,使得学习模型既可以区分不同的个体,又可以区分相同个体在不同环境中的变化。深度学习技术通过从海量数据中自动习得更加有效的人脸特征表达,可以很好地解决这个问题。在人脸识别数据集 LFW(Labeled Faces in the Wild)上,基于深度学习算法的系统 DeepID2 可以达到 99.47% 的识别率。

在计算机视觉领域,光学字符识别(Optical Character Recognition,OCR)也是较早应用深度学习的领域之一。所谓光学字符识别,就是使用计算机程序将计算机无法理解的图像中的字符,如数字、字母、汉字等符号,转化为计算机可以理解的文本格式。

光学字符识别在工业界的应用也十分广泛。21 世纪初期,Yann LeCun 将基于卷积神经网络的手写体数字识别系统应用于银行支票的数额识别,这个系统在 2000 年左右已经处理了美国全部支票数量的 10%~20%。谷歌也将数字识别技术用在了谷歌地图的开发中。谷歌实现的数字识别系统可以从谷歌街景图中识别任意长度的数字,在 SVHN 数据集上可以达到 96% 的正确率。到 2013 年,这个系统已经帮助谷歌抽取了超过 1 亿个门牌号码,大大加速了谷歌地图的制作过程并节省了巨额的人力成本。而且,光学字符识别技术在谷歌的应用也不仅限于数字箱,谷歌图书还通过文字识别技术将扫描的图书数字化,从而实现图书内容的搜索功能。

2. 语言识别

深度学习在语言识别领域取得的成绩也是突破性的。2009 年深度学习的概念被引入语音识别领域,并对该领域产生了巨大的影响。短短几年内,深度学习方法在 TIMIT 数据集上将基于传统的混合高斯模型(Gaussian Mixture Model,GMM)的错误率从 21.7% 降低到 17.9%。如此大的幅度很快引起了学术界和工业界的广泛关注。

2009 年谷歌启动语音识别应用时,使用的是在学术界已经研究了 30 年的混合高斯模型。到 2012 年,深度学习的语音识别模型已经取代了混合高斯模型,并成功将谷歌语音识别的错误率降低了 20%,这个改进幅度超过了过去很多年的总和。随着数据量的加大,使用深度学习模型无论在正确率的增长数值上还是在增长比率上都要优于使用混合高斯模型的算法。这样的增长在语音识别的历史上是从未出现过的,而深度学习之所以能完成这样的技术突破,最主要的原因是它可以自动地从海量数据中提取更加复杂且有效的特征,而不是如高斯混合模型那样需要人工提取特征。

在没有深度学习之前，要完成同声传译系统中的任意一个部分都是非常困难的。而随着深度学习的发展，语音识别、机器翻译以及语音合成都实现了巨大的技术突破。如今，微软研发的同声传译系统已经成功地应用到了 Skype 网络电话中。

3. 自然语言处理

深度学习在自然语言处理领域的应用也同样广泛。在过去的几年中，深度学习已经在语言模型、机器翻译、词性标注（part-of-speech tagging）、实体识别（Named Entity Recognition，NER）、情感分析（sentiment analysis）、广告推荐以及搜索排序等方向上取得了突出成就。与深度学习在计算机视觉和语音识别等领域的突破类似，深度学习在自然语言处理问题上的突破也是更加智能，可以自动地提取复杂特征。在自然语言处理领域，使用深度学习实现智能特征提取的一个非常重要的技术是单词向量。单词向量是深度学习解决很多上述自然语言处理问题的基础。

1）自然语言的发展

随着计算机和互联网的广泛应用，计算机可处理的自然语言文本数量空前增长，面向海量信息的文本挖掘、信息提取、跨语言信息处理、人机交互等应用需求急速增长，自然语言处理研究必将对人们的生活产生深远的影响。

自然语言处理是人工智能中最为困难的问题之一，对自然语言处理的研究是充满魅力和挑战的。随着计算机和互联网的广泛应用，衍生出了一系列的产品，如"石颜石语""萌动亲子宝典""智能服装"等。

2）自然语言处理发展的特点

以下是自然语言处理发展的 4 个特点。

（1）基于句法－语义规则的理性主义方法受到质疑，随着语料库建设和语料库语言学的崛起，大规模真实文本的处理成为自然语言处理的主要战略目标。

（2）自然语言处理中越来越多地使用机器自动学习的方法来获取语言知识。

（3）统计数学方法越来越受到重视。

（4）自然语言处理中越来越重视词汇的作用，出现了强烈的"词汇主义"的倾向。

3）自然语言的缺陷

自然语言分析都主要依赖逻辑语言对这种分析的表述。自然语言的高度形式化描写对计算机程序的机械模仿至关重要，但理解力模仿不同于机械模仿，它们之间的区别与自然语言中形式操作和意义操作之间的区别类似。机械模仿涉及的是形式性质，而理解力模仿涉及的却是准语义性质。现阶段计算机以机械模仿为主并通过逻辑语言与人类的自然语言对话。

现代逻辑作为分析自然语言的工具，认为自然语言的缺陷如下。

（1）表达式的层次结构不够清晰。

（2）个体化认知模式体现不够明确。

（3）量词管辖的范围不太确切。

（4）句子成分的语序不固定。

（5）语形和语义不对应。

从自然语言的视角衡量逻辑语言，其不足如下。

（1）初始词项的种类不够多样。

（2）量词的种类比较贫乏。

（3）存在量词的辖域在公式系列中不能动态地延伸。

（4）由于语境的缺失而使语言传达信息的效率不高。

2.4 深度学习的优势与劣势

对深度学习而言，训练集用来求解神经网络权重，而后形成模型；而测试集用来验证模型的准确度。

深度学习领域研究包含优化（optimization）、泛化（generalization）、表达（representation）以及应用（applications）。除了应用（applications）之外，每个部分又可以分成实践和理论两方面。

根据解决的问题及应用的领域等的不同，深度学习有许多不同的实现形式：卷积神经网络（Convolutional Neural Networks，CNN）、深度信念网络（Deep Belief Networks，DBN）、递归自动编码器（Recursive Auto Encoders，RAE）、深度表达（Deep Representation，DP）等。

根据深度学习的训练过程，其学习优势主要表现在：深度学习提出了一种让计算机自动学习出模式特征的方法，并将特征学习融入建立模型的过程，从而减少了人为设计特征造成的不完备性。而目前以深度学习为核心的某些机器学习应用，在满足特定条件的应用场景下，已经达到了超越现有算法的识别或分类性能。

但同时，其也有劣势，主要表现在：只能提供有限数据量的应用场景下，深度学习算法不能够对数据的规律进行无偏差的估计。为了达到很好的精度，需要大数据支撑。深度学习中图模型的复杂化导致算法的时间复杂度急剧提升，所以为了保证算法的实时性，需要更高的并行编程技巧和更多、更好的硬件支持。因此，只有一些经济实力比较强大的科研机构或企业，才能够用深度学习来做一些前沿而实用的应用。

第3章 神经网络算法基础
CHAPTER 3

神经网络算法在图像和语音识别、手写识别、文本理解、图像分割、对话系统、自动驾驶等领域不断打破纪录。神经网络算法是一种简单易实现的、很重要的机器学习算法。

神经网络算法的特点主要表现在以下方面。

(1) 自适应与自组织能力。

后天的学习与训练可以开发许多各具特色的活动功能，如盲人的听觉和触觉非常灵敏；聋哑人善于运用手势；训练有素的运动员可以表现出非凡的运动技巧等。

普通计算机的功能取决于程序中给出的知识和能力。显然，对于智能活动要通过总结编制程序将十分困难。

人工神经网络具有初步的自适应与自组织能力。在学习或训练过程中改变突触权重值，以适应周围环境的要求。同一网络因学习方式及内容不同而具有不同的功能。人工神经网络是一个具有学习能力的系统，可以发展知识，以致超过设计者原有的知识水平。通常，它的学习训练方式可分为两种，一种是有监督学习或称有导师学习，利用给定的样本标准进行分类或模仿；另一种是无监督学习或称无导师学习，只规定学习方式或某些规则，具体的学习内容因系统所处环境（即输入信号情况）而异，系统可以自动发现环境特征和规律性，具有更近似人脑的功能。

(2) 泛化能力。

泛化能力指对没有训练过的样本，有很好的预测能力和控制能力，特别是对一些有噪声的样本，网络具备很好的预测能力。

(3) 非线性映射能力。

当系统很透彻或很清楚时，一般利用数值分析、偏微分方程等数学工具建立精确的数学模型，但当系统很复杂、系统未知或系统信息量很少时，建立精确的数学模型很困难，此时神经网络的非线性映射能力则表现出优势，因为它不需要对系统进行透彻的了解，但是能得到输入与输出的映射关系，这就大大简化了设计的难度。

（4）高度并行性。

并行性具有一定的争议性。承认具有并行性的理由为：神经网络是根据人的大脑而抽象出来的数学模型，由于人可以同时做一些事，所以从功能的模拟角度上看，神经网络也应具备很强的并行性。

多年以来，人们从医学、生物学、生理学、哲学、信息学、计算机科学、认知学、组织协同学等各个角度企图认识并编制程序。在寻找上述问题的答案的研究过程中，这些年来逐渐形成了一个新兴的多学科交叉技术领域，称之为"神经网络"。神经网络的研究涉及众多学科领域，这些领域互相结合、相互渗透并相互推动。不同领域的科学家又从各自学科的兴趣与特色出发，提出不同的问题，从不同的角度进行研究。

3.1 激活函数及实现

神经网络中的每个神经元节点接收上一层神经元的输出值作为本神经元的输入值，并将输入值传递给下一层，输入层神经元节点会将输入属性值直接传递给下一层（隐层或输出层）。在多层神经网络中，上层节点的输出和下层节点的输入之间具有一个函数关系，这个函数称为激活函数（又称激励函数）。

3.1.1 激活函数的用途

如果不用激活函数（其实相当于激活函数是$f(x)=x$），则在这种情况下每一层节点的输入都是上一层输出的线性函数，很容易验证，无论神经网络有多少层，输出都是输入的线性组合，与没有隐藏层效果相当，这种情况就是最原始的感知机（perceptron），那么网络的逼近能力就相当有限。正因为上面的原因才引入非线性函数作为激活函数，这样深层神经网络表达能力就更加强大（不再是输入的线性组合，而是几乎可以逼近任意函数）。

3.1.2 几种激活函数

早期研究神经网络主要采用sigmoid函数或者tanh函数，输出有界，很容易充当下一层的输入。

近些年ReLU函数及其改进型（如Leaky-ReLU、P-ReLU、R-ReLU等）在多层神经网络中应用比较多。下面对这些激活函数进行介绍。

1. sigmoid 函数

sigmoid 是常用的非线性激活函数，它的函数解析式如下：

$$f(z) = \frac{1}{1+e^{-z}}$$

sigmoid 的几何图像如图 3-1 所示。

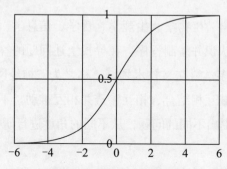

图 3-1 sigmoid 几何图像

其特点是它能够把输入的连续实值变换为 0 和 1 之间的输出。特别的，如果是非常大的负数，那么输出就是 0；如果是非常大的正数，输出就是 1。

sigmoid 函数过去使用较多，近年来用它的人越来越少了，主要是因为它有以下固有缺点。

（1）在深度神经网络中，梯度反向传递时导致梯度爆炸和梯度消失，其中梯度爆炸发生的概率非常小，而梯度消失发生的概率比较大。sigmoid 函数的导数如图 3-2 所示。

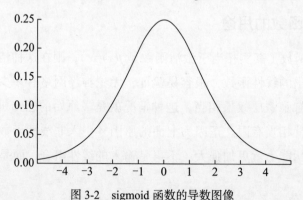

图 3-2 sigmoid 函数的导数图像

如果初始化神经网络的权值为区间 [0,1] 上的随机值，则由反向传播算法的数学推导可知，梯度从后向前传播时，每传递一层梯度值都会减小为原来的 1/4，如果神经网络隐层特别多，那么梯度在穿过多层后将变得非常小，接近 0，即出现梯度消失现象；当网络权值初始化为区间 (1,+∞) 内的值时，会出现梯度爆炸情况。

（2）sigmoid 的 output 不是零均值（即 zero-centered）。这是不可取的，因为这会导致后一层的神经元将得到上一层输出的非零均值的信号作为输入。产生的一个结果就是：如 $x > 0, f = w^T x$，那么对 w 求局部梯度则都为正，这样在反向传播过程中，w 要么都往正方向更新，要么都往负方向更新，导致出现一种捆绑的效果，使收敛缓慢。当然，如果按 batch 去训练，那么那个 batch 可能得到不同的信号，所以这个问题是可以缓解的。因此，非零均值这个问题虽然会产生一些不好的影响，不过跟上面提到的梯度消失问题相比还是要好很多的。

（3）其解析式中含有幂运算，计算机求解时相对来讲比较耗时。对于规模比较大的深度网络，这会极大地增加训练时间。

2. tanh 函数

tanh 函数的解析式如下：

$$\tanh(x) = \frac{e^x - e^{-x}}{e^x + e^{-x}}$$

tanh 函数及其导数的几何图像如图 3-3 所示。

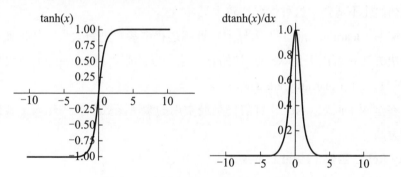

图 3-3　tanh 函数及其导数的几何图像

tanh 读作 Hyperbolic Tangent，它解决了 sigmoid 函数不是 zero-centered 输出的问题，然而，梯度消失（gradient vanishing）问题和幂运算的问题仍然存在。

3. ReLU 函数

ReLU 函数的解析式如下：

$$\text{ReLU} = \max(0, x)$$

ReLU 函数及其导数的图像如图 3-4 所示。

ReLU 函数其实就是一个取最大值函数，注意这并不是全区间可导的，但是可以取 sub-gradient，如图 3-4 所示。ReLU 虽然简单，但却是近几年的重要成果，其有以下几个优点。

（1）解决了 gradient vanishing 问题（在正区间）。

（2）计算速度非常快，只需要判断输入是否大于 0。

（3）收敛速度远快于 sigmoid 函数和 tanh 函数。

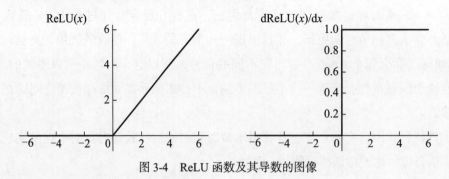

图 3-4　ReLU 函数及其导数的图像

ReLU 有两个需要特别注意的问题。

（1）ReLU 的输出不是 zero-centered。

（2）Dead ReLU Problem，指的是某些神经元可能永远不会被激活，导致相应的参数永远不能被更新。有两个主要原因可能导致这种情况产生。

①参数初始化不适合，这种情况比较少见。

②学习速率（learning rate）太大导致在训练过程中参数更新太大，如果使网络进入这种状态。解决方法是可以采用 Xavier 初始化方法，以及避免将 learning rate 设置太大或使用 adagrad 等自动调节 learning rate 的算法。

尽管存在这两个问题，ReLU 目前仍是最常用的激活函数，在搭建人工神经网络的时候推荐优先尝试。

4. Leaky ReLU 函数（PReLU）

函数解析式如下：

$$f(x) = \max(\alpha x, x)$$

Leaky ReLU 函数及其导数的图像如图 3-5 所示。

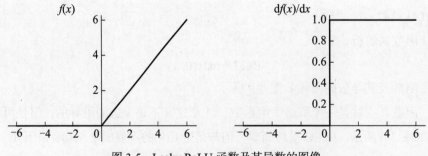

图 3-5　Leaky ReLU 函数及其导数的图像

人们为了解决 Dead ReLU Problem，提出了将 ReLU 的前半段设为 αx 而非 0，通

常 α=0.01。另一种直观的想法是基于参数的方法,即 ParametricReLU: $f(x) = \max(\alpha x, x)$,其中 α 可由方向传播算法算出来。理论上来讲,Leaky ReLU 有 ReLU 的所有优点,外加不会有 Dead ReLU Problem,但是在实际操作中,并没有证据证明 Leaky ReLU 总是优于 ReLU。

5. ELU (Exponential Linear Units) 函数

函数解析式如下:

$$f(x) = \begin{cases} x, & x > 0 \\ \alpha(e^x - 1), & 其他 \end{cases}$$

ELU 函数及其导数的图像如图 3-6 所示。

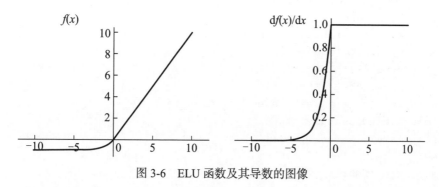

图 3-6　ELU 函数及其导数的图像

ELU 也是为解决 ReLU 存在的问题而提出的,显然,ELU 有 ReLU 的所有优点,以及:

- 不会有 Dead ReLU Problem。
- 输出的均值接近 0,zero-centered。

它的一个小问题在于计算量稍大。类似于 Leaky ReLU,虽然理论上好于 ReLU,但在实际使用中目前并没有证据证明 ELU 总是优于 ReLU。

3.1.3　几种激活函数的绘图

上面已对几种激活函数的解析式、导数、优点等进行了介绍,下面通过一个实例来形象地将几种激活函数用图形绘制出来。

【例 3-1】现将上述几种激活函数画出来,这里 x 取值为 -10 ～ 10,通过 sess.run() 得到各个激活函数的取值,通过 Matplotlib 画出函数图像。

```
import tensorflow as tf
import numpy as np
import matplotlib.pyplot as plt
sess = tf.Session()
x = np.linspace(start=-10,stop=10,num=50)
```

```
y1 = sess.run(tf.nn.softplus(x))
print(type(y1))
y2 = sess.run(tf.nn.ReLU(x))
y3 = sess.run(tf.nn.ReLU6(x))
y4 = sess.run(tf.nn.elu(x))
y5 = sess.run(tf.nn.sigmoid(x))
y6 = sess.run(tf.nn.tanh(x))
y7 = sess.run(tf.nn.softsign(x))
fig = plt.figure()
fig2 = plt.figure()
ax = fig.add_subplot(111)
ax2 = fig2.add_subplot(111)
ax.plot(x,y1,'-',label='Softplus')
ax.plot(x,y2,'.',label='ReLU')
ax.plot(x,y3,'-.',label='ReLU6')
ax.plot(x,y4,label='ExpLU')
handles,labels = ax.get_legend_handles_labels()
ax.legend(handles,labels)
ax.set_xlabel('x')
ax.set_ylabel('y')
fig.suptitle('figure1')

ax2.plot(x,y5,'-',label='sigmoid')
ax2.plot(x,y6,'.',label='Tanh')
ax2.plot(x,y7,'-.',label='softsign')
handles,labels = ax2.get_legend_handles_labels()
ax2.legend(handles,labels)
plt.show()
```

运行程序，得到的几种激活函数的图像如图 3-7 及图 3-8 所示。

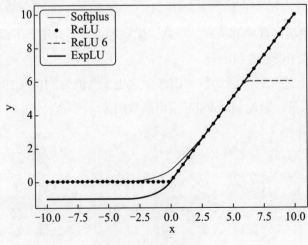

图 3-7 激活函数 1

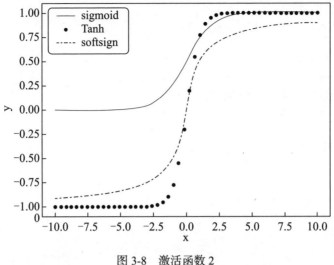

图 3-8 激活函数 2

3.2 门函数及实现

神经网络算法的基本概念之一是门操作。本节先介绍门操作中的乘法操作，接着介绍嵌套的门操作。

第一个实现的操作门是 $f(x)=a\cdot x$。为了优化该门操作，先声明 a 输入作为变量，x 输入作为占位符。这意味着 TensorFlow 将改变 a 的值，而不是 x 的值。乘法操作门将创建损失函数，度量输出结果和目标值之间的差值，这里的目标值是 50。

第二个实现的嵌套操作门是 $f(x)=a\cdot x+b$。声明 a 和 b 为变量，x 为占位符。嵌套操作门向目标值 50 优化输出结果。许多模型变量的组合使得输出结果为 50。

【例 3-2】利用 TensorFlow 实现门函数。

```
import tensorflow as tf
from tensorflow.python.framework import ops
ops.reset_default_graph()
# 创建计算图
sess = tf.Session()
# 创建一个乘法门
#    f(x) = a * x#
#   a --
#      |
#      |---- （乘法） --> 输出
#   x --|
```

```
#
a = tf.Variable(tf.constant(4.))
x_val = 5.
x_data = tf.placeholder(dtype=tf.float32)
multiplication = tf.multiply(a, x_data)
# 将 loss 函数声明为输出与目标值之间的差值 50
loss = tf.square(tf.subtract(multiplication, 50.))
# 初始化变量
init = tf.initialize_all_variables()
sess.run(init)
# 声明优化器
my_opt = tf.train.GradientDescentOptimizer(0.01)
train_step = my_opt.minimize(loss)

# 循环遍历门
print('Optimizing a Multiplication Gate Output to 50.')
for i in range(10):
    sess.run(train_step, feed_dict={x_data: x_val})
    a_val = sess.run(a)
    mult_output = sess.run(multiplication, feed_dict={x_data: x_val})
    print(str(a_val) + ' * ' + str(x_val) + ' = ' + str(mult_output))
```

运行程序，输出如下：

```
Optimizing a Multiplication Gate Output to 50.
7.0 * 5.0 = 35.0
8.5 * 5.0 = 42.5
9.25 * 5.0 = 46.25
9.625 * 5.0 = 48.125
9.8125 * 5.0 = 49.0625
9.90625 * 5.0 = 49.53125
9.953125 * 5.0 = 49.765625
9.9765625 * 5.0 = 49.882812
9.988281 * 5.0 = 49.941406
9.994141 * 5.0 = 49.970703


#----------------------------------
# 创建一个嵌套门：
#    f(x) = a * x + b#
#   a --
#       |
#       |-- (乘法)--
#   x --|            |
#                    |-- (加法) --> 输出
```

```
#                      b --|
#
# 启动一个新的图形会话
ops.reset_default_graph()
sess = tf.Session()
a = tf.Variable(tf.constant(1.))
b = tf.Variable(tf.constant(1.))
x_val = 5.
x_data = tf.placeholder(dtype=tf.float32)
two_gate = tf.add(tf.multiply(a, x_data), b)

# 将 loss 函数声明为输出与目标值 50 之间的差值
loss = tf.square(tf.subtract(two_gate, 50.))
# 初始化变量
init = tf.initialize_all_variables()
sess.run(init)
# 声明优化器
my_opt = tf.train.GradientDescentOptimizer(0.01)
train_step = my_opt.minimize(loss)
# 运行循环通过门
print('\nOptimizing Two Gate Output to 50.')
for i in range(10):
    sess.run(train_step, feed_dict={x_data: x_val})
    a_val, b_val = (sess.run(a), sess.run(b))
    two_gate_output = sess.run(two_gate, feed_dict={x_data: x_val})
    print(str(a_val) + ' * ' + str(x_val) + ' + ' + str(b_val) + ' = '
+ str(two_gate_output))
```

运行程序，输出如下：

```
Optimizing Two Gate Output to 50.
5.4 * 5.0 + 1.88 = 28.88
7.512 * 5.0 + 2.3024 = 39.8624
8.52576 * 5.0 + 2.5051522 = 45.133953
9.012364 * 5.0 + 2.6024733 = 47.664295
9.2459345 * 5.0 + 2.6491873 = 48.87886
9.358048 * 5.0 + 2.67161 = 49.461853
9.411863 * 5.0 + 2.682373 = 49.74169
9.437695 * 5.0 + 2.687539 = 49.87601
9.450093 * 5.0 + 2.690019 = 49.940483
9.456045 * 5.0 + 2.6912093 = 49.971436
```

这里需要注意的是，嵌套操作门的解决方法不是唯一的。这在神经网络算法中不太重要，因为所有的参数都是根据减小损失函数来调整的。最终的解决方案依赖于 a 和 b 的初始值,如果它们是随机初始化的,而不是被初始化为1,则每次迭代的模型变量的输出结果并不相同。

通过 TensorFlow 的隐式后向传播可以优化计算门的操作。TensorFlow 可以维护模型操作和变量,调整优化算法和损失函数。

可以扩展操作门,选定哪一个输入是变量,哪一个输入是数据,因为 TensorFlow 将调整所有的模型变量来最小化损失函数,而不是调整数据,数据输入声明仅为占位符。

维护计算图中的状态以及每次训练迭代自动更新模型变量的隐式能力,是 TensorFlow 具有优势特征之一,该能力让 TensroFlow 威力无穷。

3.3 单个神经元的扩展及实现

单个神经元出现之后,为了得到更好的拟合效果,又研发出了 Maxout 网络。Maxout 网络可以理解为单个神经元的扩展,主要是扩展单个神经元里面的激活函数,正常的单个神经元如图 3-9 所示。

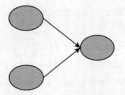

图 3-9　单个神经元

Maxout 将激活函数变成一个网络选择器,原理就是将多个神经元并列地放在一起,从它们的输出结果中找到最大的那个,代表对特征响应最敏感,然后取这个神经元的结果参与后面的运算,如图 3-10 所示。

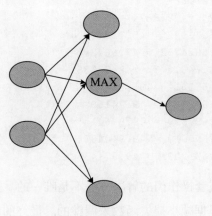

图 3-10　Maxout 网络

它的公式可以理解为

$$z_1 = w_1 \times x + b_1$$
$$z_2 = w_2 \times x + b_2$$
$$z_3 = w_3 \times x + b_3$$
$$z_4 = w_4 \times x + b_4$$
$$z_5 = w_5 \times x + b_5$$
$$\cdots$$
$$out = \max(z_1, z_2, z_3, z_4, z_5, \cdots)$$

为什么要这样做呢？神经元的作用类似人类的神经细胞，不同的神经元会因为输入的不同而产生不同的输出，即不同的细胞关心的信号不同。依赖这个原理，现在的做法相当于同时将多个神经元放在一起，哪个效果更好就用哪个。所以这样的网络会有更好的拟合效果。

【例 3-3】Maxout 网络的构建方法：根据 reduce_max() 函数对多个神经元的输出来计算 Max 值，将 Max 值当作输入，按照神经元正反传播方向进行计算。

```
from tensorflow.examples.tutorials.mnist import input_data
mnist = input_data.read_data_sets("MNIST_data/")
print (' 输入数据 :',mnist.train.images)
print (' 输入数据形状 shape:',mnist.train.images.shape)
import pylab
im = mnist.train.images[1]
im = im.reshape(-1,28)
pylab.imshow(im)
pylab.show()
print (' 输入数据形状 shape:',mnist.test.images.shape)
print (' 输入数据形状 shape:',mnist.validation.images.shape)
import TensorFlow as tf  # 导入 TensorFlow 库
tf.reset_default_graph()
# tf Graph Input
x = tf.placeholder(tf.float32, [None, 784]) # mnist data 维度 28*28=784
y = tf.placeholder(tf.int32, [None]) # 0-9 数字 => 10 classes
# Set model weights
W = tf.Variable(tf.random_normal([784, 10]))
b = tf.Variable(tf.zeros([10]))
z= tf.matmul(x, W) + b
maxout = tf.reduce_max(z,axis= 1,keep_dims=True)
# Set model weights
W2 = tf.Variable(tf.truncated_normal([1, 10], stddev=0.1))
b2 = tf.Variable(tf.zeros([1]))
# 构建模型
```

```python
    pred = tf.nn.softmax(tf.matmul(maxout, W2) + b2)
    # 构建模型
    #pred = tf.nn.softmax(z) # Softmax 分类
    cost = tf.reduce_mean(tf.nn.sparse_softmax_cross_entropy_with_logits(labels=y, logits=z))
    # 参数设置
    learning_rate = 0.04
    # 使用梯度下降优化器
    optimizer = tf.train.GradientDescentOptimizer(learning_rate).minimize(cost)
    training_epochs = 200
    batch_size = 100
    display_step = 1
    # 启动 session
    with tf.Session() as sess:
        sess.run(tf.global_variables_initializer())# Initializing OP
        # 启动循环开始训练
        for epoch in range(training_epochs):
            avg_cost = 0.
            total_batch = int(mnist.train.num_examples/batch_size)
            # 遍历全部数据集
            for i in range(total_batch):
                batch_xs, batch_ys = mnist.train.next_batch(batch_size)
                _, c = sess.run([optimizer, cost], feed_dict={x: batch_xs,
                                                              y: batch_ys})
                # Compute average loss
                avg_cost += c / total_batch
            # 显示训练中的详细信息
            if (epoch+1) % display_step == 0:
                print ("Epoch:", '%04d' % (epoch+1), "cost=", "{:.9f}".format(avg_cost))
        print( " Finished!")
```

运行程序，输出如下：

```
……
Epoch: 0191 cost= 0.297975748
Epoch: 0192 cost= 0.297584648
Epoch: 0193 cost= 0.297219502
Epoch: 0194 cost= 0.296815876
Epoch: 0195 cost= 0.296571933
Epoch: 0196 cost= 0.296303167
Epoch: 0197 cost= 0.295947715
Epoch: 0198 cost= 0.295588067
Epoch: 0199 cost= 0.295275190
```

```
Epoch: 0200 cost= 0.294988065
```

从输出结果可以看到，损失值下降到了 0.29，且随着迭代次数的增加还会继续下降。Maxout 的拟合功能很强大，但是也会有节点过多、参数过多、训练过慢的缺点。

3.4 构建多层神经网络

本节介绍建立多层神经网络的函数，这个函数是一个简单的通用函数，通过最后的测试，可以建立一些多次方程的模型，并通过 matplotlib.pyplot 演示模型建立过程中的数据变化情况。

```
import matplotlib.pyplot as plt
import numpy as np
import TensorFlow as tf
def createData(ref):
    '''生成数据函数及 ref 参数说明
    本函数将生成一组 x,y 数据，ref 传参为数组 [a1,a2,a3,b]
    x 一组 300 个，是由 -1～1 的等分数列组成的数组
    y = a1*x^3+a2*x^2+a3*x+b+ 噪点
    '''
    x = x_data=np.linspace(-1,1,300).reshape(300,1)
    y = np.zeros(300).astype(np.float64).reshape(300,-1)
    yStr = ""
    for i in range(len(ref)):
        y = y + x ** (len(ref) - i - 1) * ref[i]
        yStr+= (" = " if yStr == "" else " + ") + str(ref[i]) + " * (" + str(x[3]) + ") ** " + str(len(ref) - i - 1)
    noise = max(y) * (np.random.uniform(-0.05,0.05,300)).reshape(300,-1)
    y = y + noise
    yStr = str(y[3]) + yStr + " + " + str(noise[3][0]) + "(noise)"
    print(yStr)
    return x,y

def addLayer(inputData,input_size,output_size,activation_function=None):
    # 初始化随机，比全为 0 要好
    weight = tf.Variable(tf.random_uniform([input_size,output_size],-1,1))
    # 这是来自 TensorFlow 的建议，biases 不为 0 比较好
    b = tf.Variable(tf.random_uniform([output_size],-1,1))
    mat = tf.matmul(inputData,weight)+b #matul 求矩阵乘法并加上 biases
    if activation_function != None : mat = activation_function(mat)
    return mat
```

```python
def draw(x_data,y_data,trainTimes,learningRate):
    '''
     trainTimes:训练次数,当 x_data,y_data 不同时,trainTimes 与 learningRate
都必须适当调整,关于 learning rate 这里不再详细说明
    '''
    x = tf.placeholder(tf.float32,[None,1])
    y = tf.placeholder(tf.float32,[None,1])
    # 在原始数据 x_data 与最后预测值之间加上一个 20 个神经元的神经网络层
    # 典型的三层网络,N 个神经元,x_data,y_data 只有一个属性,算是一个神经元,所以
    # 输入是一个神经元,而隐藏层有 N 个神经元
    layer1 = addLayer(x,1,20,activation_function=tf.nn.ReLU)
    prediction = addLayer(layer1,20,1)
    loss = tf.reduce_mean(tf.reduce_sum(tf.square(y - prediction),axis=1))
    train=tf.train.GradientDescentOptimizer(learningRate).minimize(loss)
    sess=tf.Session()
    sess.run(tf.initialize_all_variables())
    trainStepPrint=int(trainTimes/10)
    feed_dict={x:x_data,y:y_data}

    predictionStep=[]  # 用于保存训练过程中的预测结果
    for i in range(trainTimes):
        sess.run(train,feed_dict=feed_dict)
# 分 20 次将计算的步骤值进行保存,i<10 指最开始的 10 次,基本前几次的 WEIGHT 变化比较大,
# 效果明显
        if i%trainStepPrint==0 or i<10:
            lossVal=sess.run(loss,feed_dict=feed_dict)
            print("步骤:%d, loss:%f"%(i,lossVal))
            # 预测时并不需要传参 y_data
            predictionStep.append(sess.run(prediction,{x:x_data}))
    lossVal=sess.run(loss,feed_dict=feed_dict)
    print("最后 loss:%f"%(lossVal))
    predictionStep.append(sess.run(prediction,{x:x_data}))# 传入最后结果
    sess.close()

    plt.scatter(x_data,y_data,c='b') # 蓝点表示实际点
    plt.ion()
    plt.show()
    predictionPlt=None
    for i in predictionStep:
        if predictionPlt!=None:predictionPlt.remove();
        predictionPlt=plt.scatter(x_data,i,c='r') # 红点表示预测点
        plt.pause(0.3)
```

```
x_data,y_data = createData([2,0,1])# 2*x^2 +1 完全的抛物线
draw(x_data,y_data,10000,0.1)

#x_data,y_data = createData([2,2,2])# 2*x^2+2*x +2 抛物线的一部分，可自
# 行取消注释后运行
#draw(x_data,y_data,10000,0.1)
# 3 次方的试验，x^3+2*x，可自行取消注释后运行
#x_data,y_data =createData([1,0,2,0])
#draw(x_data,y_data,10000,0.01)
```

运行程序，输出如下：

```
步骤: 0, loss:1.021101
步骤: 1, loss:0.639442
步骤: 2, loss:0.361200
步骤: 3, loss:0.257270
步骤: 4, loss:0.197024
...
步骤: 8000, loss:0.008079
步骤: 9000, loss:0.008074
最后 loss:0.008070
```

图 3-11～图 3-13 是生成的效果图，每张图的蓝点（本书为黑白印刷，图中颜色以程序实际运行为准）都表示为样本值，红点表示最终预测效果，本例带有点的动画效果，可以更直观地视觉数值的变化。

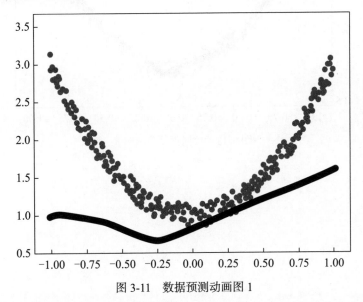

图 3-11　数据预测动画图 1

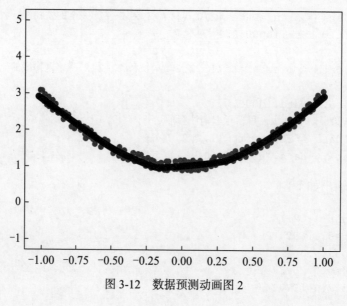

图 3-12　数据预测动画图 2

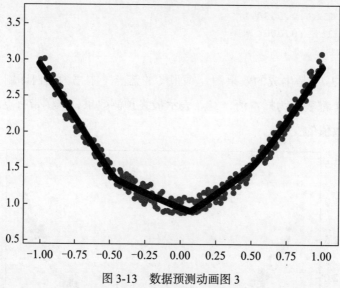

图 3-13　数据预测动画图 3

第 4 章 词嵌入

CHAPTER 4

词嵌入（word embedding）是一种词的类型表示（相似意义的词具有相似的表示），是将词汇映射到实数向量的方法总称。词嵌入是自然语言处理的重要突破之一。

4.1 词嵌入概述

自然语言是一套用来表达含义的复杂系统。在这套系统中，词是表义的基本单元。顾名思义，词向量是用来表示词的向量，也即词的特征向量或表征。比如在一个文本中包含"猫""狗""友情"等若干词语，将这若干词语映射到向量空间中，"猫"对应的向量为（0.1 0.2 0.3），"狗"对应的向量为（0.2 0.2 0.4），"友情"对应的向量为（-0.4 -0.5 -0.2）（本数据仅为示意）。像这种将文本 $\{x_1,x_2,\cdots,x_n\}$ 映射到多维向量空间 $\{y_1,y_2,\cdots,y_n\}$ 的过程就叫作词嵌入。

在 NLP 领域，文本表示是第一步，也是很重要的一步，文本表示就是把人类的语言符号转化为机器能够进行计算的数字，因为普通的文本语言机器是看不懂的，必须通过转化来表征对应文本。早期的文本表示是基于规则的方法进行转化，而现代是基于统计机器学习的方法进行转化。

数据决定了机器学习的上限，而算法只是尽可能逼近这个上限，在本文中数据指的就是文本表示，所以弄懂文本表示的发展历程，对于 NLP 学习者来说是必不可少的。文本表示分为离散表示和分布式表示。

4.2 分布式表示

研究学者为了提高模型的精度，发明了分布式地表示文本信息的方法。"用一个词附近的其他词来表示该词，这是现代统计自然语言中最有创见的想法之一。"学者发明这种方法是基于人的语言表达，认为一个词是由这个词的周边词汇一起构成了精确的语义信息，就好比物以类聚人以群分，如果想了解一个人，可以通过他周围的人进行了解，他周围的人都是因为有一些共同点才能聚集起来的。

4.2.1 分布式假设

颜色的表示是 R、G、B，三原色分别能用数字精准表示出来，有多少种颜色，就对应着相同数量的表示颜色的三维向量，将类似颜色的向量表示方法用到单词表示上即为单词的分布式表示。

如何构建单词的分布式表示呢？其基于分布式假设，即某个单词的含义是由它周围的单词决定的，单词本身没有含义，而是由上下语境生成的，即单词左侧和右侧单词。

4.2.2 共现矩阵

分布式假设使用向量表示单词，这种方法是基于计数的方法，实现过程是直接统计目标词周围单词出现的次数，汇总所有单词的共现单词并形成表格。这个表格的各行对应相应单词的向量，表格呈矩阵状，所以称为共现矩阵。

以列表存储数据为例：

```
import pandas as pd
from itertools import combinations
data_list=[['I','like','learning'],['you','like','playing']]
data_list
[['I', 'like', 'learning'], ['you', 'like', 'playing']]
```

（1）针对每一个样本，利用 itertools 库中的 combinations 函数构建排列组合，然后输出一个 DataFrame 针对第一个样本，可以构建 6 种两两的排列组合。

```
list_ = [c for c in combinations(data_list[0], 2)] + [(i[-1],i[0]) for i in [c for c in combinations(data_list[0], 2)]]
df_1= pd.DataFrame(list_,columns=['x1','x2'])
df_1
```

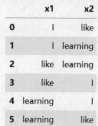

针对第二个样本，同样可以构建 6 种两两的排列组合。

```
list_ = [c for c in combinations(data_list[1], 2)] + [(i[-1],i[0]) for i in [c for c in combinations(data_list[1], 2)]]
df_2= pd.DataFrame(list_,columns=['x1','x2'])
df_2
```

（2）将两个 DataFrame 合并成一个。

```
df=pd.concat([df_1,df_2])
df
```

	x1	x2
0	I	like
1	I	learning
2	like	learning
3	like	I
4	learning	I
5	learning	like

	x1	x2
0	you	like
1	you	playing
2	like	playing
3	like	you
4	playing	you
5	playing	like

	x1	x2
0	you	like
1	you	playing
2	like	playing
3	like	you
4	playing	you
5	playing	like

（3）重复统计。

```
df=pd.DataFrame(df.value_counts())
df
```

x1	x2	count
I	learning	1
	like	1
learning	I	1
	like	1
like	I	1
	learning	1
	playing	1
	you	1
playing	like	1
	you	1
you	like	1
	playing	1

（4）利用 unstack 函数生成共现矩阵。

```
df=df.unstack(level=1).fillna(0)
df
```

		count			
x2 x1	I	learning	like	playing	you
I	0.0	1.0	1.0	0.0	0.0
learning	1.0	0.0	1.0	0.0	0.0
like	1.0	1.0	0.0	1.0	1.0
playing	0.0	0.0	1.0	0.0	1.0
you	0.0	0.0	1.0	1.0	0.0

完整的代码如下：

```
import pandas as pd
from itertools import combinations

def Get_matrix(df_list):
    '''获取共现矩阵'''
    df = pd.DataFrame()
    for i in df_list:
        df = pd.concat([df,i])
    df = pd.DataFrame(df.value_counts())
    df.columns = ['counts']
    df = df.unstack(level=1).fillna(0)
    return df

def count_list(list_):
    '''排列组合'''
    list_ = [c for c in combinations(list_, 2)] + [(i[-1],i[0]) for i in [c for c in combinations(list_, 2)]]
    df = pd.DataFrame(list_,columns=['x1','x2'])
    return df

if __name__ == "__main__":
    data_list = [
        ['I' ,'like','learning'],
        ['you' ,'like','playing'],
    ]
    df_list = [count_list(i) for i in data_list]      # 排列组合
    res_df = Get_matrix(df_list)                      # 获取共现矩阵
```

4.2.3 存在的问题

共现矩阵有其优点,也存在相应的问题,主要表现在以下几方面。
- 向量维数随着词典大小线性增长。
- 存储整个词典的空间消耗非常大。
- 一些模型,如文本分类模型,会面临稀疏性问题。
- 模型会欠稳定,每新增一份语料,稳定性就会变化。

4.3 jieba 分词处理

jieba 是一个用于中文文本分词的 Python 库。分词是自然语言处理(NLP)中非常基础的一步,尤其对于中文文本来说,因为中文并不像英文那样用空格自然地分隔单词。jieba 的主要功能和特点如下。

1. 中文分词

jieba 库主要用于中文文本的分词处理,它使用基于词频的分词算法,可以将连续的中文文本切分成词语。它支持三种分词模式:精确模式、全模式和搜索引擎模式,可以根据需求选择合适的模式进行分词。

2. 支持自定义词典

jieba 库允许用户使用自定义的词典,以便能更好地适应特定领域或行业的术语和词汇。用户可以根据需要添加自定义词汇,以确保分词结果更准确。

3. 关键词提取

jieba 库提供了关键词提取的功能,可以从文本中自动提取出关键词。关键词提取可以帮助用户快速了解文本的主题和重点。

4. 词性标注

jieba 库还支持对分词结果进行词性标注,即为每个词语标注其词性(如名词、动词、形容词等)。词性标注可以用于进一步的文本分析和语义理解。

5. 并行分词

jieba 库支持并行分词,可以利用多核处理器或多线程进行分词操作,提高分词速度和效率。

6. 开源且易于使用

jieba 库是一个开源项目,可以免费使用和修改。它提供了简单易用的 API,使得在 Python 中进行中文文本分词变得非常方便。

使用 jieba 库可以轻松地进行中文文本的分词处理,并在自然语言处理、文本挖掘、信息检索等领域中应用它的功能。

4.3.1 jieba 库的三种模式和常用函数

1. 常用函数

jieba 库的常用函数如表 4-1 所示。

表 4-1 jieba 库的常用函数

函　　数	描　　述
jieba.cut(s)	精确模式,返回一个可迭代的数据类型(默认 cut_all=False)
jieba.cut(s,cut_all=True)	全模式,输出文本 s 中所有可能的词语
jieba.cut_for_search(s)	搜索引擎模式,适用于搜索引擎建立索引的分词
jieba.lcut(s)	精确模式,返回一个列表类型
jieba.lcut(s,cut_all=True)	全模式,返回一个列表类型
jieba.lcut_for_search(s)	搜索引擎模式,返回一个列表类型

表 4-1 中的参数 s 为待分词的中文文本;cut_all 为是否采用全模式进行分词,默认为 False。其中前三种调用格式的返回值为一个可迭代的生成器和生成分词的结果。推荐使用后面几种格式,因为调用更方便。

2. 三种模式

三种模式为精确模式、全模式、搜索引擎模式,下面对这三种模式进行介绍。

1)精确模式(精确切分)

精确模式是最基本的分词模式,将句子切分成最小的词语单元,不存在冗余词语,切分后词语总次数与文章总次数相等。

【例 4-1】精确模式实例演示。

```
import jieba  # 导入 jieba 库
seg_list = jieba.cut("我今天来到了美丽的云南大理", cut_all=False)
print("精确模式: " +" / ".join(seg_list))
```

运行程序,输出如下:

精确模式:我 / 今天 / 来到 / 了 / 美丽 / 的 / 云南 / 大理

2)全模式(全文扫描切分)

全模式与精确模式的不同在于,全模式存在冗余数据,将可能的词语全部切分出来,从第一个字到最后一个字遍历作为词语第一个字。

【例4-2】全模式实例演示。

```
import jieba   # 导入jieba库
seg_list = jieba.cut("我今天来到了美丽的云南大理,这里的风景真美", cut_all=True)
print("全模式:" + "/ ".join(seg_list))   # 全模式
```

运行程序,输出如下:

全模式:我 / 今天 / 来到 / 了 / 美丽 / 的 / 云南 / 南大 / 大理 / , / 这里 / 的 / 风景 / 真美

3)搜索引擎模式

搜索引擎模式是在精确模式的基础上进行了进一步的切分,对一些长词进行再次切分,得到更细粒度的词语。

【例4-3】搜索引擎模式实例演示。

```
import jieba   # 导入jieba库
strs="我今天来到了美丽的云南大理,这里的风景真美"
seg_list = jieba.cut_for_search(strs)    # 搜索引擎模式
print(", ".join(seg_list))
我, 今天, 来到, 了, 美丽, 的, 云南, 大理, , , 这里, 的, 风景, 真, 美

seg_list = jieba.cut_for_search(strs[2])    # 搜索引擎模式
print(", ".join(seg_list))
```

运行程序,输出如下:

天

4.3.2　jieba库分词的其他操作

下面对jieba库分词除了三种基本模式外的其他常用操作进行介绍。

1. 载入新词

在jieba库中,通过jieba.load_userdict方法可以预先载入自定义的新词,令分词更精准。文本中一个词占一行,每一行分三部分:词语、词频(可省略)、词性(可省略),用空格隔开,顺序不可颠倒。

【例4-4】载入新词实例演示。

设定word.txt文本:

阿里云　1　n

云计算　1　n

```
import jieba   # 导入jieba库
```

```
word1=jieba.cut('阿里云是全球领先的云计算及自然语言处理公司')
print(list(word1))
jieba.load_userdict('word.txt')
word2=jieba.cut('阿里云是全球领先的云计算及自然语言处理公司')
print(list(word2))
```

运行程序,输出如下:

```
['阿里','云是','全球','领先','的','云','计算','及','自然语言','处理','公司']
['阿里','云是','全球','领先','的','云','计算','及','自然语言','处理','公司']
```

2. 添加自定义词典

在jieba库中,开发者可以指定自己的自定义词典,以便包含词库中没有的词,虽然jieba分词有新词识别能力,但是自行添加新词可以保证更高的正确率。添加自定义词典的语法格式为:

```
jieba.load_userdict(filename)  # filename 为自定义词典的路径
```

在使用的时候,词典的格式和jieba分词器中的词典格式必须保持一致,一个词占一行,每一行分成三部分,第一部分为词语,第二部分为词频,第三部分为词性(可以省略),用空格隔开。

【例4-5】添加自定义词典实例演示。

```
import jieba  # 导入jieba库
word1=jieba.cut('上有天堂下有苏杭,西湖杭州风景优美')
print(list(word1))
jieba.load_userdict('word.txt')
word2=jieba.cut('上有天堂下有苏杭,西湖杭州风景优美')
print(list(word2))
```

运行程序,输出如下:

```
['上有天堂','下有苏杭',',','西','湖','杭州','风景优美']
['上有天堂','下有苏杭',',','西','湖','杭州','风景优美']
```

3. 关键词提取

在jieba库中含有analyse模块,进行关键词提取的语法格式为:

```
jieba.analyse.extract_tags(sentence,topK=20,weithWeight=False,allowPos=())
```

其中，sentence 为待提取的文本；topK 为返回几个 TP/IDF 权重最大的关键词，默认值为 20；withWeight 为是否一并返回关键词权重值，默认值为 False；allowPOS 仅包含指定词性的词，默认值为空，即不筛选。

当然，也可以使用基于 TextRank 算法的关键词抽取，其语法格式为：

```
jieba.analyse.textrank(sentence,top=20,withWeight=False,allowPOS=('ns','n','vn','v'))
```

如果为 jieba.analyse.textrank()，则表示新建自定义 TextRank 实例。

【例 4-6】分别使用以上两种方法对同一文本进行关键词抽取，并且显示相应的权重值。

```
import jieba.analyse
s="阿里云创立于2008年4月8日，是全球领先的云计算及人工智能科技公司，统一社会信用代码91330106673959654P,\注册资本100,000万元，实缴资本为5000万元，行政区划在浙江省杭州市西湖区"
""" 方法一 """
for x,w in jieba.analyse.extract_tags(s,withWeight=True):
    print('%s %s'% (x,w))
实缴 0.514839913037037
2008 0.4427691667740741
日 0.4427691667740741
云计算 0.4427691667740741
91330106673959654P 0.4427691667740741
100 0.4427691667740741
000 0.4427691667740741
5000 0.4427691667740741
西湖区 0.4427691667740741
万元 0.3937233497466667
人工智能 0.350297273907037
杭州市 0.3431832838425926
行政区划 0.31310889927074076
阿里 0.30005870361185183
注册资本 0.29809167304444445
浙江省 0.28703981050111111
代码 0.2657201573933333
领先 0.2617646636737037
创立 0.25476671218148145
信用 0.24939406574296297

""" 方法二 """
for x,w in jieba.analyse.textrank(s,withWeight=True):
```

```
    print('%s %s' % (x,w))
统一 1.0
公司 0.8361808774773622
社会 0.8251205507874637
人工智能 0.7667877442133428
西湖区 0.6892717417990362
资本 0.6889855872354134
行政区划 0.6870232657658761
科技 0.6865544824249581
浙江省 0.6845870619505078
实缴 0.6841826090600293
杭州市 0.6819474567470785
信用 0.6659865799462111
领先 0.5546244994874002
代码 0.511546669190108
全球 0.32537559412007455
```

4. 动态调节词典

在 jieba 库中，通过 jieba.add_word() 和 jieba.del_word() 这两个方法也可以动态地调节词典。jieba.add_word() 的语法格式为：

```
add_word(self, word, freq=None, tag=None)
```

jieba.add_word() 可以把自定义词加入词典，其中 freq 为词频，tag 为词性。

jieba.del_word() 的语法格式为：

```
def del_word(self, word)
```

通过 jieba.del_word() 可以动态删除加载的自定义词。

【例4-7】动态调节词典实例演示。

```
import jieba
word1=jieba.cut('上有天堂下有苏杭，西湖杭州风景优美')
print(list(word1))
jieba.add_word('西湖')
jieba.add_word('风景')
word2=jieba.cut('上有天堂下有苏杭，西湖杭州风景优美')
print(list(word2))
jieba.del_word('西湖')
word3=jieba.cut('上有天堂下有苏杭，西湖杭州风景优美')
print(list(word3))
```

运行程序，输出如下：

```
['上有天堂','下有苏杭',',','西湖','杭州','风景优美']
['上有天堂','下有苏杭',',','西湖','杭州','风景优美']
['上有天堂','下有苏杭',',','西','湖','杭州','风景优美']
```

5. 词节词频

在 jieba 库中,可通过 jieba.suggest_freq() 调节单个词语的词频,使其能(或不能)被分出来。下面实例就是对"西湖"这个词进行拆分的过程。

【例 4-8】调节词节词频实例演示。

```
import jieba    # 导入jieba库
word1=jieba.cut('上有天堂下有苏杭,西湖杭州风景优美')
print(list(word1))
jieba.suggest_freq('西湖',False)
word2=jieba.cut('上有天堂下有苏杭,西湖杭州风景优美',False,False)
print(list(word2))
jieba.suggest_freq(('西','湖'),False)
word3=jieba.cut('上有天堂下有苏杭,西湖杭州风景优美',False,False)
print(list(word3))
```

运行程序,输出如下:

```
['上有天堂','下有苏杭',',','西','湖','杭州','风景优美']
['上有天堂','下有苏杭',',','西湖','杭州','风景优美']
['上有天堂','下有苏杭',',','西','湖','杭州','风景优美']
```

6. 标注词性

在 jieba 库中,可通过 posseg.cut() 查看标注词性,除此之外,还可以利用 jieba.posseg.POSTokenizer 新建自定义分词器。

【例 4-9】标注词性实例演示。

```
import jieba    # 导入jieba库
words=jieba.posseg.cut('上有天堂下有苏杭,西湖杭州风景优美')
for word,flag in words:
    print(word,flag)
```

运行程序,输出如下:

```
上有天堂 l
下有苏杭 nz
, x
西 f
湖 ns
杭州 ns
```

风景优美 i

7. 返回词语在原文的起始位置

在 jieba 库中,利用 jieba.tokenize() 函数可以返回词语在原文的起始位置。

注意,输入参数只接受 unicode。

【例 4-10】返回词语在原文的起始位置实例演示。

```
import jieba    # 导入jieba库
result = jieba.tokenize(u'上有天堂下有苏杭,西湖杭州风景优美')
for tk in result:
    print("word %s\t\t start: %d \t\t end:%d" % (tk[0],tk[1],tk[2]))
```

运行程序,输出如下:

```
word 上有天堂         start: 0            end:4
word 下有苏杭         start: 4            end:8
word ,               start: 8            end:9
word 西              start: 9            end:10
word 湖              start: 10           end:11
word 杭州            start: 11           end:13
word 风景优美        start: 13           end:17
```

还可以利用搜索模式,代码如下:

```
result = jieba.tokenize(u'上有天堂下有苏杭,西湖杭州风景优美', mode='search')
for tk in result:
    print("word %s\t\t start: %d \t\t end:%d" % (tk[0],tk[1],tk[2]))
```

运行程序,输出如下:

```
word 上有         start: 0            end:2
word 天堂         start: 2            end:4
word 上有天堂     start: 0            end:4
word 下有         start: 4            end:6
word 苏杭         start: 6            end:8
word 下有苏杭     start: 4            end:8
word ,           start: 8            end:9
word 西          start: 9            end:10
word 湖          start: 10           end:11
word 杭州        start: 11           end:13
word 风景        start: 13           end:15
word 优美        start: 15           end:17
word 风景优美    start: 13           end:17
```

4.3.3 中文词频统计实例

本小节通过一个实例介绍如何计算一篇童话故事的词频。文本文件 story.txt 保存在根目录下。首先读取文章内容，然后使用 jieba.lcut 方法进行分词，最后读取停用词，把文章的分词集合进行过滤，对每个词的词频进行计算。

【例 4-11】中文词频统计实例演示。

```python
import jieba            # 导入 jieba 库
# 打开文件并读取内容
txt1 = open(r"story.txt",
            'r', encoding="utf-8")        # 使用（r"..."避免转义字符的影响）
txt = txt1.read()
txt1.close()             # close() 关闭文件，避免浪费资源

# 采用默认的精确模式分词，返回一个列表对象
words = jieba.lcut(txt)
# 创建一个空字典 "counts"，用于保存词语及其出现的频次
counts = {}
"""
遍历分词结果 'words'，对每个词语进行处理：
如果词语长度为1（单个字符），则跳过，继续下一个词语。否则，将词语及其频次加入 'counts'
字典中，使用 'counts.get(i, 0)' 获取词语的当前频次，
如果词语不存在于字典中，则默认频次为 0，然后加 1。
"""
for i in words:
    if len(i) == 1:
        continue
    else:
        counts[i] = counts.get(i, 0) + 1
# 根据词频排序
items = list(counts.items())              # 转换字典为包含键值对的列表
items.sort(key=lambda x:x[1], reverse=True)
# 输出词频最高的前 15 项
for j in range(15):
    i, count = items[j]
    print("{0:<10}{1:>5}".format(i, count))
```

运行程序，输出如下：

小蜜蜂	43
豆豆	34
一只	29
橘子	22

老虎	21
自己	18
大黄蜂	18
没有	17
一个	17
狐狸	17
兽王	17
猎豹	16
小鸟	15
妈妈	15
青蛙	15

4.4 离散表示

在计算科学中，数据可以用很多不同的方式表示，每一种方式在某些领域都有其优点和缺点。计算机无法处理分类数据，因为这些类别对它没有意义，如果希望计算机处理这些信息，就必须准备好这些信息，此操作称为预处理。预处理的很大一部分是编码——以计算机可以理解的方式表示每条数据，在计算机科学的许多分支中，尤其是机器学习和数字电路设计中，one-hot 编码被广泛应用。离散表示主要包括 one-hot 编码、词袋模型、TF-IDF 算法、n-gram 模型等。

4.4.1 one-hot 编码

one-hot 编码又叫独热编码，是一位有效编码，采用 N 位状态寄存器对 N 个状态进行编码，每个状态都有独立的寄存器位，并且在任意时候只有一位有效。

1. one-hot 编码过程详解

one-hot 编码是将分类变量转化为二进制向量表示。首先要求将分类值映射到整数值。然后，每个整数值被表示为二进制向量（注：形式貌似二进制的形式，但不是真的二进制，注意区分），除了整数的索引之外，它都是零值，被标记为 1。

例如，要对"hello world"进行 one-hot 编码，怎么做呢？其步骤如下。

（1）确定要编码的对象：hello world。

（2）确定分类变量：ｈｅｌｌｏ　空格　ｗｏｒｌｄ，共 27 种类别（26 个小写字母 + 空格，）。

（3）以上问题就相当于，有 11 个样本，每个样本有 27 个特征，将其转化为二进制向量表示。

前提是，特征排列的顺序不同，对应的二进制向量也不同（比如把空格放在第一列或把 a 放在第一列，one-hot 编码结果是不同的），因此必须要事先约定特征排列的顺序：

① 27 种特征首先进行整数编码：a——0，b——1，c——2，……，z——25，空格——26。

② 27 种特征按照整数编码的大小从前往后排列。

得到的 one-hot 编码如图 4-1 所示。

	a	b	c	d	e	f	g	h	i	j	k	l	m	n	o	p	q	r	s	t	u	v	w	x	y	z	空
h	0	0	0	0	0	0	0	1	0	0	0	0	0	0	0	0	0	0	0	0	0	0	0	0	0	0	0
e	0	0	0	0	1	0	0	0	0	0	0	0	0	0	0	0	0	0	0	0	0	0	0	0	0	0	0
l	0	0	0	0	0	0	0	0	0	0	0	1	0	0	0	0	0	0	0	0	0	0	0	0	0	0	0
l	0	0	0	0	0	0	0	0	0	0	0	1	0	0	0	0	0	0	0	0	0	0	0	0	0	0	0
o	0	0	0	0	0	0	0	0	0	0	0	0	0	0	1	0	0	0	0	0	0	0	0	0	0	0	0
空	0	0	0	0	0	0	0	0	0	0	0	0	0	0	0	0	0	0	0	0	0	0	0	0	0	0	1
w	0	0	0	0	0	0	0	0	0	0	0	0	0	0	0	0	0	0	0	0	0	0	1	0	0	0	0
o	0	0	0	0	0	0	0	0	0	0	0	0	0	0	1	0	0	0	0	0	0	0	0	0	0	0	0
r	0	0	0	0	0	0	0	0	0	0	0	0	0	0	0	0	0	1	0	0	0	0	0	0	0	0	0
l	0	0	0	0	0	0	0	0	0	0	0	1	0	0	0	0	0	0	0	0	0	0	0	0	0	0	0
d	0	0	0	1	0	0	0	0	0	0	0	0	0	0	0	0	0	0	0	0	0	0	0	0	0	0	0

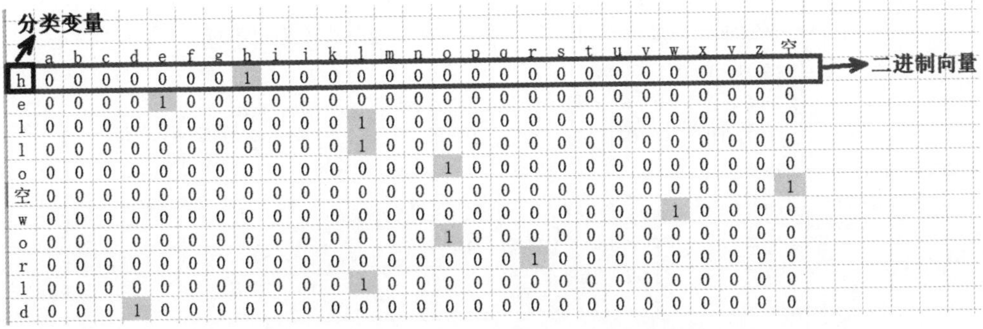

图 4-1　对“hello world”进行独热编码

再比如：要对 [" 中国 ", " 美国 ", " 日本 ", " 美国 "] 进行 one-hot 编码，该怎么做呢？方法如下。

（1）确定要编码的对象：[" 中国 ", " 美国 ", " 日本 ", " 美国 "]。

（2）确定分类变量：中国　美国　日本，共 3 种类别。

（3）问题相当于，有 3 个样本，每个样本有 3 个特征，将其转化为二进制向量表示。

首先进行特征的整数编码：中国（0），美国（1），日本（2），并将特征按照从小到大排列，得到的 one-hot 编码如图 4-2 所示。

[" 中国 ", " 美国 ", " 日本 ", " 美国 "] → [[1,0,0], [0,1,0], [0,0,1], [0,1,0]]

	中国	美国	日本
中国	1	0	0
美国	0	1	0
日本	0	0	1
美国	0	1	0

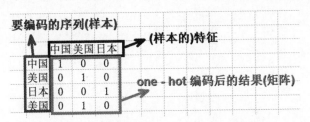

图 4-2　对“中国、美国、日本”进行独热编码

2. 独热编码实现

已知待编码对象为 samples = [' The cat sat on the mat.', ' The dog ate my homework.']，下面分别用各种方法实现 one-hot 编码。

（1）单词级的 one-hot 编码。

```
import numpy as np
samples = ['The cat sat on the mat.', 'The dog ate my homework.']
    #初始数据：每个样本是列表的一个元素（本例中的样本是一个句子，但也可以是一整篇文档）
token_index = {}    #构建数据中所有标记的索引
for sample in samples:
    for word in sample.split():
    #用split方法对样本进行分词，在实际中，还需要从样本中去掉标点和特殊字符
        if word not in token_index:
            token_index[word] = len(token_index) + 1
            #为每个唯一单词指定一个唯一索引，注意，没有为索引编号0指定单词
max_length = 10
#对样本进行分词，只考虑每个样本前max_length个单词
results = np.zeros(shape=(len(samples),
                    max_length,
                    max(token_index.values()) + 1))  #将结果保存在results中
for i, sample in enumerate(samples):
    for j, word in list(enumerate(sample.split()))[:max_length]:
        index = token_index.get(word)
        results[i, j, index] = 1
results
array([[[0., 1., 0., 0., 0., 0., 0., 0., 0., 0., 0.],
        [0., 0., 1., 0., 0., 0., 0., 0., 0., 0., 0.],
        [0., 0., 0., 1., 0., 0., 0., 0., 0., 0., 0.],
        [0., 0., 0., 0., 1., 0., 0., 0., 0., 0., 0.],
        [0., 0., 0., 0., 0., 1., 0., 0., 0., 0., 0.],
        [0., 0., 0., 0., 0., 0., 1., 0., 0., 0., 0.],
        [0., 0., 0., 0., 0., 0., 0., 0., 0., 0., 0.],
        [0., 0., 0., 0., 0., 0., 0., 0., 0., 0., 0.],
        [0., 0., 0., 0., 0., 0., 0., 0., 0., 0., 0.],
        [0., 0., 0., 0., 0., 0., 0., 0., 0., 0., 0.]],
       [[0., 1., 0., 0., 0., 0., 0., 0., 0., 0., 0.],
        [0., 0., 0., 0., 0., 0., 1., 0., 0., 0., 0.],
        [0., 0., 0., 0., 0., 0., 0., 1., 0., 0., 0.],
        [0., 0., 0., 0., 0., 0., 0., 0., 1., 0., 0.],
        [0., 0., 0., 0., 0., 0., 0., 0., 0., 1., 0.],
        [0., 0., 0., 0., 0., 0., 0., 0., 0., 0., 0.],
        [0., 0., 0., 0., 0., 0., 0., 0., 0., 0., 0.],
        [0., 0., 0., 0., 0., 0., 0., 0., 0., 0., 0.],
        [0., 0., 0., 0., 0., 0., 0., 0., 0., 0., 0.],
        [0., 0., 0., 0., 0., 0., 0., 0., 0., 0., 0.]]])
```

（2）字符级的 one-hot 编码。

```
import string

samples = ['The cat sat on the mat.', 'The dog ate my homework.']
characters = string.printable    # 所有可打印的ASCII字符
token_index = dict(zip(characters, range(1, len(characters) + 1)))

max_length = 50
results = np.zeros((len(samples), max_length, max(token_index.values()) + 1))
for i, sample in enumerate(samples):
    for j, character in enumerate(sample[:max_length]):
        index = token_index.get(character)
        results[i, j, index] = 1
results
array([[[0., 0., 0., ..., 0., 0., 0.],
        [0., 0., 0., ..., 0., 0., 0.],
        [0., 0., 0., ..., 0., 0., 0.],
        ...,
        [0., 0., 0., ..., 0., 0., 0.],
        [0., 0., 0., ..., 0., 0., 0.],
        [0., 0., 0., ..., 0., 0., 0.]],

       [[0., 0., 0., ..., 0., 0., 0.],
        [0., 0., 0., ..., 0., 0., 0.],
        [0., 0., 0., ..., 0., 0., 0.],
        ...,
        [0., 0., 0., ..., 0., 0., 0.],
        [0., 0., 0., ..., 0., 0., 0.],
        [0., 0., 0., ..., 0., 0., 0.]]])
```

（3）利用 Keras 实现单词级的 one-hot 编码。

利用 Keras 实现单词级的 one-hot 编码的优势在于：

- Keras 的内置函数可以对原始文本数据进行单词级或字符级的 one-hot 编码。
- 实现了许多重要的特性，比如从字符串中去除特殊字符、只考虑数据集中前 N 个最常见的单词（这是一种常用的限制，以避免处理非常大的输入向量空间）。

```
from keras.preprocessing.text import Tokenizer
samples = ['The cat sat on the mat.', 'The dog ate my homework.']
tokenizer = Tokenizer(num_words=1000)
    # 创建一个分词器（tokenizer），设置为只考虑前1000个最常见的单词
tokenizer.fit_on_texts(samples)    # 构建单词索引
```

```
sequences = tokenizer.texts_to_sequences(samples)
    # 将字符串转换为整数索引组成的列表
one_hot_results = tokenizer.texts_to_matrix(samples, mode='binary')
    # 也可以直接得到 one-hot 二进制表示，这个分词器也支持除 one-hot 编码外的其他
    # 向量化模式
word_index = tokenizer.word_index # 找回单词索引
{'the': 1,
 'cat': 2,
 'sat': 3,
 'on': 4,
 'mat': 5,
 'dog': 6,
 'ate': 7,
 'my': 8,
 'homework': 9}
```

（4）哈希技巧。

one-hot 编码的一种变体是 one-hot 哈希技巧（one-hot hashing trick），如果词表中唯一标记的数量太大而无法直接处理时，就可以使用这种技巧。这种技巧没有为每个单词显式分配一个索引并将这些索引保存在一个字典中，而是将单词哈希编码为固定长度的向量，通常用一个非常简单的哈希函数来实现。这种方法的主要优点在于，避免了维护一个显式的单词索引，从而节省了内存并允许数据的在线编码。这种方法也有一个缺点，就是可能会出现哈希冲突（hash collision），即两个不同的单词可能具有相同的哈希值，随后任何机器学习模型在观察这些哈希值时，都无法区分它们所对应的单词。如果哈希空间的维度远大于需要哈希的唯一标记的个数，则哈希冲突的可能性会减小。

```
import numpy as np
samples = ['The cat sat on the mat.', 'The dog ate my homework.']
dimensionality = 1000
    # 将单词保存为长度为 1000 的向量
    # 如果单词数量接近 1000 个（或更多），那么会遇到很多哈希冲突，这会降低这种编码方法的
    # 准确性
max_length = 10
results = np.zeros((len(samples), max_length, dimensionality))
for i, sample in enumerate(samples):
    for j, word in list(enumerate(sample.split()))[:max_length]:
        index = abs(hash(word)) % dimensionality
        # 将单词哈希为 0～1000 范围内的一个随机整数索引
        results[i, j, index] = 1
```

4.4.2 词袋模型

词袋(Bag of Words,BoW)模型不考虑文本中词与词之间的上下文关系,而只考虑所有词的权重(与词在文本中出现的频率有关),类似于将所有词语装进一个袋子里,每个词都是独立的,不含语义信息。

1. 重要性

词袋模型是一种将文本表示为词频向量的方法。在词袋模型中,文本中的每个词都被视为一个特征,而文本则被表示为一个向量,向量中的每个元素对应于特定词的出现次数。BoW 模型的重要性在于:

- 它能够将非结构化的文本数据转换为结构化的数值数据,便于机器学习模型进行训练和预测。
- 其模型简单易用,适用于各种自然语言处理和信息检索任务,如文本分类、情感分析、文档聚类等。

2. 构建步骤

构建 BoW 模型的步骤主要包括:

(1)分词。将文本切分成词的序列。

(2)建立词典。统计所有文档中出现的不重复词,并形成词典。

(3)向量化。将每个文档表示为词频向量,向量的每个元素对应词典中的一个词,其值为该词在文档中出现的次数。

3. 应用场景

BoW 模型广泛应用于自然语言处理和信息检索领域的各种任务中,包括以下方面。

- 文本分类:根据文本内容将文本分到不同的类别中。
- 情感分析:判断文本中表达的情感倾向,如正面、负面或中性。
- 文档聚类:根据文本内容的相似性将文档分组。

4. 词袋模型实现

下面通过一个例子来演示词袋模型的实现。

已知语料库中有以下 4 个文本:

```
I come to China to travel
This is a car polupar in China
I love tea and Apple
The work is to write some papers in science
```

上述语料生成的词典共有下列 21 个单词:

```
'a',
'and',
'apple',
'car',
'China',
'come',
'i',
'in',
'is',
'love',
'papers',
'polupar',
'science',
'some',
'tea',
'the',
'this',
'to',
'travel',
'work',
'write'
```

每个单词的 one-hot 表示如下：

```
'a':     [1,0,0,0,0,0,0,0,0,0,0,0,0,0,0,0,0,0,0,0,0]
'and':   [0,1,0,0,0,0,0,0,0,0,0,0,0,0,0,0,0,0,0,0,0]
...
'write': [0,0,0,0,0,0,0,0,0,0,0,0,0,0,0,0,0,0,0,0,1]
```

上述文本的词袋模型表示如下：

```
[0,0,0,0,1,1,1,0,0,0,0,0,0,0,0,0,0,2,1,0,0]
[1,0,0,1,1,0,0,1,1,0,0,1,0,0,0,0,1,0,0,0,0]
[0,1,1,0,0,0,1,0,0,1,0,0,0,0,1,0,0,0,0,0,0]
[0,0,0,0,0,0,0,1,1,0,1,0,1,1,0,1,0,1,0,1,1]
```

词频归一化结果如下：

```
[0,0,0,0,1/6,1/6,1/6,0,0,0,0,0,0,0,0,0,0,1/3,1/6,0,0]
[1/7,0,0,1/7,1/7,0,0,1/7,1/7,0,0,1/7,0,0,0,0,1/7,0,0,0,0]
[0,1/5,1/5,0,0,0,1/5,0,0,1/5,0,0,0,0,1/5,0,0,0,0,0,0]
[0,0,0,0,0,0,0,1/9,1,0,1/9,0,1/9,1/9,0,1/9,0,1/9,0,1/9,1/9]
```

在大规模的文本中，由于特征的维度对应分词词汇表的大小，故维度一般非常高，常使用 Hash Trick 的方法进行降维。此外，词袋模型中的值也可以采用词语的 TF-IDF 值。

实现代码如下：

```python
import numpy as np
# 实例文本数据
documents = ["I come to China to travel",
    "This is a car polupar in China",
    "I love tea and Apple ",
    "The work is to write some papers in science"]
# 分词
def tokenize(documents):
    tokenized_documents = [doc.split() for doc in documents]
    return tokenized_documents
# 建立词典
def build_vocabulary(tokenized_documents):
    vocabulary = set()
    for doc in tokenized_documents:
        vocabulary.update(doc)
    return sorted(vocabulary)
# 向量化
def vectorize(tokenized_documents, vocabulary):
    vectors = np.zeros((len(tokenized_documents), len(vocabulary)))
    for i, doc in enumerate(tokenized_documents):
        for word in doc:
            vectors[i, vocabulary.index(word)] += 1
    return vectors
# 分词示例
tokenized_documents = tokenize(documents)
print('分词结果：', tokenized_documents)
# 建立词典示例
vocabulary = build_vocabulary(tokenized_documents)
print('词典：', vocabulary)
# 向量化示例
vectors = vectorize(tokenized_documents, vocabulary)
print('向量化结果:\n', vectors)
```

运行程序，输出如下：

```
分词结果： [['I', 'come', 'to', 'China', 'to', 'travel'], ['This', 'is', 'a', 'car', 'polupar', 'in', 'China'], ['I', 'love', 'tea', 'and', 'Apple'], ['The', 'work', 'is', 'to', 'write', 'some', 'papers', 'in', 'science']]
词典： ['Apple', 'China', 'I', 'The', 'This', 'a', 'and', 'car', 'come', 'in', 'is', 'love', 'papers', 'polupar', 'science', 'some', 'tea', 'to', 'travel', 'work', 'write']
```

向量化结果：
```
[[0. 1. 1. 0. 0. 0. 0. 0. 1. 0. 0. 0. 0. 0. 0. 0. 0. 2. 1. 0. 0.]
 [0. 1. 0. 0. 1. 1. 0. 1. 0. 1. 1. 0. 0. 1. 0. 0. 0. 0. 0. 0. 0.]
 [1. 0. 1. 0. 0. 0. 1. 0. 0. 0. 1. 0. 0. 0. 0. 1. 0. 0. 0. 0. 0.]
 [0. 0. 0. 0. 0. 0. 0. 1. 1. 0. 1. 0. 1. 1. 0. 1. 0. 1. 1.]]
```

4.4.3 TF-IDF 算法

TF-IDF（词频-逆文档频率）算法是一种统计方法，用于评估字词对于一个文件集或一个语料库中的其中一份文件的重要程度。字词的重要性随着它在文件中出现的次数成正比增加，但同时会随着它在语料库中出现的频率成反比下降。该算法在数据挖掘、文本处理和信息检索等领域得到了广泛的应用。

在了解该算法前，先了解下列各名词的含义。

- CF：文档集的频率，是指词在文档集中出现的次数。
- DF：文档频率，是指出现词的文档数。
- IDF：逆文档频率，IDF = log(N/(1+DF))，N 为所有文档的数目，为了兼容 DF=0 的情况，将分母设为 1+DF。
- TF：词在文档中的频率。
- TF-IDF：TF-IDF= TF × IDF。

1. 基本思想

如果某一个词或短语在一篇文章中出现的频率 TF 高，且在其他文章中很少出现，则认为该词或短语具有很好的类别区分能力，适合用来分类。TF-IDF 实际上就是 TF×DF，其中 TF（词频）表示词条在文档中出现的频率，计算公式为

$$\text{tf}_{i,j} = \frac{n_{i,j}}{\sum_k n_{k,j}}, \quad \text{即 } \text{TF}_w = \frac{\text{某一类中词条} w \text{出现的次数}}{\text{该类中所有的词条数目}}$$

其中，$n_{i,j}$ 为该词在文件 d_j 中出现的次数，分母则是文件 d_j 中所有词汇出现的次数总和。

IDF（Inverse Document Frequency）的基本思想是，包含某个词的文档越少，则这个词的区分度就越大，也就是 IDF 越大。获取一篇文章的关键词，可以计算这篇文章出现的所有名词的 TF-IDF，TF-IDF 越大，则说明这个名称对这篇文章的区分度就越高，取 TF-IDF 值较大的几个词，就可当作这篇文章的关键词，IDF 计算公式为

$$\text{idf}_i = \log \frac{|D|}{|\{j; t_i \in d_j\}|}$$

其中，$|D|$ 为语料库中的文件总数。$|\{j; t_i \in d_j\}|$ 表示包含词语 t_i 的文件数目（即 $n_{i,j} \neq 0$ 的文

件数目）。如果该词语不在语料库中，就会导致分母为零，因此，一般情况下使用 $1+|\{j:t_i\in d_j\}|$。即

$$\text{IDF} = \log\left(\frac{语料库的文档总数}{包含词条w的文档数+1}\right)$$

提示：分母之所以加1，是为了避免分母为0。

2. 实现 TF-IDF 算法

下面直接通过一个例子来演示 TF-IDF 算法的实现。

```
# -*- coding: utf-8 -*-
from collections import defaultdict
import math
import operator

""" 创建数据样本
    dataset: 实验样本切分的词条
    classVec: 类别标签向量
"""
def loadDataSet():
    dataset = [ ['my', 'dog', 'has', 'flea', 'problems', 'help'],
                                                     # 切分的词条
                ['maybe', 'not', 'take', 'him', 'to', 'dog', 'park'],
                ['my', 'dalmation', 'is', 'so', 'cute', 'I', 'love'],
                ['stop', 'posting', 'stupid', 'worthless', 'garbage'],
                ['mr', 'licks', 'ate', 'my', 'steak', 'how', 'to', 'stop'],
                ['quit', 'buying', 'worthless', 'dog', 'food'] ]
    classVec = [0, 1, 0, 1, 0, 1]   # 类别标签向量,1代表好,0代表不好
    return dataset, classVec


""" 特征选择TF-IDF算法
    list_words: 词列表
    dict_feature_select: 特征选择词字典
"""
def feature_select(list_words):
    # 总词频统计
    doc_frequency=defaultdict(int)
    for word_list in list_words:
        for i in word_list:
            doc_frequency[i]+=1

    # 计算每个词的TF值
    word_tf={}    # 存储每个词的tf值
```

```
        for i in doc_frequency:
            word_tf[i]=doc_frequency[i]/sum(doc_frequency.values())

    # 计算每个词的 IDF 值
    doc_num=len(list_words)
    word_idf={} # 存储每个词的 idf 值
    word_doc=defaultdict(int)  # 存储包含该词的文档数
    for i in doc_frequency:
        for j in list_words:
            if i in j:
                word_doc[i]+=1
    for i in doc_frequency:
        word_idf[i]=math.log(doc_num/(word_doc[i]+1))
    # 计算每个词的 TF*IDF 的值
    word_tf_idf={}
    for i in doc_frequency:
        word_tf_idf[i]=word_tf[i]*word_idf[i]
    # 对字典按值由大到小排序
      dict_feature_select=sorted(word_tf_idf.items(),key=operator.itemgetter(1),reverse=True)
    return dict_feature_select

if __name__=='__main__':
    data_list,label_list=loadDataSet() # 加载数据
    features=feature_select(data_list) # 所有词的 TF-IDF 值
    print(features)
    print(len(features))
```

运行程序，效果如图 4-3 所示。

```
[('to', 0.03648143055578659), ('stop', 0.03648143055578659), ('worthless', 0.03648143055578659), ('my', 0.032010403271697185), ('dog', 0.032010403271697185), ('has', 0.028910849701792363), ('flea', 0.028910849701792363), ('problems', 0.028910849701792363), ('help', 0.028910849701792363), ('maybe', 0.028910849701792363), ('not', 0.028910849701792363), ('take', 0.028910849701792363), ('him', 0.028910849701792363), ('park', 0.028910849701792363), ('dalmation', 0.028910849701792363), ('is', 0.028910849701792363), ('so', 0.028910849701792363), ('cute', 0.028910849701792363), ('I', 0.028910849701792363), ('love', 0.028910849701792363), ('posting', 0.028910849701792363), ('stupid', 0.028910849701792363), ('garbage', 0.028910849701792363), ('mr', 0.028910849701792363), ('licks', 0.028910849701792363), ('ate', 0.028910849701792363), ('steak', 0.028910849701792363), ('how', 0.028910849701792363), ('quit', 0.028910849701792363), ('buying', 0.028910849701792363), ('food', 0.028910849701792363)]
31
```

图 4-3 TF-IDF 实现效果

4.4.4 *n*-gram 模型

语言模型（Language Model，LM）就是用来计算一个句子的概率的模型，也就是判断一句话是否合理的概率。语言模型常用于语音识别、手写识别、机器翻译、输入法、搜索引擎的自动补全等领域。

1. n-gram 模型概述

n-gram（n 元模型）是一种基于统计的语言模型。一个 n-gram 是 n 个词的序列，如一个 2-gram（bigram 或二元）是两个词的序列，例如 "you love"；一个 3-gram（trigram 或三元）是三个词的序列，例如 "You and me"。

需要注意的是，通常 n-gram 既表示词序列，也表示预测这个词序列概率的模型。

假设给定一个词序列 $(w_1, w_2, \cdots, w_m)$，应该如何求这个序列的概率呢？根据概率的链式法则，可得

$$P(w_1, w_2, \cdots, w_m) = P(w_1)P(w_2|w_1) \cdots P(w_m|w_1, w_2, \cdots, w_{m-1})$$
$$= \prod_{i=1}^{m} P(w_i|w_1, w_2, \cdots, w_{i-1}) \quad (4\text{-}1)$$

2. 马尔可夫假设

如果文本的长度较长，式（4-1）右边的 $P(w_m|w_1, w_2, \cdots, w_{m-1})$ 的估算会非常困难。那应该怎样处理呢？此处引入了马尔可夫假设。

马尔可夫假设是指，每个词出现的概率只跟它前面的少数几个词有关。比如，二阶马尔可夫假设只考虑前面两个词，相应的语言模型是三元（trigram）模型。引入马尔可夫假设的语言模型，也叫作马尔可夫模型。

也就是说，应用了马尔可夫假设即表明当前这个词仅跟前面几个有限的词有关，因此不必追溯到最开始的那个词，这样可大幅缩减式（4-1）的长度。

基于马尔可夫假设，可得

$$P(w_i|w_1, w_2, \cdots, w_{i-1}) \approx P(w_i|w_{i-n+1}, w_{i-n}, \cdots, w_{i-1}) \quad (4\text{-}2)$$

当 $n=1$ 时称为一元模型（unigram model），式（4-2）右边会退化成 $P(w_i)$，此时，整个句子的概率为

$$P(w_1, w_2, \cdots, w_m) \approx P(w_1)P(w_2) \cdots P(w_m) = \prod_{i=1}^{m} P(w_i)$$

当 $n=2$ 时称为二元模型（bigram model），式（4-2）右边会退化成 $P(w_i|w_{i-1})$，此时，整个句子的概率为

$$P(w_1, w_2, \cdots, w_m) \approx P(w_1)P(w_2|w_1) \cdots P(w_m|w_{m-1}) = \prod_{i=1}^{m} P(w_i|w_{i-1})$$

当 $n=3$ 时称为三元模型（trigram model），式（4-2）右边会退化成 $P(w_i|w_{i-2}, w_{i-1})$，此时，整个句子的概率为

$$P(w_1, w_2, \cdots, w_m) \approx P(w_1)P(w_2|w_1) \cdots P(w_m|w_{m-2}, w_{m-1}) = \prod_{i=1}^{m} P(w_i|w_{i-2}, w_{i-1})$$

3. 估计 n-gram 概率

n-gram 的概率如何估计呢？可以采用极大似然估计（Maximum Likelihood Estimation，MLE），通过从语料库中获取计数，并将计数归一化到（0,1），从而得到 n-gram 模型参数的极大似然估计，即

$$P(w_i \mid w_{i-n+1}, \cdots, w_{i-1}) = \frac{\text{count}(w_{i-n+1}, \cdots, w_i)}{\sum_{w_i} \text{count}(w_{i-n+1}, \cdots, w_{i-1}, w_i)}$$

$$= \frac{\text{count}(w_{i-n+1}, \cdots, w_i)}{\text{count}(w_{i-n+1}, \cdots, w_{i-1})} \quad (4\text{-}3)$$

其中，$\text{count}(w_{i-n+1}, \cdots, w_i)$ 表示文本序列 $(w_{i-n+1}, \cdots, w_i)$ 在语库中出现的次数。

4. n-gram 的实现

下面给定一个语料库，利用 TensorFlow 检测所给定的语句在语料库中的词序列概率的模型（n-gram 模型）。

```python
import urllib
import re
import random
import string
import operator
''' 实现了NGram算法，并对markov生成的句子进行打分 '''
class ScoreInfo:
    score = 0
    content = ''

class NGram:
    __dicWordFrequency = dict()  # 词频
    __dicPhraseFrequency = dict()  # 词段频
    __dicPhraseProbability = dict()  # 词段概率

    def printNGram(self):
        print(' 词频 ')
        for key in self.__dicWordFrequency.keys():
            print('%s\t%s'%(key,self.__dicWordFrequency[key]))
        print(' 词段频 ')
        for key in self.__dicPhraseFrequency.keys():
            print('%s\t%s'%(key,self.__dicPhraseFrequency[key]))
        print(' 词段概率 ')
        for key in self.__dicPhraseProbability.keys():
            print('%s\t%s'%(key,self.__dicPhraseProbability[key]))
```

```python
def append(self,content):
    '''训练 n-gram 模型
    content: 训练内容
    '''
    content = re.sub('\s|\n|\t','',content)
    ie = self.getIterator(content) #2-gram 模型
    keys = []
    for w in ie:
        # 词频
        k1 = w[0]
        k2 = w[1]
        if k1 not in self.__dicWordFrequency.keys():
            self.__dicWordFrequency[k1] = 0
        if k2 not in self.__dicWordFrequency.keys():
            self.__dicWordFrequency[k2] = 0
        self.__dicWordFrequency[k1] += 1
        self.__dicWordFrequency[k2] += 1
        # 词段频
        key = '%s%s'%(w[0],w[1])
        keys.append(key)
        if key not in self.__dicPhraseFrequency.keys():
            self.__dicPhraseFrequency[key] = 0
        self.__dicPhraseFrequency[key] += 1

    # 词段概率
    for w1w2 in keys:
        w1 = w1w2[0]
        w1Freq = self.__dicWordFrequency[w1]
        w1w2Freq = self.__dicPhraseFrequency[w1w2]
        self.__dicPhraseProbability[w1w2] = round(w1w2Freq/w1Freq,2)
    pass

def getIterator(self,txt):
    '''bigram 模型迭代器
    txt: 一段话或一个句子
    返回迭代器,item 为 tuple,每项 2 个值
    '''
    ct = len(txt)
    if ct<2:
        return txt
    for i in range(ct-1):
        w1 = txt[i]
        w2 = txt[i+1]
```

```python
            yield (w1,w2)

    def getScore(self,txt):
        ''' 使用ugram模型计算 str 得分 '''
        ie = self.getIterator(txt)
        score = 1
        fs = []
        for w in ie:
            key = '%s%s'%(w[0],w[1])
            freq = self.__dicPhraseProbability[key]
            fs.append(freq)
            score = freq * score

        info = ScoreInfo()
        info.score = score
        info.content = txt
        return info

    def sort(self,infos):
        ''' 对结果排序 '''
        return sorted(infos,key=lambda x:x.score,reverse=True)

def fileReader():
    path = "test_ngram_data.txt"
    with open(path,'r',encoding='utf-8') as f:
        rows = 0
        # 按行统计
        while True:
            rows += 1
            line = f.readline()
            if not line:
                print('读取结束 %s'%path)
                return
            print('content rows=%s len=%s type=%s'%(rows,len(line),type(line)))
            yield line
    pass

def getData():
    # 使用相同语料随机生成的句子
    arr = []
    arr.append("对有些人来说，困难是成长壮大的机遇。")
    arr.append("对有些人来说，困难是放弃的借口，而对另外一部分人来说，困难是放弃")
```

```python
        arr.append(" 世上有很多时候，限制我们自己配不上优秀的人生色彩。")
        arr.append(" 睡一睡，精神好，烦恼消，快乐长 ")
        arr.append(" 睡一睡，身体健，头脑清，眼睛明。")
        arr.append(" 思念；辗转反侧，是因为它的尽头，种着 " 梦想 "。")
        arr.append(" 思念不因休息而变懒，祝福不因疲惫而变懒，祝福不因休息而变懒，祝福 ")
        arr.append(" 思念无声无息，弥漫你的心里。")
        arr.append(" 希望每天醒来，都是不是他人的翅膀，心有多大。很多不可能会造就你 ")
        arr.append(" 一条路，人烟稀少，孤独难行。却不得不坚持前行。因为有人在想念 ")
        arr.append(" 找不到坚持前行。却不得不坚持下去的理由，生活本来就这么简单。")
        arr.append(" 找不到坚持下去的理由，生活本来就这么简单。")
        return arr
def main():
        ng = NGram()
        reader = fileReader()
        # 将语料追加到 bigram 模型中
        for row in reader:
                print(row)
                ng.append(row)
        # 测试生成的句子，是否合理
        arr = getData()
        infos= []
        for s in arr:
                # 对生成的句子打分
                info = ng.getScore(s)
                infos.append(info)
        # 排序
        infoArr = ng.sort(infos)
        for info in infoArr:
                print('%s\t( 得分：%s)'%(info.content,info.score))
        pass
if __name__ == '__main__':
        main()
        pass
```

运行程序，输出如图 4-4 所示。

```
读取结束 test_ngram_data.txt
对有些人来说，困难是成长壮大的机遇。        （得分：8.308410644531251e-07）
思念无声无息，弥漫你的心里。            （得分：3.955078125e-10）
找不到坚持下去的理由，生活本来就这么简单。      （得分：2.0349836718750006e-11）
睡一睡，精神好，烦恼消，快乐长     （得分：1.0228710937500004e-11）
睡一睡，身体健，头脑清，眼睛明。    （得分：1.9372558593750007e-12）
对有些人来说，困难是放弃的借口，而对另外一部分人来说，困难是放弃  （得分：1.3253699988126758e-12）
思念;辗转反侧，是因为它的尽头，种着"梦想"。      （得分：4.6318359375e-13）
世上有很多时候，限制我们自己配不上优秀的人生色彩。    （得分：1.5611191204833988e-14）
找不到坚持前行。却不得不坚持下去的理由，生活本来就这么简单。  （得分：3.777438440917971e-18）
希望每天醒来，都是不是他人的翅膀，心有多大。很多不可能会造就你  （得分：1.722941717610095e-22）
一条路，人烟稀少，孤独难行。却不得不坚持前行。因为有人在想念   （得分：1.6595553051e-22）
思念不因休息而变懒，祝福不因疲惫而变懒，祝福不因休息而变懒，祝福  （得分：2.4259587960937513e-24）
```

图 4-4　输出结果

4.5　word2vec 模型

word2vec 模型其实就是简单化的神经网络。word2vec 是用一个一层的神经网络（即 CBOW）把 one-hot 形式的稀疏词向量映射成为一个 n 维（n 一般为几百）的稠密向量的过程。

4.5.1　word2vec 模型介绍

在 NLP 中，最细粒度的对象是词语。如果要进行词性标注，一般思路是对一系列的样本数据 (x, y)，其中 x 表示词语，y 表示词性，要做的就是找到一个 $x \rightarrow y$ 的映射关系，传统的方法有 Bayes、SVM 等算法。数学模型中一般都是数值型的输入，但是 NLP 中的词语，是人类的抽象总结，是符号形式（如中文、英文、俄文等），所以需要把它们转换成数值形式，换种说法——嵌入一个数学空间中，这种嵌入方式，称为词嵌入（word embedding），而 word2vec 就是词嵌入的一种。

【例 4-12】词嵌入演示。

```
import TensorFlow as tf
from icecream import ic
from TensorFlow import keras
from TensorFlow.keras import layers
''' 导入数据 '''
import TensorFlow_datasets as tfds
tfds.disable_progress_bar()
''' 使用嵌入向量层 '''
'''
```

可以将嵌入向量层理解为一个从整数索引（代表特定单词）映射到密集向量（其嵌入向量）的查找表。嵌入向量的维数（或宽度）是一个参数，可以试验它的数值，以了解多少维度合适，这与试验密集层中神经元数量的方式非常相似
```
'''
embedding_layer = layers.Embedding(1000, 5)
'''
```
创建嵌入向量层时，嵌入向量的权重会随机初始化（就像其他任何层一样），在训练过程中，通过反向传播来逐渐调整这些权重。训练后，学习到的单词嵌入向量将粗略地编码单词之间的相似性（因为它们是针对训练模型的特定问题而学习的）
```
'''
# 如果将整数传递给嵌入向量层，结果会将每个整数替换为嵌入向量表中的向量
result = embedding_layer(tf.constant([1,2,3]))
ic(result.numpy())
```

运行程序，输出如下：
```
ic| result.numpy():array([[-0.0194844 ,0.01786668,0.02928339,0.04396398,
0.03359177],
            [-0.04378689, -0.02755574, -0.029471  ,  0.00889247,
0.01391513],
            [-0.04325491,  0.02928953, -0.02620333, -0.0191311 ,
-0.02576604]],
            dtype=float32)
```

在以上代码中，对于文本或序列问题，嵌入向量层采用整数组成的 2D 张量，其形状为 (samples, sequence_length)，其中每个条目都是一个整数序列。它可以嵌入可变长度的序列。可以在形状为 (32, 10)（32 个长度为 10 的序列组成的批次）或 (64, 15)（64 个长度为 15 的序列组成的批次）的批次上方嵌入向量层。返回的张量比输入多一个轴，嵌入向量沿新的最后一个轴对齐。向其传递 (2, 3) 输入批次，输出为 (2, 3, N)。

当给定一个序列批次作为输入时，嵌入向量层将返回形状为 (samples, sequence_length, embedding_dimensionality) 的 3D 浮点张量。从可变长度的序列转换为固定表示，有多种标准方法。可以先使用 RNN、卷积层或池化层，然后再将其传递给密集层。

提示：使用 RNN 进行文本分类是一个不错的选择。

下面再通过一个实例演示从头开始学习嵌入向量。

【例 4-13】基于 IMDB 电影评论来训练情感分类器。
```
import TensorFlow as tf
from icecream import ic
from TensorFlow import keras
from TensorFlow.keras import layers
```

```
''' 导入数据 '''
import TensorFlow_datasets as tfds
tfds.disable_progress_bar()#Disabled Tqdm progress bar
(train_data, test_data), info = tfds.load(
    'imdb_reviews/subwords8k',
    split = (tfds.Split.TRAIN, tfds.Split.TEST),
    with_info=True, as_supervised=True)

''' 获取编码器 (tfds.features.text.SubwordTextEncoder), 并快速浏览词汇表 '''
# 词汇表中的 "" 代表空格。请注意词汇表如何包含完整单词（以 "" 结尾）以及可用于构建更大
# 单词的部分单词
encoder = info.features['text'].encoder
ic(encoder.subwords[:20])

''' 电影评论的长度可以不同，使用 padded_batch 方法来标准化评论的长度 '''
train_batches = train_data.shuffle(1000).padded_batch(10)
''' 打乱数据 shuffle(1000) '''
# 从 train_data 数据集中按顺序抽取 buffer_size(1000) 个样本放在 buffer 中，然后打乱
# buffer 中的样本
# buffer 中样本个数不足 buffer_size 时,继续从 data 数据集中按顺序填充至 buffer_size,
# 此时会再次打乱
test_batches = test_data.shuffle(1000).padded_batch(10)
```

代码中，test_data.shuffle 的作用是将数据打乱，传入参数为 buffer_size，改参数为设置 "打乱缓存区大小"，也就是说程序会维持一个 buffer_size 大小的缓存，每次都会随机在这个缓存区抽取一定数量的数据。

另外，需要注意 padded_batch，它的语法格式为：

```
padded_batch(
    batch_size, padded_shapes=None, padding_values=None, drop_remainder=False)
```

其中，参数 drop_remainder 用来约束最后一个 batch 是不是要丢掉，当这个 batch 样本数少于 batch_size 时，比如 batch_size = 3，最后一个 batch 只有 2 个样本，默认是不丢掉。

padded_batch 是一个非常常见的操作，比如对一个变长序列，通过此操作可将每个序列补成一样的长度。

padded_batch 函数的特点如下。

（1）padded_shapes 使用默认值或者设置为 -1 时，则每个 batch padding 后每个维度跟这个 batch 样本的各个维度的最大值保持一致。

（2）当 padded_shapes 固定为特定的 size 时，则每个 batch 的 shape 都是一样的。

```python
# 导入时，评论的文本是整数编码（每个整数代表词汇表中的特定单词或单词部分），请注意末尾
# 填充零，因为批次会填充为最长的实例
train_batch, train_labels = next(iter(train_batches))
train_batch.numpy()
array([[  12,  641,    7, ...,    0,    0,    0],
       [ 249,   41, 3454, ...,    0,    0,    0],
       [  12,  164,   13, ...,    0,    0,    0],
       ...,
       [  19,  873, 3473, ...,    0,    0,    0],
       [  12,  284,   14, ...,    0,    0,    0],
       [1646,  676,    2, ...,    0,    0,    0]], dtype=int64)
```

接下来，使用 Keras 序列式 API 定义模型。在这种情况下，它是一个"连续词袋"样式的模型。值得注意的是：此模型不使用遮盖，而是使用零填充作为输入的一部分，因此填充长度可能会影响输出。

```python
'''创建一个简单模型'''
embedding_dim=16
model = keras.Sequential([
    # 嵌入向量层将采用整数编码的词汇表，并查找每个单词索引的嵌入向量，在模型训练时会学习
    # 这些向量
    # 向量会向输出数组添加维度，得到的维度为 (batch, sequence, embedding)
    layers.Embedding(encoder.vocab_size, embedding_dim),
    # 接下来，对序列维度求平均值，GlobalAveragePooling1D 层会返回每个样本的固定长度
    # 输出向量，这让模型能够以最简单的方式处理可变长度的输入
    layers.GlobalAveragePooling1D(),
    # 此固定长度输出向量通过一个包含 16 个隐藏单元的完全连接（密集）层进行流水线传输
    layers.Dense(16, activation='ReLU'),
    # 最后一层与单个输出节点密集连接。利用 sigmoid 激活函数，得出此值是 0～1 之间的浮点
    # 数，表示评论为正面的概率（或置信度）
    layers.Dense(1)
])
model.summary()
Model: "sequential_1"
```

Layer (type)	Output Shape	Param #
embedding_2 (Embedding)	(None, None, 16)	130960
global_average_pooling1d_1 (GlobalAveragePooling1D)	(None, 16)	0
dense_2 (Dense)	(None, 16)	272
dense_3 (Dense)	(None, 1)	17

```
Total params: 131,249
Trainable params: 131,249
Non-trainable params: 0
```

```python
plt.rcParams['font.sans-serif'] = ['SimHei']    # 显示中文
plt.rcParams['axes.unicode_minus'] =False

'''绘制训练准确率和验证准确率图'''
import matplotlib.pyplot as plt

history_dict = history.history
acc = history_dict['accuracy']
val_acc = history_dict['val_accuracy']
loss=history_dict['loss']
val_loss=history_dict['val_loss']
epochs = range(1, len(acc) + 1)
plt.figure(figsize=(12,9))
plt.plot(epochs, loss, 'bo', label='训练损失')
plt.plot(epochs, val_loss, 'b', label='验证损失')
plt.title('训练与验证损失')
plt.xlabel('迭代')
plt.ylabel('损失')
plt.legend()
plt.show()

plt.figure(figsize=(12,9))
plt.plot(epochs, acc, 'bo', label='训练准确率')
plt.plot(epochs, val_acc, 'b', label='验证准确率')
plt.title('训练和验证准确率')
plt.xlabel('迭代')
plt.ylabel('准确率')
plt.legend(loc='lower right')
plt.ylim((0.5,1))
plt.show()

'''检索学习的嵌入向量'''
# 检索在训练期间学习的单词嵌入向量,这将是一个形状为 (vocab_size, embedding-
# dimension) 的矩阵
e = model.layers[0]
weights = e.get_weights()[0]
print(weights.shape) # shape: (vocab_size, embedding_dim)
(8185, 16)
```

```
# 将权重写入磁盘。要使用 Embedding Projector，将以制表符分隔的格式上传两个文件：一
# 个向量文件（包含嵌入向量）和一个元数据文件（包含单词）
import io
encoder = info.features['text'].encoder
out_v = io.open('vecs.tsv', 'w', encoding='utf-8')
out_m = io.open('meta.tsv', 'w', encoding='utf-8')
for num, word in enumerate(encoder.subwords):
  vec = weights[num+1] # skip 0, it's padding.
  out_m.write(word + "\n")
  out_v.write('\t'.join([str(x) for x in vec]) + "\n")
out_v.close()
out_m.close()
```

为了可视化嵌入向量，将它们上传到 Embedding Projector。打开 Embedding Projector:http://projector.TensorFlow.org/（也可以在本地 TensorBoard 实例中运行），单击"Load data"，在上传过程中创建的两个文件: vecs.tsv 和 meta.tsv，用于显示已训练的嵌入向量。可以搜索单词以查找其最邻近，例如，尝试搜索"beautiful"，可能会看到"wonderful"等相邻单词。

值得注意的是：

（1）每次运行的结果可能会略有不同，具体取决于训练嵌入向量层之前如何随机初始化权重。

（2）可以试验性地使用更简单的模型来生成更多可解释的嵌入向量。尝试删除 Dense(16) 层，重新训练模型，然后再次可视化嵌入向量。

```
    Epoch 1/10
    2500/2500 [==============================] - 9s 3ms/step - loss: 0.5055
- accuracy: 0.6980 - val_loss: 0.3722 - val_accuracy: 0.8450
    Epoch 2/10
    2500/2500 [==============================] - 7s 3ms/step - loss: 0.2824
- accuracy: 0.8826 - val_loss: 0.3843 - val_accuracy: 0.8350
    ...
    2500/2500 [==============================] - 7s 3ms/step - loss: 0.1211
- accuracy: 0.9573 - val_loss: 0.4418 - val_accuracy: 0.8750
    Epoch 10/10
    2500/2500 [==============================] - 7s 3ms/step - loss: 0.1116
- accuracy: 0.9611 - val_loss: 0.6163 - val_accuracy: 0.8350
```

4.5.2　word2vec 模型结构

word2vec 模型流程结构如图 4-5 所示。

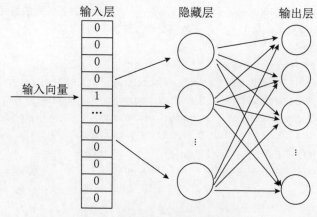

图 4-5　word2vec 模型流程结构

图 4-5 中，输入是 one-hot 向量，隐藏层没有激活函数，是线性的单元。输出层维度跟输入层的维度一样，用的是 Softmax 回归。这个模型训练好后，并不会用这个训练好的模型处理新的任务，真正需要的是这个模型通过训练数据所学得的参数，如隐藏层的权重矩阵。

图 4-5 的模型是如何定义数据的输入和输出的呢？根据定义数据的输入和输出的方法不同，一般有 CBOW（Continuous Bag-of-Words）与 Skip-gram 两种模型。

- CBOW 模型的训练输入是某一个特定词的上下文相关的词对应的词向量，而输出就是这个特定词的词向量。
- Skip-gram 模型和 CBOW 的思路是反着的，即输入是一个特定词的词向量，而输出是特定词对应的上下文词向量。

CBOW 对小型数据库比较合适，而 Skip-gram 在大型语料中表现更好，两个模型的整体结构如图 4-6 所示。

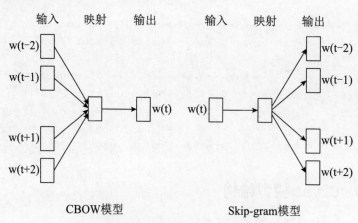

图 4-6　CBOW 模型与 Skip-gram 模型结构图

4.5.3 Skip-gram 算法

1. Skip-gram 算法介绍

Skip-gram 算法实际上是根据一个中心词来预测上下文的词。比如有如下一句话：

Knowledge makes humble, ignorance makes proud

假设选择窗口大小为 skip_window=2，中心词为 humble，那么要做的是根据中心词来对上文两个单词以及下文两个单词进行预测，用条件概述公式可表示为

$P(Knowledge, makes, ignorane, makes | makes)$

此处，再假设每个单词间是独立分布的，于是要求的概率可变为

$P(Knowledge | makes)P(makes | makes)P(ignorane | makes)P(makes | makes)$

对于计算机而言，这个概率与学习的问题是可以解出的。

2. Skip-gram 算法的步骤

Skip-gram 算法的结构如图 4-7 所示。

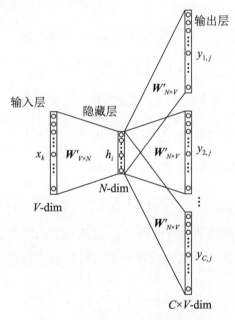

图 4-7 Skip-gram 算法的结构图

在图 4-7 中：

（1）首先，会用 one-hot 向量表示中心词来作为输入，长度为 V 的一维向量；

（2）接着，会遇到一个大小为 $V \times n$ 的矩阵，也就是矩阵（$W_{V \times N}$ 中心词矩阵），这里的 n 即为所需得到的词向量的维度，实际上想要得到也就是这个 $W_{V \times N}$；

（3）将两向量相乘后可以得到一个 n 维向量，这为隐藏层；

（4）接着，会遇到一个大小为 $V \times n$ 的矩阵，但是这次是 $W'_{V \times N}$（上下文矩阵）；

（5）将两向量相乘后可得到一个 V 维向量，可以将这个向量看成 V 个数，对应词库中的 V 下词；

（6）对这 V 个数做 Softma 归一化处理，概率最大的那个词所对应的词即为模型所预测的词；

（7）如果模型预测的词与上下文的词不符，会使用反向传播算法来修正权重向量 W 和 W'。

3. 参数更新

设中心词为 w_c，要预测的词为 w_0，中心词矩阵 $W_{V \times n}$ 对应的行为 v_c，上下文矩阵 $W'_{V \times N}$ 对应的行为 u_c，最后经过 Softmax 层后的预测概率可表示为

$$P(w_0 | w_c) = \frac{e_0^T u_c}{\sum_i e^{u_i^T v_c}}$$

由此可得到每个词作为中心词时推断出两边的词的概率为

$$\prod_{t=1}^{T} \prod_{-m<j<m, j\neq 0} P(w^{t+j} | w^t)$$

基于此方法，可以使用最大似然法，转化为对数求最小值：

$$\min = -\sum_{t=1}^{T} \sum_{-m<j<m, j\neq 0} \log P(w^{t+j} | w^t)$$

以 $P(w_0|w_c)$ 为例，还可以将式子 $P(w_0|w_c)$ 代入：

$$\log P(w_0|w_c) = u_0^T v_c - \log\left(\sum_i e^{u_i^T v_c}\right)$$

至此，已经能够使用矩阵的求导法则对 u_0 以及 v_c 进行求导，应用负梯度下降更新参数，利用词嵌入模型训练出来，这也就达到了参数更新的目的。例如，更新中心词矩阵时，公式更新为

$$v_c = v_c - \alpha * \nabla P(w_0 | w_c)$$

$$\nabla P(w_0 | w_c) = u_0 - \sum_{c-m<j<c+m, j\neq c} \frac{e^{u_0^T v_c}}{\sum_i e^{u_i^T v_c}} u_j$$

4.5.4 CBOW 算法

CBOW 算法的结构如图 4-8 所示。

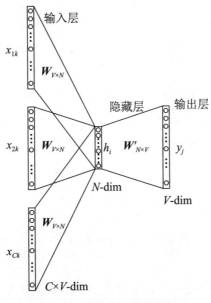

图 4-8 CBOW 算法的结构

简单来说,CBOW 算法即是以上下文的窗口词来对中心词进行预测,与 Skip-gram 算法恰好相反,但是具体算法差不多,在此不再对其进行介绍。

4.5.5 CBOW 算法与 Skip-gram 算法的对比

由它们的结构图可得出两者的差异主要有如下几方面。
- CBOW 算法预测行为的次数跟整个文本的词数几乎是相等的。
- Skip-gram 算法进行预测的次数要多于 CBOW,因为每个词作为中心词,都要使用周围词进行预测一次。这样就相当于用 CBOW 的方法多进行了 K 次(假设 K 为窗口大小),因此训练时间要比 CBOW 算法要长。
- Skip-gram 算法中,每个词都要受到周围词的影响,每个词在作为中心词时,都要进行 K 次预测、调整,因此,当词数据量较少,或者词为生僻词出现次数较少时,这种多次调整会使词向量相对更加准确。
- CBOW 算法中,某个词也会多次受到周围词的影响(多次将其包含在内的窗口移动),进行词向量的调整,但是与周围的词一起调整的,梯度的值会平均分到该词上,相当于该生僻词没有受到专门的训练,而只是沾了周围词的光而已。

4.5.6 算法改进

由于 CBOW 与 Skip-gram 算法都存在缺点,所以下面对它们的算法进行改进。

1. 二次采样

在一个很大的语料库中,总会有一些频率很高的词(如冠词 a、the;介词 on、in 等)。这些词相比于一些出现次数较少的词,提供的信息不多。同时这些词导致很多训练没有什么作用。为了缓解这个问题,提出了二次采样的算法:每一个单词都有一定被丢弃的概率,该概率为

$$P(w_i) = 1 - \sqrt{\frac{t}{f(w_i)}}$$

其中,$f(w_i)$ 是单词出现的次数与总单词个数的比值,t 是一个选定的阈值,一般在 10^{-5} 左右。

2. 负采样

在训练模型参数时,每接受一个训练样本,都需要调整所有神经单元权重参数,来使神经网络预测更加准确。比如,以前面的中心矩阵的更新为例,更新公式为

$$\nabla P(w_0 | w_c) = \boldsymbol{u}_0 - \sum_{c-m < j < c+m, j \neq c} \frac{e^{u_0^T v_c}}{\sum_i e^{u_i^T v_c}} \boldsymbol{u}_j$$

公式中的 $\sum_i e^{u_i^T v_c}$ 计算量巨大,为所有单元的权重参数,即每个训练样本都将调整所有神经网络中的参数。

负采样的思路为:不直接让模型从整个词表中找最可能的词,而是直接给定这个词(正例)和几个随机采样的噪声词(负例),如果模型能够从这几个词中找到正确的词,那目的就达到了。

1)负采样计算

仍然以 $P(w_0 | w_c)$ 为例,选取 m 个负采样,将负样本与正样本当作全部的样本,即根据极大似然估计有

$$\log P(w_0 | w_c) = \log \left[P(w_0 | w_c) \cdot \prod_{i=1}^{m} P(w_i | w_0) \right]$$

实质上,最大的复杂度来自最后一层的 Softmax 层的计算,所以为了减小 Softmax 层的复杂度,选取使用 sigmoid 层来代替 Softmax,以 sigmoid 输出的值近似每一个词的输出概率,可得

$$\log P(w_0 \mid w_c) = \log \left[\sigma(\boldsymbol{u}_0^{\mathrm{T}} \boldsymbol{v}_c) \cdot \prod_{i=1}^{m} \sigma(\boldsymbol{u}_i^{\mathrm{T}} \boldsymbol{v}_c) \right]$$

$$= \log \sigma(\boldsymbol{u}_0^{\mathrm{T}} \boldsymbol{v}_c) + \log \left[\prod_{i=1}^{m} \sigma(\boldsymbol{u}_i^{\mathrm{T}} \boldsymbol{v}_c) \right]$$

$$= \log \left(\frac{1}{1 + e^{\boldsymbol{u}_0^{\mathrm{T}} \boldsymbol{v}_c}} \right) + \sum_{i=1}^{m} \log \left(\frac{1}{1 + e^{\boldsymbol{u}_0^{\mathrm{T}} \boldsymbol{v}_c}} \right)$$

2）负样本的选择

一个单词被选作负样本的概率跟它出现的频次有关，出现频次越高的单词越容易被选作负样本，经验公式为

$$P(w_i) = \frac{f(w_i)^{3/4}}{\sum_{j=0}^{n}(f(w_j)^{3/4})}$$

其中，$f(w)$ 代表每个单词被赋予的一个权重，即它出现的词频，分母代表所有单词的权重和，公式中的指数 3/4 完全是基于经验确定的。

4.5.7 训练概率

word2vec 算法的训练方法有两种，一种是采用如图 4-9 所示的模型进行构建。

图 4-9 的模型为两个线性模型，设 one-hot 的维度为 V，要训练的词向量的维度为 N，则相当于训练两个线性层，一个线性层为 $V \times N$，另一个线性层为 $N \times V$。

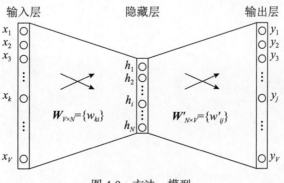

图 4-9　方法一模型

第二种训练方法就是训练两个矩阵，两个矩阵的维度都是 $V \times N$，这两个矩阵的含义不一样，一个是中心词权重矩阵，另一个是背景词权重矩阵，因此，最后肯定会得到两个权重矩阵，那应该使用哪一个？答案是使用哪个都可以，甚至求两个矩阵对应向量的平均值也可以，这两个矩阵都是训练出来的词向量矩阵，一般取一个即可，该训练方式如图 4-10 所示。

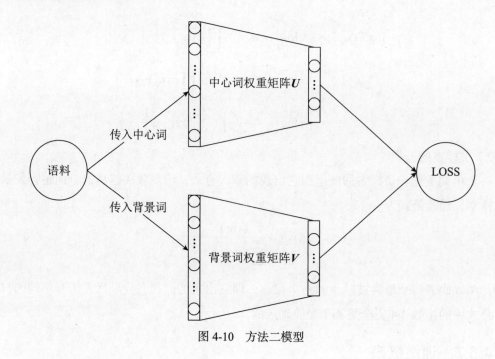

图 4-10 方法二模型

4.5.8　word2vec 实现

下面通过两个例子来演示 CBOW 与 Skip-gram 模型的实现。

【例 4-14】Skip-gram 模型实现。

（1）数据准备。

```
""" 导入所依赖的库 """
import time
import collections
import math
import os
import random
import zipfile
import numpy as np
import urllib
import pprint
import TensorFlow as tf
import matplotlib.pyplot as plt
os.environ["TF_CPP_MIN_LOG_LEVEL"] = "2"


""" 准备数据集 """
url = "http://mattmahoney.net/dc/"
def maybe_download(filename,expected_bytes):
```

```python
    """ 判断文件是否已经下载，如果没有，则下载数据集 """
    if not os.path.exists(filename):
        # 数据集不存在，开始下载
        filename,_ = urllib.request.urlretrieve(url + filename,filename)
    # 核对文件尺寸
    stateinfo = os.stat(filename)
    if stateinfo.st_size == expected_bytes:
        print(" 数据集已存在，且文件尺寸合格！ ",filename)
    else :
        print(stateinfo.st_size)
        raise Exception(
            " 文件尺寸不对 ！请重新下载，下载地址为： "+url
        )
    return filename
""" 测试文件是否存在 """
filename = maybe_download("text8.zip",31344016)
""" 解压文件 """
def read_data(filename):
    with zipfile.ZipFile(filename) as f:
        data = tf.compat.as_str(f.read(f.namelist()[0])).split()
        ''' 使用 zipfile.ZipFile() 来提取压缩文件，然后可以使用 zipfile 模块中的读取
器功能 '''
    return data
words = read_data(filename)
print(" 总的单词个数： ",len(words))
```

运行程序，输出如下：

```
数据集已存在，且文件尺寸合格！ text8.zip
总的单词个数： 17005207
```

（2）数据预处理。

```
# 构建词汇表，并统计每个单词出现的频数，同时用字典的形式进行存储，取频数排名前 50000
# 的单词
vocabulary_size = 50000
def build_dataset(words):
    count = [["unkown",-1]]
    #collections.Counter() 的返回形如 [["unkown",-1],("the",4),
    #("physics",2)]
    count.extend(collections.Counter(words).most_common(vocabulary_size - 1))
    #most_common() 函数用来实现 Top n 功能，即截取 counter 结果的前多少个子项
    dictionary = {}
    # 将全部单词转为编号（以频数排序的编号），只关注前面的（top）50000 单词，其余的
    # 认为是 unknown 的，编号为 0，同时统计一下这类词汇的数量
```

```python
    for word,_ in count:
        dictionary[word] = len(dictionary)
        # 形如：{"the": 1, "UNK": 0, "a": 12}
    data = []
    unk_count = 0  # 准备统计 top50000 以外的单词的个数
    for word in words:
        # 对于其中每一个单词，首先判断是否出现在字典中
        if word in dictionary:
            # 如果已经出现在字典中，则转为其编号
            index = dictionary[word]
        else:
            # 如果不在字典中，则转为编号 0
            index = 0
            unk_count += 1
        data.append(index) # 此时单词已经转变成对应的编号
    count[0][1] = unk_count  # 将统计好的 unknown 的单词数，填入 count 中
    # 将字典进行翻转，形如：{3:"the",4:"an"}
    reverse_dictionary = dict(zip(dictionary.values(),dictionary.keys()))
    return data,count,dictionary,reverse_dictionary
# 为了节省内存，将原始单词列表进行删除
data,count,dictionary,reverse_dictionary = build_dataset(words)
del words
# 生成 word2vec 的训练样本，使用 Skip-gram 模式
data_index = 0


def generate_batch(batch_size,num_skips,skip_window):
    """
    batch_size：每个训练批次的数据量
    num_skips：每个单词生成的样本数量，不能超过 skip_window 的两倍，并且必须是 batch_size 的整数倍
    skip_window：单词最远可以联系的距离，设置为 1 则表示当前单词只考虑前后两个单词之间的关系，也称为滑窗的大小
    return：返回每个批次的样本以及对应的标签
    """
    global data_index  # 声明为全局变量，方便后期多次使用
    # 使用 Python 中的断言函数，提前对输入的参数进行判别，防止后期出 Bug 而难以寻找原因
    assert batch_size % num_skips == 0
    assert num_skips <= skip_window * 2
    
    batch = np.ndarray(shape=(batch_size),dtype=np.int32) # 创建一个 batch_
                                    #size 大小的数组，数据类型为 int32 类型，数值随机
    labels = np.ndarray(shape=(batch_size,1),dtype=np.int32)
                                    # 数据维度为 [batch_size,1]
    span = 2 * skip_window + 1  # 入队的长度
```

```
        buffer = collections.deque(maxlen=span) # 创建双向队列, 最大长度为 span

        # 向双向队列填入初始值
        for _ in range(span):
            buffer.append(data[data_index])
            data_index = (data_index+1) % len(data)
        # 进入第一层循环, i 表示第几次入双向队列
        for i in range(batch_size // num_skips):
            target = skip_window # 定义 buffer 中第 skip_window 个单词是目标
            targets_avoid = [skip_window] # 定义生成样本时需要避免的单词, 因为要预
            # 测的是语境单词, 不包括目标单词本身, 因此列表开始包括第 skip_window 个单词
            for j in range(num_skips):
                """ 第二层循环, 每次循环对一个语境单词生成样本, 先产生随机数, 直到不出
现在需要避免的单词中, 即需要找到可以使用的语境单词 """
                while target in targets_avoid:
                    target = random.randint(0,span-1)
                targets_avoid.append(target) # 因为该语境单词已经被使用过了, 因此
                                              # 将其添加到需要避免的单词库中
                batch[i * num_skips + j] = buffer[skip_window] # 目标单词
                labels[i * num_skips +j,0] = buffer[target] # 语境单词
            # 此时 buffer 已经填满, 后续的数据会覆盖掉前面的数据
            buffer.append(data[data_index])
            data_index = (data_index + 1) % len(data)
        return batch,labels
batch,labels = generate_batch(8,2,1)

for i in range(8):
    print(" 目标单词: "+reverse_dictionary[batch[i]]+" 对应编号为: ".center(20)+
str(batch[i])+" 对应的语境单词为 : ".ljust(20)+reverse_dictionary[labels[i,0]]+" 编号为 ",
labels[i,0])
```

测试结果如下:

```
目标单词: originated    对应编号为: 3081    对应的语境单词为 :  as       编号为 12
目标单词: originated    对应编号为: 3081    对应的语境单词为 :  anarchism 编号为 5234
目标单词: as            对应编号为: 12      对应的语境单词为 :  originated  编号为 3081
目标单词: as            对应编号为: 12      对应的语境单词为 :  a         编号为 6
目标单词: a             对应编号为: 6       对应的语境单词为 :  as        编号为 12
目标单词: a             对应编号为: 6       对应的语境单词为 :  term      编号为 195
目标单词: term          对应编号为: 195     对应的语境单词为 :  of        编号为 2
目标单词: term          对应编号为: 95      对应的语境单词为 :  a         编号为 6
```

（3）模型搭建。

```
# 定义训练数据的一些参数
```

```python
batch_size = 128 # 训练样本的批次大小
embedding_size = 128 # 单词转化为稠密词向量的维度
skip_window = 1 # 单词可以联系到的最远距离
num_skips = 1 # 每个目标单词提取的样本数

# 定义验证数据的一些参数
valid_size = 16 # 验证的单词数
valid_window = 100 # 指验证单词只从频数最高的前100个单词中抽取
# 进行随机抽取
valid_examples = np.random.choice(valid_window,valid_size,replace=False)
num_sampled = 64 # 训练时用来做负样本的噪声单词的数量

# 开始定义Skip-gram word2vec模型的网络结构
# 创建一个graph作为默认的计算图，同时为输入数据和标签申请占位符，并将验证样例的随机
# 数保存成TensorFlow的常数
graph = tf.Graph()
with graph.as_default():
    train_inputs = tf.placeholder(tf.int32,[batch_size])
    train_labels = tf.placeholder(tf.int32,[batch_size,1])
    valid_dataset = tf.constant(valid_examples,tf.int32)

    # 选择运行的device为CPU
    with tf.device("/cpu:0"):
        # 单词大小为50000，向量维度为128，随机采样在（-1，1）之间的浮点数
        embeddings = tf.Variable(tf.random_uniform([vocabulary_size,embedding_size],-1.0,1.0))
        # 使用tf.nn.embedding_lookup()函数查找train_inputs对应的向量embed
        embed = tf.nn.embedding_lookup(embeddings,train_inputs)
        # 使用截断正态函数初始化权重，权重初始化为0
        weights = tf.Variable(tf.truncated_normal([vocabulary_size,embedding_size],stddev= 1.0 /math.sqrt(embedding_size)))
        biases = tf.Variable(tf.zeros([vocabulary_size]))
        # 隐藏层实现
        hidden_out = tf.matmul(embed, tf.transpose(weights)) + biases
        # 将标签使用one-hot方式表示，在Softmax的时候判断生成是否准确
        train_one_hot = tf.one_hot(train_labels, vocabulary_size)
        cross_entropy = tf.reduce_mean(tf.nn.softmax_cross_entropy_with_logits(logits=hidden_out, labels=train_one_hot))
        # 优化选择随机梯度下降
        optimizer = tf.train.GradientDescentOptimizer(1.0).minimize(cross_entropy)
        # 归一化
        norm = tf.sqrt(tf.reduce_sum(tf.square(weights),1,keep_dims=True))
```

```
            normalized_embeddings = weights / norm
            valid_embeddings = tf.nn.embedding_lookup(normalized_embeddings,
valid_dataset) # 查询验证单词的嵌入向量
            # 计算验证单词的嵌入向量与词汇表中所有单词的相似性
            similarity = tf.matmul(
                valid_embeddings,normalized_embeddings,transpose_b=True
            )
            init = tf.global_variables_initializer() # 定义参数的初始化
```

（4）训练与验证。

```
    '''启动训练'''
    num_steps = 150001 # 进行 15 万次的迭代计算
    t0 = time.time()
    # 创建一个会话并设置为默认
    with tf.Session(graph=graph) as session:
        init.run() # 启动参数的初始化
        print("初始化完成！")
        average_loss = 0 # 计算误差

        # 开始迭代训练
        for step in range(num_steps):
            batch_inputs,batch_labels = generate_batch(batch_size,num_
skips,skip_window) # 调用生成训练数据函数生成一组 batch 和 label
            feed_dict = {train_inputs:batch_inputs,train_labels:batch_
labels} # 待填充的数据
            # 启动会话，运行优化器 optimizer 和损失计算函数，并填充数据
            optimizer_trained,loss_val = session.run([optimizer,cross_
entropy],feed_dict=feed_dict)
            average_loss += loss_val # 统计 NCE 损失

            # 为了方便，每 2000 次计算一下损失并显示出来
            if step % 2000 == 0:
                if step > 0:
                    average_loss /= 2000
                print('第 %d 轮迭代用时: %s'% (step, time.time()- t0))
                t0 = time.time()
                print("第 {} 轮迭代后的损失为: {}".format(step,average_loss))
                average_loss = 0
    # 每 10000 次迭代，计算一次验证单词与全部单词的相似度，并将与验证单词最相似
    # 的前 8 个单词呈现出来
            if step % 10000 == 0:
                sim = similarity.eval() # 计算向量
                for i in range(valid_size):
```

```python
                    # 得到对应的验证单词
                    valid_word = reverse_dictionary[valid_examples[i]]
                    top_k = 8
                    # 计算与每一个验证单词相似度最接近的前 8 个单词
                    nearest = (-sim[i,:]).argsort()[1:top_k+1]
                    log_str = " 与单词 {} 最相似的： ".format(str(valid_word))

                    for k in range(top_k):
                        close_word = reverse_dictionary[nearest[k]]
                                                            # 相似度高的单词
                        log_str = "%s %s, " %(log_str,close_word)
                    print(log_str)
        final_embeddings = normalized_embeddings.eval()

# 可视化 word2vec 效果
def plot_with_labels(low_dim_embs,labels,filename = "tsne.png"):
    assert low_dim_embs.shape[0] >= len(labels),"标签数超过了嵌入向量的个数"

    plt.figure(figsize=(20,20))
    for i,label in enumerate(labels):
        x,y = low_dim_embs[i,:]
        plt.scatter(x,y)
        plt.annotate(
            label,
            xy = (x,y),
            xytext=(5,2),
            textcoords="offset points",
            ha="right",
            va="bottom"
        )
    plt.savefig(filename)
from sklearn.manifold import TSNE
tsne = TSNE(perplexity=30,n_components=2,init="pca",n_iter=5000)
plot_only = 100
low_dim_embs = tsne.fit_transform(final_embeddings[:plot_only,:])
Labels = [reverse_dictionary[i] for i in range(plot_only)]
plot_with_labels(low_dim_embs,Labels)
```

运行程序，输出如下：

第 142000 轮迭代后的损失为：4.46674475479126
第 144000 轮迭代后的损失为：4.460033647537231
第 146000 轮迭代后的损失为：4.479593712329865
第 148000 轮迭代后的损失为：4.463101862192154

第 150000 轮迭代后的损失为：4.3655951328277585
与单词 can 最相似的：may, will, would, could, should, must, might, cannot,
与单词 were 最相似的：are, was, have, had, been, be, those, including,
与单词 is 最相似的：was, has, are, callithrix, landesverband, cegep, contains, became,
与单词 been 最相似的：be, become, were, was, acuity, already, banded, had,
...
与单词 people 最相似的：those, men, pisa, lep, arctocephalus, protectors, saguinus, builders,
与单词 had 最相似的：has, have, was, were, having, ascribed, wrote, nitrile,
与单词 all 最相似的：auditum, some, scratch, both, several, many, katydids, two,

【例 4-15】 CBOW 模型的实现。

```
import torch
from torch import nn,optim
from torch.autograd import Variable
import torch.nn.functional as F

CONTEXT_SIZE= 2
raw_text="We are about to study the idea of a computational process. Computational processes are abstract beings that inhabit computers. As they evolve, processes manipulate other abstract things called data. The evolution of a process is directed by a pattern of rules called a program. People create programs to direct processes. ".split(' ')
vocab = set(raw_text)
#set()函数创建一个无序不重复元素集,可进行关系测试,删除重复数据,还可以计算交集、差
# 集、并集等
# 将句子中所有单词封装到 set 类中
word_to_idx = {word:i for i,word in enumerate(vocab)}
data=[]
for i in range(CONTEXT_SIZE,len(raw_text)-CONTEXT_SIZE):
    context=[raw_text[i-2],raw_text[i-1],raw_text[i+1],raw_text[i+2]]
    target = raw_text[i]
    data.append((context,target))

class CBOW(nn.Module):
    def __init__(self,n_word,n_dim,context_size):
        super(CBOW, self).__init__()
        self.embedding = nn.Embedding(n_word,n_dim)
        self.linear1=nn.Linear(2*CONTEXT_SIZE*n_dim,128)
```

```python
            self.linear2=nn.Linear(128,n_word)
        def forward(self,x):
            x=self.embedding(x)
            # 将 x 放到构建好的空间中
            x=x.view(1,-1)
            #x.view(x,b) 是用来更改 x 的张量的, 此处的 "-1" 表示它的值根据另外一项而定(自
            # 动补齐)
            x=self.linear1(x)
            x=F.ReLU(x,inplace=True)
            x=self.linear2(x)
            x=F.log_softmax(x)
            return x

model = CBOW(len(word_to_idx),100,CONTEXT_SIZE)
if torch.cuda.is_available():
    model = model.cuda()
# 如果有 GPU 就采用 GPU
criterion = nn.CrossEntropyLoss()
optimizer = optim.SGD(model.parameters(),lr=1e-3)
for epoch in range(1000):
    print("epoch{}".format(epoch))
    print("*"*10)
    running_loss=0
    for word in data:
        context,target =word
        context = Variable(torch.LongTensor([word_to_idx[i] for i in context]))
        target = Variable(torch.LongTensor([word_to_idx[target]]))
        # 将 tensor 封装到 Variable 内, 是为了实现自动求导
        if torch.cuda.is_available():
            context=context.cuda()
            target=target.cuda()
        out=model(context)
        loss=criterion(out,target)
        running_loss +=loss.item()
        #.item() 是为了获得向量的元素值
        optimizer.zero_grad()
        loss.backward()
        optimizer.step()
    torch.save(model.state_dict(),"./model_state")
    print('loss:{:.6f}'.format(running_loss/len(data)))
```

运行程序, 输出如下:

```
epoch0
```

```
**********
loss:3.710020
epoch1
**********
loss:3.630501
...
epoch998
**********
loss:0.003594
epoch999
**********
loss:0.003589
```

第 5 章 卷积神经网络分析与文本分类

CHAPTER 5

卷积神经网络（Convolutional Neural Network，CNN）是一类包含卷积计算且具有深度结构的前馈神经网络（Feedforward Neural Network）。近年来，随着深度学习理论的提出和数值计算设备的改进，卷积神经网络得到了快速发展，并被大量应用于计算机视觉、自然语言处理等领域。

5.1 全连接网络的局限性

在实际应用中，要处理的图片像素一般是 1024，甚至更大，这么大的图片输入全连接网络中会有什么效果呢？下面进行分析。

如果只有两个隐藏层，每层各用了 256 个节点，则 MNIST 数据集所需要的参数是（$28 \times 28 \times 256 + 256 \times 256 + 256 \times 10$）个 w，再加上（$256+256+10$）个 b，其中 w 表示权值，b 表示阈值。图 5-1 是一个三层神经网络识别手写数字结构图。

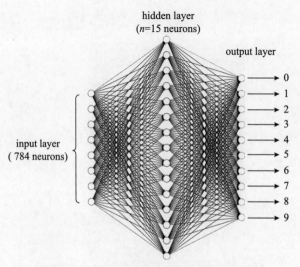

图 5-1　三层神经网络识别手写数字结构图

同样地，与其他网络一样，全连接网络也存在局限性，主要表现在以下两点。

1. 图像变大导致色彩数变多，不好解决

如果换为1000像素呢？仅一层就需要 $1000 \times 1000 \times 256 \approx 2$ 亿个 w（可以把 b 都忽略）。这只是灰度图，如果是RGB的真彩色图呢？再乘上3后则约等于6亿。如果想要得到更好的效果，就需要再加几个隐藏层……可以想象，需要的学习参数数量越多，消耗的内存越多，同时需要的运算量越大，这显然不是想要的结果。

2. 不便处理高维数据

对于比较复杂的高维数据，若按照全连接的方式，则只能通过增加节点、增加层数的方式来解决，而增加节点会引起参数过多的问题。由于隐藏层神经网络使用的是Sigmoid或Tanh激活函数，其反向传播的有效层数也只能为 $4 \sim 6$，所以层数越多只会使反向传播的修正值越来越小，导致网络无法训练。

而卷积神经网络使用参数共享的方式，换了一个角度来解决问题，不仅在准确率上大大提升了，也把参数降了下来，下面就来介绍卷积神经网络。

5.2 卷积神经网络的结构

如图5-2所示，一个卷积神经网络由很多层组成，它们的输入是三维的，输出也是三维的，有的层有参数，有的层不需要参数。

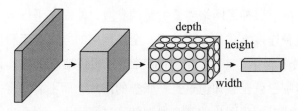

图5-2 卷积神经网络结构

卷积神经网络通常包含以下几种层：

- **卷积层**（Convolutional Layer）。卷积层由若干卷积单元组成，每个卷积单元的参数都是通过反向传播算法优化得到的。卷积运算的目的是提取输入的不同特征，第一层卷积层可能只提取一些低级的特征，如边缘、线条和角等层级，更多层的网络能从低级特征中迭代提取更复杂的特征。
- **线性整流层**（Rectified Linear Units Layer, ReLU Layer）。这一层神经的活性化函数（Activation Function）使用线性整流函数（Rectified Linear Units, ReLU）。

- 池化层（Pooling Layer）。通常在卷积层之后会得到维度很大的特征，在池化层可将特征切成几个区域，取其最大值或平均值，得到新的、维度较小的特征。
- 全连接层（Fully-Connected Layer）。这一层把所有局部特征结合变成全局特征，用来计算最后每一类的得分。

一个卷积神经网络应用的实例如图 5-3 所示。

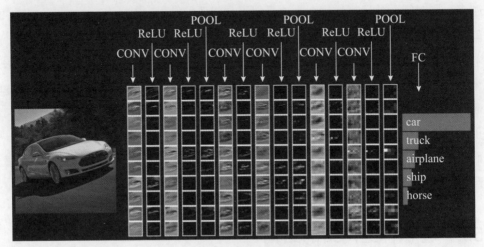

图 5-3　一个卷积神经网络应用的实例

5.2.1　卷积层

前面提到用传统的三层神经网络需要大量的参数，原因在于每个神经元都要和邻层的神经元相连接，但这种连接方式是必需的吗？全连接层的方式对于图像数据来说似乎显得不那么友好，因为图像本身具有"二维空间特征"，通俗地说就是具有局部特性。比如可能看到猫的眼睛或者嘴巴就已经知道这是一张猫的图片，而不需要将每个部分都看完。所以如果可以用某种方式对一张图片的某个典型特征进行识别，那么也就知道了这张图片的类别，由此产生了卷积的概念。例如，现在有一幅 4×4 的图像，设计两个卷积核，看看运用卷积核后图片会变成什么样。其过程如图 5-4 所示。

由图 5-4 可以看到，原始图片是一张灰度图片，每个位置表示的是像素值，0 表示白色，1 表示黑色，（0，1）区间的数值表示灰色。对于这幅 4×4 的图像，采用两个 2×2 的卷积核来计算。设定步长为 1，即每次以 2×2 的固定窗口往右滑动一个单位。以第一个卷积核 Filter1 为例，计算过程如下：

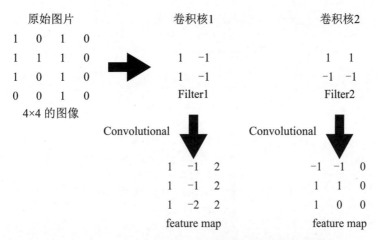

图 5-4 4×4 的图像与两个 2×2 的卷积核卷积操作后的结果

```
feature_map1(1,1) = 1*1 + 0*(-1) + 1*1 + 1*(-1) = 1
feature_map1(1,2) = 0*1 + 1*(-1) + 1*1 + 1*(-1) = -1
```
feature_map1(3,3) = 1*1 + 0*(-1) + 1*1 + 0*(-1) = 2
```

以上就是最简单的内积公式。feature_map1(1,1) 表示第一个卷积核计算完后得到的 feature_map 的第一行第一列的值，随着卷积核窗口不断滑动，可以计算出一个 3×3 的 feature_map1；同理可以计算第二个卷积核卷积运算后的 feature_map2，那么这一层卷积操作就完成了。feature_map 尺寸的计算公式为：[(原图片尺寸－卷积核尺寸)/步长]＋1。这一层设定了两个 2×2 的卷积核，在 paddle 里是这样定义的：

```
conv_pool_1 = paddle.networks.simple_img_conv_pool(
    input=img,
    filter_size=3,
    num_filters=2,
    num_channel=1,
    pool_stride=1,
    act=paddle.activation.ReLU())
```

上述代码调用了 networks 中的 simple_img_conv_pool 函数，激活函数是 ReLU，下面是源码中外层接口的定义：

```
def simple_img_conv_pool(input,
                         filter_size,
                         num_filters,
                         pool_size,
```
```

```
                        name=None,
                        pool_type=None,
                        act=None,
                        groups=1,
                        conv_stride=1,
                        conv_padding=0,
                        bias_attr=None,
                        num_channel=None,
                        param_attr=None,
                        shared_bias=True,
                        conv_layer_attr=None,
                        pool_stride=1,
                        pool_padding=0,
                        pool_layer_attr=None):
    """
    Simple image convolution and pooling group.
    Img input => Conv => Pooling => Output.
    :param name: group name.
    :type name: basestring
    :param input: input layer.
    :type input: LayerOutput
    :param filter_size: see img_conv_layer for details.
    :type filter_size: int
    :param num_filters: see img_conv_layer for details.
    :type num_filters: int
    :param pool_size: see img_pool_layer for details.
    :type pool_size: int
    :param pool_type: see img_pool_layer for details.
    :type pool_type: BasePoolingType
    :param act: see img_conv_layer for details.
    :type act: BaseActivation
    :param groups: see img_conv_layer for details.
    :type groups: int
    :param conv_stride: see img_conv_layer for details.
    :type conv_stride: int
    :param conv_padding: see img_conv_layer for details.
    :type conv_padding: int
    :param bias_attr: see img_conv_layer for details.
    :type bias_attr: ParameterAttribute
    :param num_channel: see img_conv_layer for details.
    :type num_channel: int
    :param param_attr: see img_conv_layer for details.
    :type param_attr: ParameterAttribute
```

```
:param shared_bias: see img_conv_layer for details.
:type shared_bias: bool
:param conv_layer_attr: see img_conv_layer for details.
:type conv_layer_attr: ExtraLayerAttribute
:param pool_stride: see img_pool_layer for details.
:type pool_stride: int
:param pool_padding: see img_pool_layer for details.
:type pool_padding: int
:param pool_layer_attr: see img_pool_layer for details.
:type pool_layer_attr: ExtraLayerAttribute
:return: layer's output
:rtype: LayerOutput
"""
_conv_ = img_conv_layer(
    name="%s_conv" % name,
    input=input,
    filter_size=filter_size,
    num_filters=num_filters,
    num_channels=num_channel,
    act=act,
    groups=groups,
    stride=conv_stride,
    padding=conv_padding,
    bias_attr=bias_attr,
    param_attr=param_attr,
    shared_biases=shared_bias,
    layer_attr=conv_layer_attr)
return img_pool_layer(
    name="%s_pool" % name,
    input=_conv_,
    pool_size=pool_size,
    pool_type=pool_type,
    stride=pool_stride,
    padding=pool_padding,
    layer_attr=pool_layer_attr)
```

在 Paddle/python/paddle/v2/framework/nets.py 中可以看到 simple_img_conv_pool 这个函数的定义:

```
def simple_img_conv_pool(input,
                         num_filters,
                         filter_size,
                         pool_size,
                         pool_stride,
```

```
                        act,
                        pool_type='max',
                        main_program=None,
                        startup_program=None):
    conv_out = layers.conv2d(
        input=input,
        num_filters=num_filters,
        filter_size=filter_size,
        act=act,
        main_program=main_program,
        startup_program=startup_program)

    pool_out = layers.pool2d(
        input=conv_out,
        pool_size=pool_size,
        pool_type=pool_type,
        pool_stride=pool_stride,
        main_program=main_program,
        startup_program=startup_program)
    return pool_out
```

可以看到这里面有两个输出，conv_out 是卷积输出值，pool_out 是池化输出值，最后只返回池化输出值。conv_out 和 pool_out 分别又调用了 layers.py 的 conv2d 和 pool2d，在 layers.py 中可以看到 conv2d 和 pool2d 是如何实现的。

conv2d 的实现如下：

```
def conv2d(input,
           num_filters,
           name=None,
           filter_size=[1, 1],
           act=None,
           groups=None,
           stride=[1, 1],
           padding=None,
           bias_attr=None,
           param_attr=None,
           main_program=None,
           startup_program=None):
    helper = LayerHelper('conv2d', **locals())
    dtype = helper.input_dtype()
    num_channels = input.shape[1]
    if groups is None:
        num_filter_channels = num_channels
```

```
    else:
        if num_channels % groups is not 0:
            raise ValueError("num_channels must be divisible by groups.")
        num_filter_channels = num_channels / groups

    if isinstance(filter_size, int):
        filter_size = [filter_size, filter_size]
    if isinstance(stride, int):
        stride = [stride, stride]
    if isinstance(padding, int):
        padding = [padding, padding]

    input_shape = input.shape
    filter_shape = [num_filters, num_filter_channels] + filter_size
    std = (2.0 / (filter_size[0]**2 * num_channels))**0.5
    filter = helper.create_parameter(
        attr=helper.param_attr,
        shape=filter_shape,
        dtype=dtype,
        initializer=NormalInitializer(0.0, std, 0))
    pre_bias = helper.create_tmp_variable(dtype)
    helper.append_op(
        type='conv2d',
        inputs={
            'Input': input,
            'Filter': filter,
        },
        outputs={"Output": pre_bias},
        attrs={'strides': stride,
               'paddings': padding,
               'groups': groups})
    pre_act = helper.append_bias_op(pre_bias, 1)
    return helper.append_activation(pre_act)
```

pool2d 的实现如下:

```
def pool2d(input,
          pool_size,
          pool_type,
          pool_stride=[1, 1],
          pool_padding=[0, 0],
          global_pooling=False,
          main_program=None,
          startup_program=None):
```

```python
        if pool_type not in ["max", "avg"]:
            raise ValueError(
                "Unknown pool_type: '%s'. It can only be 'max' or 'avg'.",
                str(pool_type))
        if isinstance(pool_size, int):
            pool_size = [pool_size, pool_size]
        if isinstance(pool_stride, int):
            pool_stride = [pool_stride, pool_stride]
        if isinstance(pool_padding, int):
            pool_padding = [pool_padding, pool_padding]

        helper = LayerHelper('pool2d', **locals())
        dtype = helper.input_dtype()
        pool_out = helper.create_tmp_variable(dtype)

        helper.append_op(
            type="pool2d",
            inputs={"X": input},
            outputs={"Out": pool_out},
            attrs={
                "poolingType": pool_type,
                "ksize": pool_size,
                "globalPooling": global_pooling,
                "strides": pool_stride,
                "paddings": pool_padding
            })
        return pool_out
```

从代码中可以看到，具体的实现方式还调用了 layers_helper.py，其源程序可以参考本书的程序代码。

到此这个卷积过程就完成了。从上文的计算中可以看到，同一层的神经元可以共享卷积核，那么对于高维数据的处理将会变得非常简单。并且使用卷积核后图片的尺寸变小，方便后续计算，并且不需要手动去选取特征，只用设计好卷积核的尺寸，数量和滑动的步长就可以让它自己去训练了。

那么问题来了，虽然知道了卷积核是如何计算的，但是为什么使用卷积核计算分类效果会与普通的神经网络有关呢？仔细来看一下上面的计算结果。通过第一个卷积核计算后的 feature_map 是一个三维数据，第三列绝对值最大，说明原始图片上对应的地方有一条垂直方向的特征，即像素数值变化较大；而通过第二个卷积核计算后，第三列的数值为 0，第二行的数值绝对值最大，说明原始图片上对应的地方有一条水平方向的特征。这时设计的两个卷积核分别能够提取或检测出原始图片的特定的特征，其实就可以把卷积核理解为特征提取器。这就是为什么只需要把图片数据灌进去，设计好卷积核的尺寸、数量和滑动的步长，就可以自动提取出图片的某些特征，从而达到分类的效果。

还需要注意以下方面。

（1）此处的卷积运算是两个卷积核大小的矩阵的内积运算，不是矩阵乘法，即相同位置的数字相乘再相加求和，不要弄混淆了。

（2）卷积核的公式有很多，这只是最简单的一种。卷积核在数字信号处理中也叫滤波器，滤波器的种类很多，如均值滤波器、高斯滤波器、拉普拉斯滤波器等，不过不管是什么滤波器，都只是一种数学运算，无非就是计算的复杂程度不同。

（3）每一层的卷积核大小和个数可以自己定义，不过一般情况下，在靠近输入层的卷积层设定少量的卷积核，越往后卷积层设定的卷积核数目就越多。

5.2.2 池化层

通过上一层 2×2 的卷积核操作后，将原始图像由 4×4 变为了一个 3×3 的新图片。池化层（Pooling Layer）的主要目的是通过降采样的方式，在不影响图像质量的情况下，压缩图片，减少参数。简单来说，假设现在池化层采用 MaxPooling，大小为 2×2，步长为 1，重新取每个窗口最大的数值，那么图片的尺寸就会由 3×3 变为 2×2：(3-2)+1=2。从 5.2.1 节的例子来看，会有如图 5-5 所示变换。

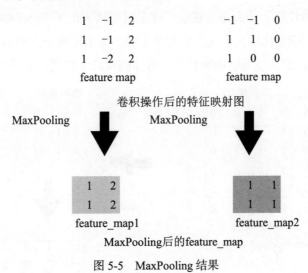

图 5-5 MaxPooling 结果

通常来说，池化方法一般有以下两种。

- MaxPooling：取滑动窗口中的最大值。
- AveragePooling：取滑动窗口内所有值的平均值。

1. 为什么采用 MaxPooling

从计算方式来看，MaxPooling 算是最简单的一种了，取最大值即可，但为什么需要 MaxPooling？其意义是什么？如果只取最大值，那其他的值被舍弃难道就没有影响吗？不会损失这部分信息吗？如果这些信息是可损失的，那么是否意味着在进行卷积操作后仍然产生了一些不必要的冗余信息呢？

其实从卷积核有效的原因来看，每一个卷积核都可以看作一个特征提取器，不同的卷积核提取不同的特征，例子中设计的第一个卷积核能够提取出"垂直"方向的特征，第二个卷积核能够提取出"水平"方向的特征，若对其进行 MaxPooling 操作后，则提取出的是真正能够识别特征的数值，其余被舍弃的数值对于提取特定的特征并没有特别大的帮助。那么在进行后续计算时，就减小 feature map 的尺寸，从而减少了参数，达到减小计算量，但不损失效果的目的。

不过并不是所有情况 MaxPooling 的效果都很好，有时候有些周边信息也会对某个特定特征的识别产生一定效果，那么这个时候舍弃这部分"不重要"的信息，就不明智了。所以得具体情况具体分析，可以把卷积后不加 MaxPooling 的结果与卷积后加了 MaxPooling 的结果对比一下，看看 MaxPooling 是否对卷积核提取特征起了反效果。

2. ZeroPadding

所以到现在为止，图片由 4×4，通过卷积层变为 3×3，再通过池化层变为 2×2，如果再添加层，那么图片岂不是会越变越小？这个时候就引出了 ZeroPadding（补零），它可以保证每次经过卷积或池化输出后图片的大小不变，如上述例子如果加入 ZeroPadding，再采用 3×3 的卷积核，那么变换后的图片尺寸与原图片尺寸相同，如图 5-6 所示。

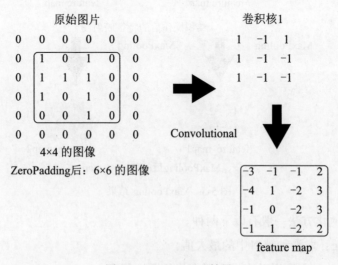

图 5-6 ZeroPadding 结果

通常情况下，希望图片做完卷积操作后保持大小不变，所以一般会选择尺寸为 3×3 的卷积核和 1 的 ZeroPadding，或者 5×5 的卷积核与 2 的 ZeroPadding，这样通过计算后，可以保留图片的原始尺寸。加入 ZeroPadding 后的 feature map 尺寸 =(width + 2 × padding_size − filter_size)/stride + 1。

注意：这里的 width 也可换成 height，此处默认是正方形的卷积核，width = height，如果两者不相等，可以分开计算，分别补零。

3. Flatten Layer 与 Fully Connected Layer

到这一步，一个完整的"卷积部分"就算完成了，如果想要叠加层数，一般也是叠加 Conv-MaxPooing，通过不断地设计卷积核的尺寸、数量，提取更多的特征，最后识别不同类别的物体。做完 MaxPooling 后，就会把这些数据"拍平"，丢到 Flatten Layer，然后把 Flatten Layer 的 output 放到 Full Connected Layer 中，采用 softmax 对其进行分类，其过程如图 5-7 所示。

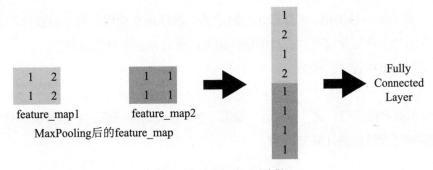

图 5-7　Flatten Layer 过程

5.2.3　全连接层

全连接层（Fully Connected Layer）和卷积层可以相互转换。对于任意一个卷积层，要把它变成全连接层只需要把权重变成一个巨大的矩阵，其中除了一些特定区块（因为局部感知），大部分都是 0，而且好多区块的权值还相同（由于权重共享）。任何一个全连接层也可以变为卷积层。比如，一个 $K=4096$ 的全连接层，输入层大小为 $7\times7=512$，它可以等效为一个 $F=7$，$P=0$，$S=1$，$K=4096$ 的卷积层。换言之，正好把 filter_size 设置为整个输入层大小。

5.3　卷积神经网络的训练

卷积神经网络的训练过程和全连接网络的训练过程比较类似，都是先将参数随机初始化，进行前向计算，得到最后的输出结果，计算最后一层每个神经元的残差，然后从最后一层开始逐层往前计算每一层的神经元的残差，根据残差计算损失对参数的导数，最后迭代更新参数。这里反向传播中最重要的一个数学概念就是求导的链式法则，求导的链式法则的公式为

$$\frac{\partial y}{\partial x} = \frac{\partial y}{\partial z} \times \frac{\partial z}{\partial x}$$

用 $\delta_i^{(l)}$ 表示第 l 层的第 i 个神经元 $v_i^{(l)}$ 的残差，即损失函数对第 l 层的第 i 个神经元 $v_i^{(l)}$ 的偏导数：

$$\delta_i^{(l)} = \frac{\partial L(w,b)}{\partial v_i^{(l)}}$$

用 $\frac{\partial L(w,b)}{\partial w_{ij}^{(l)}}$ 表示损失函数对第 l 层上的参数的偏导数：

$$\frac{\partial L(w,b)}{\partial w_{ij}^{(l)}} = \delta_i^{(l)} \times a_j^{(l-1)}$$

其中，$a_j^{(l-1)}$ 是前面一层的第 j 个神经元的激活值。激活值在前向计算的时候已经得到，所以只要计算出每个神经元的残差，就能得到损失函数对每个参数的偏导数。

最后一层残差的计算公式为

$$\delta_i^{(K)} = -(y_i - a_i^{(K)}) \times f'(v_i^{(K)})$$

其中，y_i 为正确的输出值；$a_i^{(K)}$ 为最后一层第 i 个神经元的激活值；f' 是激活函数的导数。

其他层神经元残差的计算公式为

$$\delta_i^{(l-1)} = \left(\sum_{j=1}^{n_l} w_{ji}^{(l-1)} \times \delta_j^{(l)} \right) \times f'(v_i^{(l-1)})$$

求得了所有节点的残差之后，就能得到损失函数对所有参数的偏导数，然后进行参数更新。

卷积神经网络和全连接神经网络的差别主要在于卷积神经网络有卷积和池化操作，所以只需搞清楚卷积层和池化层残差是如何反向传播的以及如何利用残差计算卷积核内参数的偏导数，就基本实现了卷积网络的训练过程。

5.3.1 池化层反向传播

先介绍池化层如何进行反向传播。池化有平均池化和最大池化，在此先介绍平均池化，再介绍最大池化。

1. 平均池化的残差传播

假设输入是一个 4×4 的矩阵，池化区域是 2×2 的矩阵，经过池化之后的大小是 2×2

的（池化过程没有重叠）。在反向传播的计算过程中，假设经过池化之后的 4 个节点的残差已经从最后一层反向传播得到，值如图 5-8 所示。

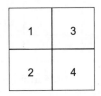

图 5-8　平均池化后 4 个节点的残差值

其中一个节点对应池化之前的 4 个节点。因为需要满足反向传播时各层的残差总和不变，所以池化之前的神经元的残差值是池化之后的残差值的平均。在本实例中，池化之前 4×4 的神经元的残差值如图 5-9 所示。

0.25	0.25	0.75	0.75
0.25	0.25	0.25	0.75
0.5	0.5	1	1
0.5	0.5	1	1

图 5-9　池化之前 4×4 的神经元的残差值

2. 最大池化的残差传播

同样假设输入是一个 4×4 的矩阵，池化区域是 2×2 的矩阵，经过池化之后的大小是 2×2 的（池化过程没有重叠）。在反向传播计算过程中，假设经过池化之后的 4 个节点的残差已经从最后一层反向传播得到，值如图 5-10 所示。

1	3
2	4

图 5-10　最大池化后的 4 个节点的残差值

在前向计算的过程中，需要记录被池化的 2×2 区域中哪个元素被选中作为最大值。假如，在计算池化的时候，选中的最大值的神经元位置如图 5-11 所示。

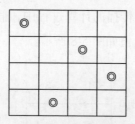

图 5-11 选中的最大值的神经元位置

反向的残差传播,只将残差传播给最大位置的神经元,结果如图 5-12 所示。

1	0	0	0
0	0	3	0
0	0	0	4
0	2	0	0

图 5-12 将残差传播给最大位置的神经元

这里需要注意的是,在池化之前,如果做过非线性激活计算的话,还需要加上激活函数的导数。

5.3.2 卷积层反向传播

这里直接通过一个例子来说明卷积层如何进行反向传播。假设卷积计算之前是 3×3 大小的矩阵,有两个卷积核,大小都是 2×2 的矩阵。为了简单起见,卷积操作不做填充,卷积步长为 1,在卷积之后输出大小缩小为 2×2 的矩阵。

先介绍一个卷积核的残差反向传播过程。

卷积之前的矩阵为

$$\begin{bmatrix} x_{00} & x_{01} & x_{02} \\ x_{10} & x_{11} & x_{12} \\ x_{20} & x_{21} & x_{22} \end{bmatrix}$$

卷积核的矩阵为

$$\begin{bmatrix} k_{00} & k_{01} \\ k_{10} & k_{11} \end{bmatrix}$$

卷积之后的矩阵为

$$\begin{bmatrix} y_{00} & y_{01} \\ y_{10} & y_{11} \end{bmatrix}$$

卷积之后的残差矩阵为

$$\begin{bmatrix} \delta_{00}^{l+1} & \delta_{10}^{l+1} \\ \delta_{01}^{l+1} & \delta_{11}^{l+1} \end{bmatrix}$$

卷积之前的残差矩阵为

$$\begin{bmatrix} \delta_{00}^{l} & \delta_{01}^{l} & \delta_{02}^{l} \\ \delta_{10}^{l} & \delta_{11}^{l} & \delta_{12}^{l} \\ \delta_{20}^{l} & \delta_{21}^{l} & \delta_{22}^{l} \end{bmatrix}$$

在前向计算的过程中，卷积操作的计算过程如下：

$$y_{00} = x_{00} \times k_{00} + x_{01} \times k_{01} + x_{10} \times k_{10} + x_{11} \times k_{11}$$
$$y_{01} = x_{01} \times k_{00} + x_{02} \times k_{01} + x_{11} \times k_{10} + x_{12} \times k_{11}$$
$$y_{10} = x_{10} \times k_{00} + x_{11} \times k_{01} + x_{20} \times k_{10} + x_{21} \times k_{11}$$
$$y_{11} = x_{11} \times k_{00} + x_{12} \times k_{01} + x_{21} \times k_{10} + x_{22} \times k_{11}$$

假设卷积之后的残差 δ^{l+1} 已经由最后一层的残差逐层计算得到，现在根据 δ^{l+1} 推导卷积之前的残差 δ^{l}。推导过程如下：

$$\delta_{00}^{l} = \frac{\partial L}{\partial x_{00}} = \frac{\partial L}{\partial y_{00}} \times \frac{\partial y_{00}}{\partial x_{00}} = \delta_{00}^{l+1} \times k_{00}$$

$$\delta_{01}^{l} = \frac{\partial L}{\partial x_{01}} = \frac{\partial L}{\partial y_{00}} \times \frac{\partial y_{00}}{\partial x_{01}} + \frac{\partial L}{\partial y_{01}} \times \frac{\partial y_{01}}{\partial x_{01}} = \delta_{00}^{l+1} \times k_{01} + \delta_{01}^{l+1} \times k_{00}$$

$$\delta_{02}^{l} = \frac{\partial L}{\partial x_{02}} = \frac{\partial L}{\partial y_{01}} \times \frac{\partial y_{01}}{\partial x_{02}} = \delta_{01}^{l+1} \times k_{01}$$

$$\delta_{10}^{l} = \frac{\partial L}{\partial x_{10}} = \frac{\partial L}{\partial y_{00}} \times \frac{\partial y_{00}}{\partial x_{10}} + \frac{\partial L}{\partial y_{10}} \times \frac{\partial y_{10}}{\partial x_{10}} = \delta_{00}^{l+1} \times k_{10} + \delta_{10}^{l+1} \times k_{00}$$

$$\delta_{11}^{l} = \frac{\partial L}{\partial x_{11}} = \frac{\partial L}{\partial y_{00}} \times \frac{\partial y_{00}}{\partial x_{11}} + \frac{\partial L}{\partial y_{01}} \times \frac{\partial y_{01}}{\partial x_{11}} + \frac{\partial L}{\partial y_{10}} \times \frac{\partial y_{10}}{\partial x_{11}} + \frac{\partial L}{\partial y_{11}} \times \frac{\partial y_{11}}{\partial x_{11}}$$
$$= \delta_{00}^{l+1} \times k_{11} + \delta_{01}^{l+1} \times k_{10} + \delta_{10}^{l+1} \times k_{01} + \delta_{11}^{l+1} \times k_{00}$$

$$\delta_{12}^{l} = \frac{\partial L}{\partial x_{11}} = \frac{\partial L}{\partial y_{01}} \times \frac{\partial y_{01}}{\partial x_{12}} + \frac{\partial L}{\partial y_{11}} \times \frac{\partial y_{11}}{\partial x_{12}} = \delta_{01}^{l+1} \times k_{11} + \delta_{11}^{l+1} \times k_{01}$$

$$\delta_{20}^{l} = \frac{\partial L}{\partial x_{20}} = \frac{\partial L}{\partial y_{10}} \times \frac{\partial y_{10}}{\partial x_{20}} = \delta_{10}^{l+1} \times k_{10}$$

$$\delta_{21}^{l} = \frac{\partial L}{\partial x_{21}} = \frac{\partial L}{\partial y_{10}} \times \frac{\partial y_{10}}{\partial x_{21}} + \frac{\partial L}{\partial y_{11}} \times \frac{\partial y_{11}}{\partial x_{21}} = \delta_{10}^{l+1} \times k_{11} + \delta_{11}^{l+1} \times k_{10}$$

$$\delta_{22}^{l} = \frac{\partial L}{\partial x_{22}} = \frac{\partial L}{\partial y_{11}} \times \frac{\partial y_{11}}{\partial x_{22}} = \delta_{11}^{l+1} \times k_{11}$$

（5-1）

经过式（5-1），就可以将残差经过卷积层往前传播一层。训练的参数是卷积核中的参数，下面利用残差推导损失函数对卷积核中参数的偏导数。

上面的推导只是判别层残差反向传播的过程，最终目的是要更新网络中的参数，也就是要更新卷积核中的参数。要更新卷积核中的参数，就要求损失函数对卷积核中参数的偏导数。

损失函数对卷积核中参数的偏导数，与卷积之后的残差和输入卷积的数据有关，推导过程如下：

$$\frac{\partial L}{\partial k_{00}} = \frac{\partial L}{\partial y_{00}} \times \frac{\partial y_{00}}{\partial k_{00}} + \frac{\partial L}{\partial y_{01}} \times \frac{\partial y_{01}}{\partial k_{00}} = \frac{\partial L}{\partial y_{10}} \times \frac{\partial y_{10}}{\partial k_{00}} + \frac{\partial L}{\partial y_{11}} \times \frac{\partial y_{11}}{\partial k_{00}}$$
$$= \delta_{00}^{l+1} \times x_{00} + \delta_{01}^{l+1} \times x_{01} + \delta_{10}^{l+1} \times x_{10} + \delta_{11}^{l+1} \times x_{11}$$

$$\frac{\partial L}{\partial k_{01}} = \frac{\partial L}{\partial y_{00}} \times \frac{\partial y_{00}}{\partial k_{01}} + \frac{\partial L}{\partial y_{01}} \times \frac{\partial y_{01}}{\partial k_{01}} = \frac{\partial L}{\partial y_{10}} \times \frac{\partial y_{10}}{\partial k_{01}} + \frac{\partial L}{\partial y_{11}} \times \frac{\partial y_{11}}{\partial k_{01}}$$
$$= \delta_{00}^{l+1} \times x_{01} + \delta_{01}^{l+1} \times x_{02} + \delta_{10}^{l+1} \times x_{11} + \delta_{11}^{l+1} \times x_{12}$$

（5-2）

$$\frac{\partial L}{\partial k_{10}} = \frac{\partial L}{\partial y_{00}} \times \frac{\partial y_{00}}{\partial k_{10}} + \frac{\partial L}{\partial y_{01}} \times \frac{\partial y_{01}}{\partial k_{10}} = \frac{\partial L}{\partial y_{10}} \times \frac{\partial y_{10}}{\partial k_{10}} + \frac{\partial L}{\partial y_{11}} \times \frac{\partial y_{11}}{\partial k_{10}}$$
$$= \delta_{00}^{l+1} \times x_{10} + \delta_{01}^{l+1} \times x_{11} + \delta_{10}^{l+1} \times x_{20} + \delta_{11}^{l+1} \times x_{21}$$

$$\frac{\partial L}{\partial k_{11}} = \frac{\partial L}{\partial y_{00}} \times \frac{\partial y_{00}}{\partial k_{11}} + \frac{\partial L}{\partial y_{01}} \times \frac{\partial y_{01}}{\partial k_{11}} = \frac{\partial L}{\partial y_{10}} \times \frac{\partial y_{10}}{\partial k_{11}} + \frac{\partial L}{\partial y_{11}} \times \frac{\partial y_{11}}{\partial k_{11}}$$
$$= \delta_{00}^{l+1} \times x_{11} + \delta_{01}^{l+1} \times x_{12} + \delta_{10}^{l+1} \times x_{21} + \delta_{11}^{l+1} \times x_{22}$$

通过式（5-2）可以看到，损失函数对卷积核中某个参数的偏导数，就是在卷积过程中，将这个参数参与过计算的每个输入数据元素和卷积后的残差逐个相乘，然后再相加的结果。

下面通过一个例子来说明一下。

输入的数据是 3×3 的矩阵，值为

$$\begin{bmatrix} 1 & 2 & 1 \\ 3 & 2 & 1 \\ 2 & 1 & 1 \end{bmatrix}$$

假设有两个卷积核，卷积核 1 的值为

$$\begin{bmatrix} 0.1 & 0.2 \\ 0.2 & 0.4 \end{bmatrix}$$

卷积核 2 的值为

$$\begin{bmatrix} -0.3 & 0.1 \\ 0.1 & 0.2 \end{bmatrix}$$

假设两个卷积核卷积之后的两个特征图中 4 个神经元的残差值分别如图 5-13 及图 5-14 所示。

$$\begin{bmatrix} 1 & 3 \\ 2 & 2 \end{bmatrix}$$

图 5-13　经过第一个卷积核之后的残差

$$\begin{bmatrix} 1 & 3 \\ 2 & 2 \end{bmatrix}$$

图 5-14　经过第二个卷积核之后的残差

卷积之后的残差已经知道了，下面计算第一个卷积核卷积之前各个节点的残差：

$\delta_{00}^l = 1 \times 0.1 = 0.1$

$\delta_{01}^l = 1 \times 0.2 + 3 \times 0.1 = 0.5$

$\delta_{02}^l = 3 \times 0.2 = 0.6$

$\delta_{10}^l = 1 \times 0.2 + 2 \times 0.1 = 0.4$

$\delta_{11}^l = 1 \times 0.4 + 3 \times 0.2 + 2 \times 0.2 + 2 \times 0.1 = 1.6$

$\delta_{12}^l = 3 \times 0.4 + 2 \times 0.2 = 1.6$

$\delta_{20}^l = 2 \times 0.2 = 0.4$

$\delta_{21}^l = 2 \times 0.4 + 2 \times 0.2 = 1.2$

$\delta_{22}^l = 2 \times 0.4 = 0.8$

第一个卷积核反向传播之后的卷积之前的残差为

$$\begin{bmatrix} 0.1 & 0.5 & 0.6 \\ 0.4 & 1.6 & 1.6 \\ 0.4 & 1.2 & 0.8 \end{bmatrix}$$

再根据第二个卷积核和第二个卷积核之后的残差矩阵，计算卷积之前的残差为

$\delta_{00}^l = 2 \times (-0.3) = -0.6$

$\delta_{01}^l = 2 \times 0.1 + 1 \times (-0.3) = -0.1$

$\delta_{02}^l = 1 \times 0.1 = 0.1$

$\delta_{10}^l = 2 \times 0.1 + 1 \times (-0.3) = -0.1$

$\delta_{11}^l = 2 \times 0.2 + 1 \times 0.1 + 1 \times 0.1 + 1 \times (-0.3) = 0.3$

$\delta_{12}^l = 1 \times 0.2 + 1 \times 0.1 = 0.3$

$\delta_{20}^l = 1 \times 0.1 = 0.1$

$\delta_{21}^l = 1 \times 0.2 + 1 \times 0.1 = 0.3$

$\delta_{22}^l = 1 \times 0.2 = 0.2$

第二个卷积核反向传播之后的卷积之前的残差为

$$\begin{bmatrix} -0.6 & -0.1 & 0.1 \\ -0.1 & 0.3 & 0.3 \\ 0.1 & 0.3 & 0.2 \end{bmatrix}$$

最终的残差是将两个卷积核得到的残差相加,也即最终的卷积之前的神经元的残差为

$$\begin{bmatrix} 0.1 & 0.5 & 0.6 \\ 0.4 & 1.6 & 1.6 \\ 0.4 & 1.2 & 0.8 \end{bmatrix} + \begin{bmatrix} -0.6 & -0.1 & 0.1 \\ -0.1 & 0.3 & 0.3 \\ 0.1 & 0.3 & 0.2 \end{bmatrix} = \begin{bmatrix} -0.5 & 0.4 & 0.7 \\ 0.3 & 1.9 & 1.9 \\ 0.5 & 1.5 & 1.0 \end{bmatrix}$$

下面再通过一个具体的例子演示卷积核中参数的计算过程。

输入数据是 $\begin{bmatrix} 1 & 2 & 1 \\ 3 & 2 & 1 \\ 2 & 1 & 1 \end{bmatrix}$,第一个卷积核是 $\begin{bmatrix} 0.1 & 0.2 \\ 0.2 & 0.4 \end{bmatrix}$,第一个卷积核卷积之后的残差是 $\begin{bmatrix} 1 & 3 \\ 2 & 2 \end{bmatrix}$。

损失函数对卷积核的参数的导数 $\dfrac{\partial L}{\partial k_{ij}}$ 的计算过程如下:

$$\frac{\partial L}{\partial k_{00}} = \delta_{00}^{l+1} \times x_{00} + \delta_{01}^{l+1} \times x_{01} + \delta_{10}^{l+1} \times x_{10} + \delta_{11}^{l+1} \times x_{11}$$

$$= 1 \times 1 + 3 \times 2 + 2 \times 3 + 2 \times 2 = 17$$

$$\frac{\partial L}{\partial k_{01}} = \delta_{00}^{l+1} \times x_{01} + \delta_{01}^{l+1} \times x_{02} + \delta_{10}^{l+1} \times x_{11} + \delta_{11}^{l+1} \times x_{12}$$

$$= 1 \times 2 + 3 \times 1 + 2 \times 2 + 2 \times 1 = 11$$

$$\frac{\partial L}{\partial k_{10}} = \delta_{00}^{l+1} \times x_{10} + \delta_{01}^{l+1} \times x_{11} + \delta_{10}^{l+1} \times x_{20} + \delta_{11}^{l+1} \times x_{21}$$

$$= 1 \times 3 + 3 \times 2 + 2 \times 2 + 2 \times 1 = 15$$

$$\frac{\partial L}{\partial k_{11}} = \delta_{00}^{l+1} \times x_{11} + \delta_{01}^{l+1} \times x_{12} + \delta_{10}^{l+1} \times x_{21} + \delta_{11}^{l+1} \times x_{22}$$

$$= 1 \times 2 + 3 \times 1 + 2 \times 1 + 2 \times 1 = 9$$

最后更新卷积核的操作为

$$\begin{bmatrix} k'_{00} & k'_{01} \\ k'_{10} & k'_{11} \end{bmatrix} = \begin{bmatrix} 0.1 & 0.2 \\ 0.2 & 0.4 \end{bmatrix} - \alpha \times \begin{bmatrix} 17 & 11 \\ 15 & 9 \end{bmatrix}$$

其中,α 为学习率,k'_{ij} 是更新之后的卷积核的参数。用类似的操作,即可更新第二个卷积核的参数。

5.4 卷积神经网络的实现

前面对 CNN 的基本概念及训练进行了介绍，下面直接通过几个例子来说明如何利用 TensorFlow 实现 CNN。

5.4.1 识别 0 和 1 数字

【例 5-1】构建一个简单的 CNN，用于只识别 0 和 1 数字。

训练数据是 50 个数字 0 和 50 个数字 1 的图片文件。图片大小为 100×100，共有 RGB 三个通道，测试数据是 10 个数字 0 和 10 个数字 1 的图片，大小也是 100×100，共有 RGB 三个通道。实现代码如下：

```
# 载入必要的编程库
import tensorflow as tf
import os
FLAGS = tf.app.flags.FLAGS
tf.app.flags.DEFINE_float('gpu_memory_fraction', 0.02, 'gpu占用内存比例')
tf.app.flags.DEFINE_integer('batch_size', 10, 'batch_size大小')
tf.app.flags.DEFINE_integer('reload_model', 0, '是否reload之前训练好的模型')
tf.app.flags.DEFINE_string('model_dir', "./model/", '保存模型的文件夹')
tf.app.flags.DEFINE_string('event_dir', "./event/", '保存event数据的文件夹，给tensorboard展示用')
# 用 TensorFlow 实现的网络结构
def weight_init(shape, name):
    '''
    获取某个shape大小的参数
    '''
    return tf.get_variable(name, shape, initializer=tf.random_normal_initializer(mean=0.0, stddev=0.1))
def bias_init(shape, name):
    return tf.get_variable(name, shape, initializer=tf.constant_initializer(0.0))
# 得到某个shape大小的bias参数
def conv2d(x,conv_w):
    return tf.nn.conv2d(x, conv_w, strides=[1, 1, 1, 1], padding='VALID')
# 计算池化，步长和池化的大小一样，边缘不填充
def max_pool(x, size):
    return tf.nn.max_pool(x, ksize=[1,size,size,1], strides = [1,size,size,1], padding='VALID')
```

```python
# 读取 TFRecord 文件队列数据，解码成张量
def read_and_decode(filename_queue):
    reader = tf.TFRecordReader()    # 从文件队列中读取数据
    _, serialized_example = reader.read(filename_queue)# 将数据反序列化
    features = tf.parse_single_example(
        serialized_example,
        features={
            'height': tf.FixedLenFeature([], tf.int64),
            'width': tf.FixedLenFeature([], tf.int64),
            'channels': tf.FixedLenFeature([], tf.int64),
            'image_data': tf.FixedLenFeature([], tf.string),
            'label': tf.FixedLenFeature([], tf.int64),
        })
   # 将 image_data 部分的数据解码成张量
    image = tf.decode_raw(features['image_data'], tf.uint8)
# 将 image 的 tensor 变成 100×100 大小，3 通道
    image = tf.reshape(image, [100, 100, 3])
    image = tf.cast(image, tf.float32) * (1. / 255) - 0.5
    #image = tf.cast(image, tf.float32)
    label = tf.cast(features['label'], tf.int32)
    return image, label

# 读取 TFRecord 文件数据，得到 TensorFlow 中可以计算的张量数据
def inputs(filename, batch_size):
    # 经过随机处理的 TFRecord 文件中保存的图片数据和标注数据
    with tf.name_scope('input'):
        filename_queue = tf.train.string_input_producer(
            # 生成文件队列，最多迭代 2000 次
            [filename], num_epochs=2000)
        # 从文件中读取数据，并且变成张量格式
        image, label = read_and_decode(filename_queue)
        # 将数据按钮（batch）的大小返回，并且随机打乱
        images, labels = tf.train.shuffle_batch(
            [image, label], batch_size=batch_size, num_threads=1,
            capacity=4,
            min_after_dequeue=2)
        return images, labels

def inference(input_data):
    ''' 定义网络结构、向前计算过程 '''
    with tf.name_scope('conv1'):
        w_conv1 = weight_init([10,10,3,16], 'conv1_w')
        b_conv1 = bias_init([16], 'conv1_b')
```

```python
        # 卷积之后图片大小变成 100-10+1 = 91
        h_conv1 = tf.nn.ReLU(conv2d(input_data, w_conv1) + b_conv1)
        # 池化之后图片大小变成 45
        h_pool1 = max_pool(h_conv1, 2) #140

    with tf.name_scope('conv2'):
        w_conv2 = weight_init([5,5,16,16], 'conv2_w')
        b_conv2 = bias_init([16], 'conv2_b')

        # 卷积之后图片大小变成 45-5+1 = 41
        h_conv2 = tf.nn.ReLU(conv2d(h_pool1, w_conv2) + b_conv2)
        # 池化之后图片大小变成 20
        h_pool2 = max_pool(h_conv2, 2) #68

    with tf.name_scope('conv3'):
        w_conv3 = weight_init([5,5,16,16], 'conv3_w')
        b_conv3 = bias_init([16], 'conv3_b')

        # 卷积之后图片大小变成 20-5+1 = 16
        h_conv3 = tf.nn.ReLU(conv2d(h_pool2, w_conv3) + b_conv3)
        # 池化之后图片大小变成 8
        h_pool3 = max_pool(h_conv3, 2) # 32
    with tf.name_scope('fc1'):
        w_fc1 = weight_init([8*8*16, 128], 'fc1_w')
        b_fc1 = bias_init([128], 'fc1_b')

        h_fc = tf.nn.ReLU(tf.matmul(tf.reshape(h_pool3,[-1,8*8*16]), w_fc1)
+ b_fc1)

        # 将池化后的数据拉长为 8×8×16=1024，为一维向量
    # 再做全连接，第一层全连接输入向量的长度为 1024，输出为 128

    with tf.name_scope('fc2'):
        w_fc2 = weight_init([128, 2], 'fc2_w')
        b_fc2 = bias_init([2], 'fc2_b')
        # 第二层全连接输入向量的长度为 128，输出为 2
        h_fc2 = tf.matmul(h_fc, w_fc2) + b_fc2
    return h_fc2

def train():
    ''' 训练过程  '''
# 定义一个 global_step 张量，在训练过程中记录训练的步数
    global_step = tf.get_variable('global_step', [],
```

```python
                                    initializer=tf.constant_initializer(0),
                                    trainable=False, dtype=tf.int32)
    batch_size = FLAGS.batch_size
    # 读取之前生成的 TFRecord 文件，得到训练和验证的数据
    train_images, train_labels = inputs("./tfrecord_data/train.tfrecord", batch_size )
    test_images, test_labels = inputs("./tfrecord_data/train.tfrecord", batch_size )
    # 将 label 的数据变成 one_hot 的形式
    train_labels_one_hot = tf.one_hot(train_labels, 2, on_value=1.0, off_value=0.0)
    test_labels_one_hot = tf.one_hot(test_labels, 2, on_value=1.0, off_value=0.0)
    # 因为任务比较简单，故意把学习率调低了，以拉长训练过程
    learning_rate = 0.000001

    with tf.variable_scope("inference") as scope:
        # 进行前向计算
        train_y_conv = inference(train_images)
        # 这里使用 reuse_variables，表示这个变量空间下的变量是按照变量名字共享的
        scope.reuse_variables()
        test_y_conv = inference(test_images)

    # 计算 softmax 损失值
    cross_entropy = tf.reduce_mean(
        tf.nn.softmax_cross_entropy_with_logits(labels=train_labels_one_hot, logits=train_y_conv))
    # 优化函数采用普通的随机梯度下降优化算法
    optimizer = tf.train.GradientDescentOptimizer(learning_rate)
    # 每执行一次训练，参数 global_step 会自动增加 1
    train_op = optimizer.minimize(cross_entropy, global_step=global_step)
    # 计算训练集的准确率
    train_correct_prediction = tf.equal(tf.argmax(train_y_conv, 1), tf.argmax(train_labels_one_hot, 1))
    train_accuracy = tf.reduce_mean(tf.cast(train_correct_prediction, tf.float32))
    # 计算验证集的准确率
    test_correct_prediction = tf.equal(tf.argmax(test_y_conv, 1), tf.argmax(test_labels_one_hot, 1))
    test_accuracy = tf.reduce_mean(tf.cast(test_correct_prediction, tf.float32))
    # 初始化参数值
    init_op = tf.global_variables_initializer()
    local_init_op = tf.local_variables_initializer()
```

```python
    # 定义保存和装载模型参数的保存器
    saver = tf.train.Saver()
    # 记录训练过程中的损失值和训练数据的准确率
    tf.summary.scalar('cross_entropy_loss', cross_entropy)
    tf.summary.scalar('train_acc', train_accuracy)
    summary_op = tf.summary.merge_all()
    # 设置 GPU 的利用率
    gpu_options = tf.GPUOptions(
      per_process_gpu_memory_fraction=FLAGS.gpu_memory_fraction)
    config = tf.ConfigProto(gpu_options=gpu_options)

    with tf.Session(config=config) as sess:
      # 是重新训练还是从保存的模型中装载参数
      if FLAGS.reload_model == 1:
        ckpt = tf.train.get_checkpoint_state(FLAGS.model_dir)
        saver.restore(sess, ckpt.model_checkpoint_path)
        save_step = int(ckpt.model_checkpoint_path.split('/')[-1].split('-')[-1])
        print("reload model from %s, save_step = %d" % (ckpt.model_checkpoint_path, save_step))
      else:
        print("Create model with fresh paramters.")
        sess.run(init_op)
        sess.run(local_init_op)
      # 定义记录 summary 的 writer
      summary_writer = tf.summary.FileWriter(FLAGS.event_dir, sess.graph)
      # 负责处理读取数据过程中的异常，比如负责清理关闭的线程
      coord = tf.train.Coordinator()
      # 因为是从 TFRecord 文件中用队列的方式读入数据的，所以需要调用 start_queue_
      # runners 开始读取中数据，否则训练过程会一直阻塞
      threads = tf.train.start_queue_runners(sess=sess, coord=coord)
      try:
        while not coord.should_stop():
          # 执行训练过程，会执行前向计算和反向传播的参数更新
          _, g_step = sess.run([train_op, global_step])
          if g_step % 2 == 0:
            # 记录训练过程损失值和训练数据的准确率
            summary_str = sess.run(summary_op)
            summary_writer.add_summary(summary_str, g_step)
          # 记录训练过程损失值和训练数据的准确率
          if g_step % 100 == 0:
            # 经过 100 步，输出训练数据的准确率
            train_accuracy_value, loss = sess.run([train_accuracy, cross_entropy])
```

```
              print("step%dtraining_acc is %.2f,lossis %.4f" % (g_step, train_
accuracy_value, loss))
           if g_step % 1000 == 0:
              #经过1000步，输出验证数据的准确率
              test_accuracy_value = sess.run(test_accuracy)
              print("step %d test_acc is %.2f" % (g_step, test_accuracy_value))
           if g_step % 2000 == 0:
              #经过2000步，保存一次模型
              print("save model to %s" % FLAGS.model_dir + "model.ckpt." + str(g_
step) )
              saver.save(sess, FLAGS.model_dir + "model.ckpt", global_step=global_
step)

     except tf.errors.OutOfRangeError:
         pass
     finally:
         coord.request_stop()
     coord.join(threads)

if __name__ == "__main__":
   if not os.path.exists("./tfrecord_data/train.tfrecord") or \
      not os.path.exists("./tfrecord_data/test.tfrecord"):
      gen_tfrecord_data("./data/train", "./data/test/")

   os.environ["CUDA_VISIBLE_DEVICES"] = "0"
   #测试函数
   if not os.path.exists(FLAGS.model_dir):
       os.makedirs(FLAGS.model_dir)
   train()
```

运行程序，得到训练输出如下：

```
Create model with fresh paramters.
step 100 training_acc is 0.80, loss is 0.9136
step 200 training_acc is 0.80, loss is 0.3715
step 300 training_acc is 0.80, loss is 0.2594
step 400 training_acc is 0.90, loss is 0.2100
step 500 training_acc is 0.90, loss is 0.4416
step 600 training_acc is 0.00, loss is 3.6298
step 700 training_acc is 0.00, loss is 3.0820
step 800 training_acc is 0.10, loss is 2.4715
step 900 training_acc is 0.10, loss is 1.8990
step 1000 training_acc is 0.10, loss is 1.4912
step 1000 test_acc is 0.90
...
```

5.4.2 预测 MNIST 数字

【例 5-2】利用 CNN 网络预测系统自带的 MNIST 手写数字。

模型定义的前半部分主要使用 Keras.layers 提供的 Conv2D（卷积）与 MaxPooling2D（池化）函数。

CNN 的输入是维度为 (image_height, image_width, color_channels) 的张量，MNIST 数据集是黑白的，因此只有一个 color_channel(颜色通道)，一般的彩色图片有 3 个（R,G,B），熟悉 Web 前端的同学可能知道，有些图片有 4 个通道 (R,G,B,A)，A 代表透明度。对于 MNIST 数据集，输入的张量维度就是 (28,28,1)，通过参数 input_shape 传给网络的第一层。具体实现步骤如下。

（1）导入必要的编程库。

```
import os
import tensorflow as tf
from tensorflow.keras import datasets, layers, models

class CNN(object):
    def __init__(self):
        model = models.Sequential()
        # 第1层卷积，卷积核大小为3*3，32个，28*28为待训练图片的大小
        model.add(layers.Conv2D(32, (3, 3), activation='ReLU', input_shape=(28, 28, 1)))
        model.add(layers.MaxPooling2D((2, 2)))
        # 第2层卷积，卷积核大小为3*3，64个
        model.add(layers.Conv2D(64, (3, 3), activation='ReLU'))
        model.add(layers.MaxPooling2D((2, 2)))
        # 第3层卷积，卷积核大小为3*3，64个
        model.add(layers.Conv2D(64, (3, 3), activation='ReLU'))

        model.add(layers.Flatten())
        model.add(layers.Dense(64, activation='ReLU'))
        model.add(layers.Dense(10, activation='softmax'))
        model.summary()
        self.model = model
model.summary()  # 用来打印定义的模型的结构
model.summary()
Model: "sequential"
_____
Layer (type)                    Output Shape              Param #
=================================================================
```

```
conv2d (Conv2D)              (None, 178, 178, 16)      448
max_pooling2d (MaxPooling2   (None, 89, 89, 16)        0           D)
conv2d_1 (Conv2D)            (None, 87, 87, 32)        4640
max_pooling2d_1 (MaxPoolin   (None, 43, 43, 32)        0           g2D)
...
dropout_2 (Dropout)          (None, 300)               0
dense_3 (Dense)              (None, 200)               60200
dropout_3 (Dropout)          (None, 200)               0
dense_4 (Dense)              (None, 5)                 1005

=================================================================
Total params: 6202295 (23.66 MB)
Trainable params: 6202295 (23.66 MB)
Non-trainable params: 0 (0.00 Byte)
```

由结果可以看到，每一个 Conv2D 和 MaxPooling2D 层的输出都是一个三维的张量 (height, width, channels)。height 和 width 会逐渐变小。输出的 channel 的个数，是由第一个参数（如 32 或 64）控制的，随着 height 和 width 变小，channel 可以变大（从算力的角度）。

模型的后半部分是定义输出张量的。layers.Flatten 会将三维的张量转化为一维的向量。展开前张量的维度是 (3, 3, 64)，转为一维 (576) 的向量后，紧接着使用 layers.Dense 层，构造 2 层全连接层，逐步将一维向量的位数从 576 变为 64，再变为 10。

后半部分相当于构建了一个隐藏层为 64、输入层为 576、输出层为 10 的神经网络。最后一层的激活函数是 softmax，10 位恰好可以表达 0 ~ 9 共十个数字。

（2）最大值的下标即可代表对应的数字，使用 numpy 可计算出来。

```
import numpy as np
y1 = [0, 0.8, 0.1, 0.1, 0, 0, 0, 0, 0, 0]
y2 = [0, 0.1, 0.1, 0.1, 0.5, 0, 0.2, 0, 0, 0]
np.argmax(y1) # 1
np.argmax(y2) # 4
```

（3）MNIST 数据集预处理（train.py）。

```
class DataSource(object):
    def __init__(self):
        # MNIST 数据集存储的位置，如果不存在将自动下载
        data_path = os.path.abspath(os.path.dirname(__file__)) +
            '/../data_set_tf2/mnist.npz'
```

```
        (train_images, train_labels), (test_images, test_labels) = 
datasets.mnist.load_data(path=data_path)
        # 6 万张训练图片, 1 万张测试图片
        train_images = train_images.reshape((60000, 28, 28, 1))
        test_images = test_images.reshape((10000, 28, 28, 1))
        # 像素值映射到 0 ~ 1
        train_images, test_images = train_images / 255.0, test_images / 255.0

        self.train_images, self.train_labels = train_images, train_labels
        self.test_images, self.test_labels = test_images, test_labels
```

因为 MNIST 数据集国内下载不稳定,所以数据集也同步到了 GitHub 中。

(4)开始训练并保存训练结果。

```
class Train:
    def __init__(self):
        self.cnn = CNN()
        self.data = DataSource()

    def train(self):
        check_path = 'ckpt/cp-{epoch:04d}.ckpt'
        # period 每隔 5epoch 保存一次
        save_model_cb = tf.keras.callbacks.ModelCheckpoint(check_path, 
save_weights_only=True, verbose=1, period=5)
        self.cnn.model.compile(optimizer='adam',
                               loss='sparse_categorical_crossentropy',
                               metrics=['accuracy'])
        self.cnn.model.fit(self.data.train_images, self.data.train_
labels, epochs=5, callbacks=[save_model_cb])
        test_loss, test_acc = self.cnn.model.evaluate(self.data.test_
images, self.data.test_labels)
        print("准确率: %.4f,共测试了 %d 张图片 " % (test_acc, len(self.
data.test_labels)))

if __name__ == "__main__":
    app = Train()
    app.train()
```

执行代码后,会得到以下结果:

```
Model: "sequential_6"
_____
Layer (type)                 Output Shape              Param #
=================================================================
```

```
conv2d_19 (Conv2D)              (None, 26, 26, 32)         320
max_pooling2d_14 (MaxPooli      (None, 13, 13, 32)         0          ng2D)

conv2d_20 (Conv2D)              (None, 11, 11, 64)         18496
max_pooling2d_15 (MaxPooli      (None, 5, 5, 64)           0          ng2D)

conv2d_21 (Conv2D)              (None, 3, 3, 64)           36928
flatten_6 (Flatten)             (None, 576)                0
dense_15 (Dense)                (None, 64)                 36928
dense_16 (Dense)                (None, 10)                 650
=================================================================
Total params: 93322 (364.54 KB)
Trainable params: 93322 (364.54 KB)
Non-trainable params: 0 (0.00 Byte)
准确率：0.9901，共测试了 10000 张图片
```

由结果可以看到，5 轮之后，使用测试集验证，准确率达到了 0.9901。

在第五轮时，模型参数成功保存在了 cp-0005.ckpt 中。接下来就可以加载保存的模型参数，恢复整个卷积神经网络，进行真实图片的预测。

（5）图片预测。

```python
import TensorFlow as tf
from PIL import Image
import numpy as np

from train import CNN
class Predict(object):
    def __init__(self):
        latest = tf.train.latest_checkpoint('./ckpt')
        self.cnn = CNN()
        # 恢复网络权重
        self.cnn.model.load_weights(latest)

    def predict(self, image_path):
        # 以黑白方式读取图片
        img = Image.open(image_path).convert('L')
        img = np.reshape(img, (28, 28, 1)) / 255.
        x = np.array([1 - img])
        y = self.cnn.model.predict(x)

        # 因为 x 只传入了一张图片，取 y[0] 即可
        # np.argmax() 取得最大值的下标，即代表的数字
```

```
            print(image_path)
            print(y[0])
            print(' -> Predict digit', np.argmax(y[0]))

if __name__ == "__main__":
    app = Predict()
    app.predict('0.png')
    app.predict('1.png')
    app.predict('4.png')
```

运行程序，输出如下：

```
../test_images/0.png
[1. 0. 0. 0. 0. 0. 0. 0. 0. 0.]
         -> Predict digit 0
../test_images/1.png
[0. 1. 0. 0. 0. 0. 0. 0. 0. 0.]
         -> Predict digit 1
../test_images/4.png
[0. 0. 0. 0. 1. 0. 0. 0. 0. 0.]
         -> Predict digit 4
```

5.5 NLP 的卷积

5.5.1 NLP 卷积概述

观察一个给定句子的矩阵表示，会发现其类似于在图像卷积中卷积的图像，因此可以用与图像类似的方式将卷积应用于 NLP，前提是可以将文本表示为矩阵。

首先考虑使用这种方法的基础，当查看 n-gram 时，发现句子中单词的上下文取决于它前面的单词和后面的单词，因此若以捕获一个单词与其周围单词的关系的方式对一个句子进行卷积，理论上可以检测语言中的模式并更好地对句子进行分类。

值得注意的是，文本分类卷积与图像的卷积略有不同。在图像矩阵中，希望捕获单个像素相对于它周围的上下文，而在一个句子中，希望捕获整个词向量的上下文相对于它周围的其他向量。因此在 NLP 中，希望在整个词向量上执行卷积，而不是在词向量内，如图 5-15 所示。

"The"	4	5	3	2	7
"book"	5	8	4	0	8
"was"	4	3	8	5	9
"very"	2	5	1	8	1
"good"	7	5	6	9	0

图 5-15 词向量

首先图 5-15 为代表句子的单个词向量。

然后在矩阵上应用（2×n）卷积（其中 n 为词向量的长度，实例中 n=5）。可以使用（2×n）滤波器对四个不同的词向量进行卷积，从而减少为四个输出。这类似于二元词模型，在一个五个单词的句子中有四个可能的二元词，如图 5-16 所示。

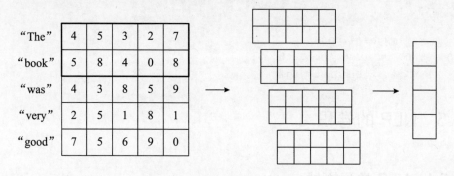

图 5-16 词向量卷积成二元组

同样，可以对任意数量的 n-gram 执行此操作，例如，n=3 的效果如图 5-17 所示。

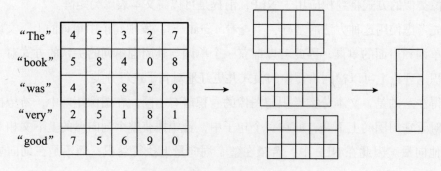

图 5-17 词向量卷积成 n-gram

它的优势在于：像这样的卷积模型是没有数量限制的，可以对 n-gram 进行卷积，还可

同时对多个不同的 *n*-gram 进行卷积,因此为了同时捕获二元组和三元组,可以如图 5-18 这样设置模型。

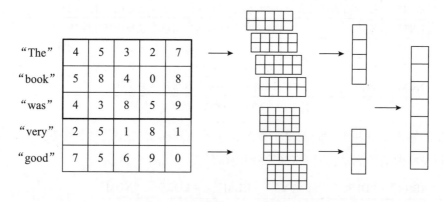

图 5-18　词向量卷积为二元组和三元组

如其他算法一样,NLP 的 CNN 具有前面所述的优点,但也存在以下相应缺点。

(1) 在图像的 CNN 中,假设一个给定的像素可能与周围的像素相关是合理的。当应用于 NLP 时,这个假设是部分正确的,单词可以在语义上相关,即使它们彼此不直接接近;句首的词可以与句尾的词相关。

(2) 虽然 RNN 模型能通过长期记忆依赖来检测这种关系,但 CNN 可能不行,因为 CNN 只能捕获目标单词周围单词的上下文。

尽管有上述缺点,但用于 NLP 的 CNN 已被证明在某些任务中表现非常出色,即使语言假设不一定成立。可以说,使用 CNN 进行 NLP 的主要优势是速度和效率。卷积可以在 GPU 上轻松实现,从而可实现快速并行计算和训练。另外,捕获单词间关系的方式也更加有效。在真正的 *n*-gram 模型中,模型必须学习每个 *n*-gram 的单独表示,而在 CNN 模型中,只需学习卷积核,它会自动提取给定词向量之间的关系。

5.5.2　用于文本分类的 CNN

本小节例子的目标是构建一个多类文本分类的 CNN。在多类问题中,一个特定的例子只能被归为几个类中的一个。如果一个例子可以被分为许多不同的类别,那么这为多标签分类。

1. 定义多类分类数据集

实例将查看 TREC 数据集 (Text REtrieval Conference(TREC) QA Data),这是用于评估模型文本分类任务性能的常用数据集。该数据集由一系列问题组成,每个问题都属于训练模型中学习分类的六大语义类别之一。这六类如图 5-19 所示。

标签	描述	实例说明
ABBR	缩小	BUD 代表什么？
DESC	描述和抽象概念	农奴制是如何在俄罗斯发展并随后消失的？
ENTY	实体	大力水手道尔这个角色出现在哪些电影中？
HUM	哈夫曼	哪一位重量级拳击手被称为潘帕斯草原的野牛？
LOC	位置	按字母顺序排列的美国哪个州排在最后？
NUM	数值	一场比赛的最高本垒打数是多少？

图 5-19　TPEC 数据集中的语义类别

模型的输出是 0 和 1 之间的单个预测，多类预测模型先返回六个可能类别中每一个的概率。假设所做的预测是针对具有最高预测值的类，如图 5-20 所示。

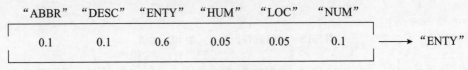

图 5-20　预测值

通过这种方式，模型现在能对多个类别执行分类任务，并且不再局限于 0 或 1 二分类。具有多个模型类别可能会在预测方面受到影响，因为有更多不同的类别需要区分。在二分类模型中，假设有一个平衡的数据集，如果只是执行随机猜测，则模型具有 50% 的准确率，而多类如有五个不同类别的模型的基线准确率仅为 20%，但这只能说明多类模型的准确率远低于 100%，并不意味着模型本身不擅长预测。在这种情况下，一个有 50% 准确率的模型被表现得非常好。

2. 创建迭代器加载数据

从 TorchText 包中获取数据，这样做不仅具有用于模型训练的数据集的优点，而且还允许使用内置函数轻松标记矢量化句子。

（1）首先从 TorchText 导入数据和数据集函数。

```
from torchtext import data
from torchtext import datasets
```

（2）接着，创建一个可以与 TorchText 包一起使用的字段和标签字段。这些是处理数据的初始步骤。

```
questions = data.Field(tokenize = 'spacy', batch_first = True)
labels = data.LabelField(dtype = torch.float)
```

在 TorchText 中，使用 spacy 包自动标记输入句子，spacy 由英文索引组成，任何单词都会转换为相关的标记，因此需要安装 spacy 才能使代码正确运行。

```
pip3 install spacy
python3 -m spacy download en
```

（3）使用 TorchText 中的 TREC 数据集传递问题和标签字段，以相应地处理数据集。接着调用 split 函数，自动将数据集划分为训练集和验证集。

```
train_data, _ = datasets.TREC.splits(questions, labels)
train_data, valid_data = train_data.split()
```

可以通过简单地调用训练集数据在 Python 中查看数据集：

```
train_data
```

此处处理的是 TorchText 数据集对象，因此输出如图 5-21 所示。

```
<torchtext.data.dataset.Dataset at 0x1332b4e50>
```

图 5-21　TorchText 对象的输出

可以调用 .examples 参数查看数据集对象内的个人数据，例如：

```
train_data.examples[0].text
```

运行程序，输出如图 5-22 所示。

```
['What',
 'amount',
 'of',
 'money',
 'did',
 'the',
 'Philippine',
 'ex',
 '-',
 'dictator',
 'Marcos',
 'steal',
 'from',
 'the',
 'treasury',
 '?']
```

图 5-22　数据集对象中的数据

运行标签代码：

```
train_data.examples[0].label
```

输出如下：

```
'NUM'
```

从输出结果可以看出，输入数据由一个标记化的句子组成，标签由分类的类别组成。此外，还可以检测训练集和验证集的大小，其代码如下：

```
print(len(train_data))
print(len(valid_data))
```

输出如下：

```
3816
1636
```

输出结果表明，训练集与验证集比率为30%～70%。

神经网络不会将原始文本作为输入，因此必须找到方法将其转化为某种形式的嵌入表示，实现代码如下：

```
questions.build_vocab(train_data,
                      vectors = "glove.6B.200d",
                      unk_init = torch.Tensor.normal_)
labels.build_vocab(train_data)
```

从以上代码中可以看到，通过使用build_vocab函数将问题和标签作为训练数据传递，可以构建一个由200维GLoVe向量组成的词汇表。

下面通过调用以下命令查看词汇表：

```
questions.vocab.vectors
```

输出的张量内容如图5-23所示。

```
tensor([[-0.5928,  1.9557, -0.4180,  ..., -0.1732, -1.0009, -0.7655],
        [-1.1752, -1.5180,  1.7845,  ...,  0.4673, -1.0432,  0.5888],
        [ 0.3911,  0.4019, -0.1505,  ..., -0.0348,  0.0798,  0.5031],
        ...,
        [-0.4949, -0.1262, -1.1698,  ...,  0.5565,  0.5634,  0.5782],
        [ 0.5741, -0.4343, -0.1119,  ...,  0.7629,  0.3831, -0.1570],
        [-0.2597,  0.6716,  0.5353,  ...,  1.6765,  0.3301, -0.1003]])
```

图 5-23　输出的张量内容

接着，为训练和验证数据创建单独的迭代器。先指定一个设备，以便能够使用支持CUDA的GPU更快地训练模型。然后指定迭代器返回的批次大小，此处设为64。可以尝试使用不同的批次大小，批次大小可能会影响训练速度以及模型收敛到全局最优值的速度。

```
device = torch.device('cuda' if torch.cuda.is_available() else 'cpu')
train_iterator, valid_iterator = data.BucketIterator.splits(
    (train_data, valid_data),
```

```
        batch_size = 64,
        device = device)
```

（4）构建 CNN 模型。

- 构建 CNN 结构，将模型定义为继承自 nn.Module 的类：

```
class CNN(nn.Module):
    def __init__(self, vocab_size, embedding_dim, n_filters, filter_sizes, output_dim, dropout, pad_idx):
        super().__init__()
```

- 单独定义网络中的层，从嵌入层开始：

```
self. embedding = nn. Embedding(vocab_size, embedding_dim, padding_idx = pad_idx)
```

嵌入层包含词汇表中每个可能单词的嵌入，层的大小是词汇表的长度和嵌入向量的长度。实例中使用的是 200 维 GLoVe 向量，因此长度设为 200。同时必须传递填充索引，用于填充句子，使它们的长度都相同。

- 定义网络中的卷积层：

```
self.convs = nn.ModuleList([nn.Conv2d(in_channels = 1,
    out_channels = n_filters,
    kernel_size = (fs, embedding_dim))
    for fs in filter_sizes])
```

- 若希望在输入数据上训练几个不同大小的不同卷积层，则使用 nn.ModuleList，下面代码分别定义了每一层：

```
self.conv_2 = nn.Conv2d(in_channels = 1,
    out_channels = n_filters,
    kernel_size = (2, embedding_dim))
self.conv_3 = nn.Conv2d(in_channels = 1,
    out_channels = n_filters,
    kernel_size = (3, embedding_dim))
```

以上代码中，过滤器大小分别为 2 和 3，且在单个函数中执行此操作更有效。此外，如果每一层将不同的过滤器大小传递给函数，则它将自动生成，而不是每次添加新层时都必须手动定义每一层。

首先，将 out_channels 值定义为训练的过滤器的数量；kernel_size 将包含嵌入的长度。因此可以向 ModuleList 函数传递训练的过滤器的长度和每个过滤器的数量，它会自动生成卷积层。卷积层查找给定变量集的过程如图 5-24 所示。

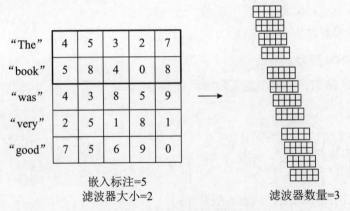

图 5-24 查找变量集的卷积层

接下来，在 CNN 初始化中定义剩余的层，其中线性层对数据进行分类，Dropout 层规范网络。

```
self.fc = nn.Linear(len(filter_sizes) * n_filters, output_dim)
self.dropout = nn.Dropout(dropout)
```

然后，与所有的神经网络一样，定义前向传递：

```
def forward(self, text):
emb = self.embedding(text).unsqueeze(1)
conved = [F.ReLU(c(emb)).squeeze(3) for c in self.convs]
pooled = [F.max_pool1d(c, c.shape[2]).squeeze(2) for c in conved]
concat = self.dropout(torch.cat(pooled, dim = 1))
return self.fc(concat)
```

以上代码中，先将输入文本通过嵌入层，获得句子中所有单词的嵌入。接下来，应用一个 ReLU 激活函数将嵌入句子传递到每个先前定义的卷积层，压缩结果，并删除结果输出的第四维。由于对定义的所有卷积层都重复了此操作，因此 conved 包含在所有卷积层的输出列表中。

将池化层的所有输出连接在一起并应用一个 Dropout 函数，然后将其传递给最终全连接层实现类预测。下面定义超参数并使用它们创建 CNN 类的实例：

```
input_dimensions = len(questions.vocab)
output_dimensions = 6
embedding_dimensions = 200
pad_index = questions.vocab.stoi[questions.pad_token]
number_of_filters = 100
filter_sizes = [2,3,4]
dropout_pc = 0.5
```

```
model = CNN(input_dimensions, embedding_dimensions, number_of_filters,
filter_sizes, output_dimensions, dropout_pc, pad_index)
```

初始化模型后,需要将权重加载到嵌入层中:

```
glove_embeddings = questions.vocab.vectors
model.embedding.weight.data.copy_(glove_embeddings)
```

运行程序,输出效果如图 5-25 所示。

```
tensor([[-0.5928,  1.9557, -0.4180,  ..., -0.1732, -1.0009, -0.7655],
        [-1.1752, -1.5180,  1.7845,  ...,  0.4673, -1.0432,  0.5888],
        [ 0.3911,  0.4019, -0.1505,  ..., -0.0348,  0.0798,  0.5031],
        ...,
        [-0.4949, -0.1262, -1.1698,  ...,  0.5565,  0.5634,  0.5782],
        [ 0.5741, -0.4343, -0.1119,  ...,  0.7629,  0.3831, -0.1570],
        [-0.2597,  0.6716,  0.5353,  ...,  1.6765,  0.3301, -0.1003 ]])
```

图 5-25　降低 Dropout 后的张量输出

当模型不包含嵌入层中的未知标记时,要考虑模型处理实例以及模型如何将填充(由零组成的向量)应用于输入句子,确保这些零值张量与嵌入向量长度相同,实例中向量长度为 200。

```
unknown_index = questions.vocab.stoi[questions.unk_token]
model.embedding.weight.data[unknown_index] = torch.zeros(embedding_dimensions)
model.embedding.weight.data[pad_index] = torch.zeros(embedding_dimensions)
```

最后,定义优化器和标准(损失)函数。

```
optimizer = torch.optim.Adam(model.parameters())
criterion = nn.CrossEntropyLoss().to(device)
model = model.to(device)
```

(5)训练 CNN。

首先,定义一个名为 multi_accuracy 的函数:

```
def multi_accuracy(preds, y):
    pred = torch.max(preds,1).indices
    correct = (pred == y).float()
    acc = correct.sum() / len(correct)
    return acc
```

以上代码中,模型使用 torch.max 函数为所有预测返回具有最高值的索引,并定义训练函数。最初将 epoch 的损失和准确率设置为 0,然后调用 model.train() 更新训练模型时需

要更新的参数:

```
def train(model, iterator, optimizer, criterion):
    epoch_loss = 0
    epoch_acc = 0
    model.train()
```

接着,遍历迭代器中的每批数据并执行训练步骤。首先将梯度归零,以防止从前一批次计算累积梯度。然后,使用模型的当前状态从当前批次的句子中进行预测,将其与标签进行比较以计算损失。最后,实现反向传播损失,通过梯度下降更新权重并逐步通过优化器:

```
for batch in iterator:
    optimizer.zero_grad()
    preds = model(batch.text).squeeze(1)
    loss = criterion(preds, batch.label.long())
    acc = multi_accuracy(preds, batch.label)
    loss.backward()
    optimizer.step()
```

将批次损失和准确率添加到整个时期的总损失和准确率中。循环之后 epoch 内的所有批次,计算 epoch 的总损失和准确率并返回:

```
epoch_loss += loss.item()
epoch_acc += acc.item()
total_epoch_loss = epoch_loss / len(iterator)
total_epoch_accuracy = epoch_acc / len(iterator)
return total_epoch_loss, total_epoch_accuracy
```

可以定义一个名为 eval 的函数,并在验证数据上调用,以计算模型在尚未训练的数据集上训练的性能。

```
model.eval()
with torch.no_grad():
```

需要作两个关键的补充。
- 这两个步骤将模型设置为评估模式,忽略任何 Dropout 函数,并确保不计算和更新梯度。
- 只需结合数据迭代器在循环中调用训练和评估函数来训练模型。

下面代码将最低验证损失初始化为无穷大:

```
epochs = 10
lowest_validation_loss = float('inf')
```

定义训练循环。首先，记录训练的开始和结束时间，以便计算每一步需要多长时间。然后，只需使用训练数据迭代器在模型上调用训练函数来计算训练损失和准确率，同时更新模型。最后，使用验证迭代器上的评估函数重复此过程，以计算验证数据的损失和准确率，但不更新模型：

```
for epoch in range(epochs):
    start_time = time.time()
    train_loss, train_acc = train(model, train_iterator, optimizer, criterion)
    valid_loss, valid_acc = evaluate(model, valid_iterator,criterion)
    
    end_time = time.time()
```

确定模型在当前 epoch 之后是否优于迄今为止表现最好的模型：

```
if valid_loss < lowest_validation_loss:
    lowest_validation_loss = valid_loss
    torch.save(model.state_dict(), 'cnn_model.pt')
```

如果此 epoch 之后的损失低于迄今为止的最低验证损失，就将该验证损失设置为新的最低验证损失，保存当前的模型权重，并打印每个 epoch：

```
print(f'Epoch: {epoch+1:02} | Epoch Time: {int(end_time - start_time)}s')
print(f'\tTrain Loss: {train_loss:.3f} | Train Acc: {train_acc*100:.2f}%')
print(f'\t Val. Loss: {valid_loss:.3f} | Val. Acc: {valid_acc*100:.2f}%')
```

运行程序，输出效果如图 5-26 所示。

```
Epoch: 01 | Epoch Time: 7s
        Train Loss: 1.198 | Train Acc: 52.22%
         Val. Loss: 0.859 |  Val. Acc: 69.83%
Epoch: 02 | Epoch Time: 7s
        Train Loss: 0.750 | Train Acc: 73.97%
         Val. Loss: 0.667 |  Val. Acc: 76.32%
Epoch: 03 | Epoch Time: 8s
        Train Loss: 0.515 | Train Acc: 83.02%
         Val. Loss: 0.555 |  Val. Acc: 79.85%
```

图 5-26 测试模型输出效果

从图 5-26 的结果可看出，每个 epoch 后训练和验证损失都下降了，准确率上升了，表明模型的确是在学习，经过多次训练后，可以得到最好的模型并使用它来进行预测。

3. 使用经过训练的 CNN 进行预测

首先，使用 load_state_dict 函数加载最好的模型：

```
model.load_state_dict(torch.load(' cnn_model.pt '))
```

输出如下：

```
<All keys matched successfully>
```

接着，定义一个函数，将一个句子作为输入，对其进行预处理，将其传递给模型，并返回一个预测：

```
def predict_class(model, sentence, min_len = 5):
    tokenized = [tok.text for tok in nlp.tokenizer(sentence)]
    if len(tokenized) < min_len:
        tokenized += ['<pad>'] * (min_len - len(tokenized))
    indexed = [questions.vocab.stoi[t] for t in tokenized]
    tensor = torch.LongTensor(indexed).to(device)
    tensor = tensor.unsqueeze(0)
```

以上代码将输入句子传递给标记器以获取标记列表，如果它低于最小句子长度，则在该句子中添加填充。

最后，进行预测：

```
model.eval()
prediction = torch.max(model(tensor),1).indices.item()
pred_index = labels.vocab.itos[prediction]
    return pred_index
```

以上代码中，首先将模型设置为评估模式。然后将句子张量传递给模型并获得长度为 6 的预测向量，该向量由六个类别中的每一个类别的单独预测组成。最后获取最大预测值的索引，并在标签索引中使用它来返回预测类的名称。

进行预测只需在任何给定句子上调用 predict_class 函数即可：

```
pred_class = predict_class(model, "How many roads must a man walk down?")
print('预测的类为：' + str(pred_class))
```

运行程序，返回以下预测：

```
预测的类为：NUM
```

至此已经成功训练了一个多类 CNN，它可以定义任何给定问题的类别。

第 6 章 几种经典的卷积神经网络

CHAPTER 6

第 5 章已对最基本的卷积神经网络的相关概念、结构、训练及应用进行了介绍。那么使用一个更复杂的卷积神经网络来进行高准确的图像识别是否就足够呢？答案是：不够，因此本章接下来介绍几种常见的、更复杂的卷积神经网络。

6.1 AlexNet

AlexNet 是 Hinton 的学生 Alex Krizhevsky 提出的，是在最基本的卷积神经网络上加入了很多新的技术点，比如首次将 ReLU 激活函数、Dropout、LRN 等技巧应用到卷积神经网络中，并使用了 GPU 加速计算。

6.1.1 AlexNet 的结构

整个 AlexNet 共有 8 层，前 5 层为卷积层，后 3 层为全连接层，如图 6-1 所示。最后一层是有 1000 类输出的 softmax 层，用作分类。LRN 层出现在第一个及第二个卷积层后，而最大池化层出现在两个 LRN 层及最后一个卷积层后。ReLU 激活函数则应用在这 8 层每一层的后面。

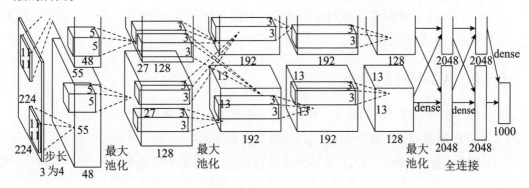

图 6-1　AlexNet 结构

图 6-1 所示模型的基本参数如下。

输入：224×224 大小的图片，3 通道。

- 第一层卷积：11×11 的卷积核 96 个，两个 GPU 上各 48 个。
- 第一层最大池化（MaxPooling）：2×2 的核。
- 第二层卷积：5×5 的卷积核 256 个，两个 GPU 上各 128 个。
- 第二层 MaxPooling：2×2 的核。
- 第三层卷积：与上一层是全连接，3×3 的卷积核 384 个，两个 GPU 上各 192 个。
- 第四层卷积：3×3 的卷积核 384 个，两个 GPU 上各 192 个，该层与上一层连接没有经过 Pooling 层。
- 第五层卷积：3×3 的卷积核 256 个，两个 GPU 上各 128 个。
- 第五层 MaxPooling：2×2 的核。
- 第一层全连接：4096 维，将第五层 MaxPooling 的输出连接成为一个一维向量，作为该层的输入。
- 第二层全连接：4096 维。
- softmax 层：输出为 1000，输出的每一维都是图片属于该类别的概率。

AlexNet 中主要使用到的技术点如下。

- 使用 ReLU 作为 CNN 的激活函数，并验证了其效果在较深的网络上超过了 sigmoid，成功解决了 sigmoid 在网络较深时的梯度弥散问题。
- 训练时使用 Dropout 随机忽略一部分神经元，以避免模型过拟合。
- 此前 CNN 中普遍使用平均池化，AlexNet 全部使用最大池化，避免平均池化的模糊化效果。并且 AlexNet 提出让步长比池化核的尺寸小，这样池化层的输出之间会有重叠和覆盖，提升了特征的丰富性。
- 提出了 LRN 层，对局部神经元的活动创建竞争机制，使得其中响应比较大的值变得相对更大，并抑制其他反馈较小的神经元，增强了模型的泛化能力。
- 使用 CUDA 加速深度卷积网络的训练，利用 GPU 强大的并行计算能力处理神经网络训练时大量的矩阵运算。

6.1.2 AlexNet 的亮点

在一般卷积神经网络的基础上，AlexNet 有哪些亮点呢？主要表现如下方面。

（1）GPU 加速：首次利用 GPU 进行网络加速训练。

（2）ReLU 激活函数的引入：采用修正线性单元（ReLU）的深度卷积神经网络的训练

时间比等价的 tanh 单元要快几倍。而时间开销是模型训练过程中很重要的考量因素之一。同时，ReLU 有效防止了过拟合现象的出现。ReLU 激活函数的高效性与实用性，使得它在深度学习框架中占有重要地位。

（3）层叠池化操作：以往池化的大小 PoolingSize 与步长 stride 一般是相等的。例如：图像大小为 256×256，PoolingSize=2×2，stride=2，这样可以使图像或 FeatureMap 大小缩小为 1/2 变为 128，此时池化过程没有发生层叠。但是 AlexNet 采用了层叠池化操作，即 PoolingSize > stride。这种操作非常像卷积操作，可以使相邻像素间产生信息交互和保留必要的联系。

（4）LRN 局部响应归一化：使用了 LRN 局部响应归一化，对局部神经元的活动创建竞争机制，使得其中响应较大的值变得相对更大，并抑制其他较小的神经元，增强了模型的泛化能力。

（5）Dropout 操作：会将概率小于 0.5 的每个隐层神经元的输出设为 0，即去掉了一些神经节点，起到了防止过拟合的作用。那些"失活的"神经元不再进行前向传播并且不参与反向传播。这个技术减少了复杂的神经元之间的相互影响。

提示：通过使用 Dropout 的方式在网络正向传播的过程中随机失活一部分神经元，即随机减少网络的部分参数，可以减少过拟合，如图 6-2 所示。

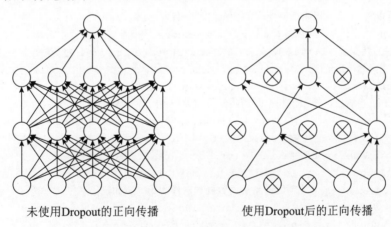

未使用Dropout的正向传播　　　使用Dropout后的正向传播

图 6-2　使用 Dropout 与不使用 Dropout 传播方式对比

（6）网络层数的增加：与原始的 LeNet 相比，AlexNet 结构更深，LeNet 为 5 层，AlexNet 为 8 层。在随后神经网络的发展过程中，AlexNet 逐渐让研究人员认识到网络深度对性能的巨大影响。

6.1.3　AlexNet 的实现

本小节通过一个实例来演示利用 TensorFlow 实现 AlexNet。

【例 6-1】 利用 TensorFlow 实现 AlexNet。

```python
# 首先导入几个需要使用的库
import tensorflow as tf

tf.compat.v1.disable_eager_execution()
from datetime import datetime
import math
import time

# 这里设置一个 batch 为 30，共 100 个 batch 的数据
batch_size = 30
num_batch  = 100
# 定义了一个可以打印每一层的名称(t.op.name)并以列表的方式打印输入的尺寸信息
def print_activation(t):
    print(t.op.name,'\n',t.get_shape().as_list())

# 设计网络结构，以图片作为输入
def Alexnet_structure(images):
    # 定义一个列表
    parameters = []
    # 定义第一层卷积层
    # 可以将 scope 段内所有定义的变量自动命名为 conv1/xxx
    with tf.name_scope('conv1') as scope:
  # 第一层的卷积核，11*11*3，共 64 个，tf.truncated_normal 为一种设置正态分布的方法
        kernel = tf.Variable(tf.compat.v1.truncated_normal([11,11,3,64],
dtype=tf.float32,stddev=1e-1),name='weigths')
# 设置第一层卷积层，卷积核是上面初始化后的卷积核，步长为 4*4，填充为 SAME
        conv   = tf.nn.conv2d(images,kernel,[1,4,4,1],padding='SAME')
        # 设置第一层的偏置，初始值为 0
        biases = tf.Variable(tf.constant(0.0,shape=[64],
dtype=tf.float32),trainable=True,name='biases')
        # 设置 w*x+b，之后用激活函数处理，作为第一层的输出
        W_x_plus_b = tf.nn.bias_add(conv,biases)
        conv1  = tf.nn.ReLU(W_x_plus_b,name=scope)
        # 启用最开始定义的打印层信息的函数，把输出尺寸打印出来
        print_activation(conv1)
        parameters += [kernel,biases]
        #LRN 层与 PCA 的效果差不多，PCA 实现的是降维，保留主要的特征
        # LRN 实现的是将主要特征的贡献放大，将不重要的特征缩小
        # 由于效果并不明显，且运行速度减至原来的 1/3，所以很多神经网络已经放弃了加入 LRN 层
        #lrn1=tf.nn.lrn(conv1,4,bias=1.0,alpha=0.001/9,beta=0.75,name='lrn1')
        #pool1=tf.nn.max_pool(lrn1,ksize=[1,3,3,1],strides=[1,2,2,1],
padding='VALID',name='pool1')
```

```python
        pool1=tf.nn.max_pool(conv1,ksize=[1,3,3,1],strides=[1,2,2,1],padding='VALID',name='pool1')
        print_activation(pool1)

    # 定义第二个网络层
    with tf.name_scope('conv2')as scope:
        # 定义卷积核 5*5, 192 个
        kernel = tf.Variable(tf.compat.v1.truncated_normal([5,5,64,192],dtype=tf.float32,stddev=1e-1),name='weigtths')
        # 定义了一个卷积操作，步长为1，经过这次卷积后图像尺寸没有改变
        conv = tf.nn.conv2d(pool1, kernel, [1, 1, 1, 1], padding= 'SAME')
        biases = tf.Variable(tf.constant(0.0,shape=[192],dtype=tf.float32),trainable=True,name='biases')
        W_x_plus_b  = tf.nn.bias_add(conv, biases)
        # 同样用了 ReLU 激活函数
        conv2  = tf.nn.ReLU(W_x_plus_b, name=scope)
        parameters += [kernel, biases]
        print_activation(conv2)
        #lrn2 = tf.nn.lrn(conv2, 4, bias=1.0, alpha=0.001 / 9, beta=0.75, name='lrn2')
        #pool2 = tf.nn.max_pool(lrn2, ksize=[1, 3, 3, 1], strides=[1, 2, 2, 1], padding='VALID',
        #name='pool2')
        # 池化层，3*3，步长为2*2，池化后由 [32, 27, 27, 192] 变为 [32, 13, 13, 192]
        # 每一层第一个参数为 32，这个是 batch_size，即每次送入的图片的数目
        pool2 = tf.nn.max_pool(conv2, ksize=[1, 3, 3, 1], strides=[1, 2, 2, 1], padding='VALID', name='pool2')
        print_activation(pool2)

    # 定义第三层卷积层
    with tf.name_scope('conv3')as scope:
        kernel = tf.Variable(tf.compat.v1.truncated_normal([3, 3, 192, 384], dtype=tf.float32, stddev=1e-1), name='weigtths')
        conv= tf.nn.conv2d(pool2, kernel, [1, 1, 1, 1], padding='SAME')
        biases =tf.Variable(tf.constant(0.0,shape=[384],dtype=tf.float32),trainable=True,name='biases')
        W_x_plus_b  = tf.nn.bias_add(conv, biases)
        conv3  = tf.nn.ReLU(W_x_plus_b, name=scope)
        parameters += [kernel, biases]
        print_activation(conv3)

    # 定义第四层卷积层
    with tf.name_scope('conv4')as scope:
        kernel = tf.Variable(tf.compat.v1.truncated_normal([3, 3, 384, 256], dtype=tf.float32,
```

```python
                      stddev=1e-1), name='weigtths')
            conv= tf.nn.conv2d(conv3, kernel, [1, 1, 1, 1], padding='SAME')
            biases = tf.Variable(tf.constant(0.0,shape=[256],dtype=tf.float32),
trainable=True,name='biases')
            W_x_plus_b  = tf.nn.bias_add(conv, biases)
            conv4 = tf.nn.ReLU(W_x_plus_b, name=scope)
            parameters += [kernel, biases]
            print_activation(conv4)

        # 定义第五层卷积层
        with tf.name_scope('conv5') as scope:
            kernel = tf.Variable(tf.compat.v1.truncated_normal([3, 3, 256,
256], dtype=tf.float32, stddev=1e-1), name='weigtths')
            conv = tf.nn.conv2d(conv4, kernel, [1, 1, 1, 1], padding='SAME')
            biases = tf.Variable(tf.constant(0.0,shape=[256],dtype=tf.float32),
trainable=True,name='biases')
            W_x_plus_b  = tf.nn.bias_add(conv, biases)
            conv5 = tf.nn.ReLU(W_x_plus_b, name=scope)
            parameters += [kernel, biases]
            print_activation(conv5)
            # 根据原网络设计,第五层卷积层后紧跟一个池化层
            pool5 = tf.nn.max_pool(conv5, ksize=[1, 3, 3, 1], strides=[1,
2, 2, 1], padding='VALID', name='pool5')
            print_activation(pool5)
            return pool5,parameters

    # 评估 Alexnet 每轮计算时间的函数
    def time_Alexnet_run(session,target,info_string):
        num_steps_burn_in = 10
        total_duration   = 0.0
        total_duration_squared = 0.0
        for i in range(num_batch+num_steps_burn_in):
            start_time = time.time()
            tar = session.run(target)
            duration = time.time()-start_time
            if i >= num_steps_burn_in:
                if not i%10:
                    print('%s:step %d,duration=%.3f'%(datetime.now(),i-num_
steps_burn_in,duration))
                total_duration+=duration
                total_duration_squared+=duration*duration
        mn=total_duration/num_batch
        vr=total_duration_squared/num_batch-mn*mn
        sd=math.sqrt(vr)
```

```
        print('%s:s% accoss %d steps,%.3f +/-%.3f sec/batch ' %
(datetime.now(), info_string,num_batch,mn,sd))

# 主函数
def main():
    with tf.Graph().as_default():
        image_size = 224
        images = tf.Variable(tf.compat.v1.random_normal([batch_size,image_size,image_size,3],
dtype=tf.float32,stddev=1e-1))
        pool5 , parmeters = Alexnet_structure(images)
        # 初始化所有变量
        init  = tf.compat.v1.global_variables_initializer()
        sess  = tf.compat.v1.Session()
        sess.run(init)
        # 统计计算时间
        time_Alexnet_run(sess,pool5,"Forward")
        objective = tf.nn.l2_loss(pool5)
        grad      = tf.gradients(objective,parmeters)
        time_Alexnet_run(sess,grad,"Forward-backward")
        print(len(parmeters))
main()
```

运行程序，输出如下：

```
conv1
 [32, 56, 56, 64]
conv1/pool1
 [32, 27, 27, 64]
conv2
 [32, 27, 27, 192]
conv2/pool2
 [32, 13, 13, 192]
conv3
 [32, 13, 13, 384]
conv4
 [32, 13, 13, 256]
conv5
 [32, 13, 13, 256]
conv5/pool5
 [32, 6, 6, 256]
2024-01-10 09:40:55.368721:step 0,duration=0.224
2024-01-10 09:40:57.354407:step 10,duration=0.192
2024-01-10 09:40:59.425872:step 20,duration=0.224
```

```
2024-01-10 09:41:01.811506:step 30,duration=0.246
2024-01-10 09:41:04.067460:step 40,duration=0.257
2024-01-10 09:41:06.314453:step 50,duration=0.182
2024-01-10 09:41:08.631861:step 60,duration=0.203
2024-01-10 09:41:10.834868:step 70,duration=0.219
2024-01-10 09:41:12.944152:step 80,duration=0.203
2024-01-10 09:41:16.158816:step 90,duration=0.187
2024-01-10 09:41:17.887553:s'Forward'ccoss 100 steps,0.227 +/-0.066 sec/batch
2024-01-10 09:41:27.755306:step 0,duration=1.022
2024-01-10 09:41:37.116608:step 10,duration=0.640
2024-01-10 09:41:43.338878:step 20,duration=0.583
2024-01-10 09:41:49.508584:step 30,duration=0.609
2024-01-10 09:41:58.066179:step 40,duration=0.568
2024-01-10 09:42:04.645808:step 50,duration=0.588
2024-01-10 09:42:11.121382:step 60,duration=0.640
2024-01-10 09:42:17.443707:step 70,duration=0.531
2024-01-10 09:42:23.489975:step 80,duration=0.547
```

6.2 DeepID 网络

DeepID 网络结构是由香港中文大学的 Sun Yi 开发出来用来学习人脸特征的卷积神经网络。每张输入的人脸被表示为 160 维的向量，学习到的向量经过其他模型进行分类，在人脸验证试验上得到了 97.45% 的正确率，更进一步地，原作者改进了 CNN，又得到了 99.15% 的正确率。如图 6-3 所示，该结构与 ImageNet 的具体参数类似，下面只解释一下不同的部分。

图 6-3 中的结构，在最后只有一层全连接层，然后就是 Softmax 层。文中就是以该全连接层作为图像的表示。在全连接层，以第四层卷积和第三层最大池化（MaxPooling）的输出作为全连接层的输入，这样可以学习到局部的和全局的特征。

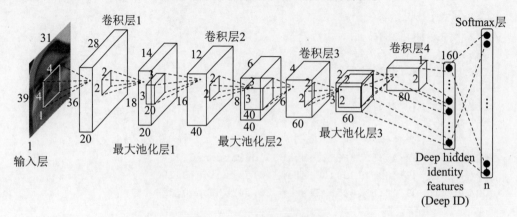

图 6-3　DeepID 网络结构

6.3 VGGNet

VGGNet 是计算机视觉组（Visual Geometry Group）和谷歌 DeepMind 公司的研究员一起研究的深度卷积神经网络。VGGNet 探索了卷积神经网络深度与性能之间的关系，通过反复堆叠 3×3 的小型卷积核和 2×2 的最大池化层，VGGNet 成功地构筑了 16～19 层（这里指的是卷积层和全连接层）深度卷积神经网络。到目前为止，VGGNet 主要用来进行提取图像特征。

6.3.1 VGGNet 的特点

以常用的 VGG16 为例，VGGNet 的特点如下：

- 整个网络有 5 段卷积，每一段内有 2～3 个卷积层，且每一层的卷积核的数量一样。各段中每一层的卷积核数量依次为：64、128、256、512、512。
- 都使用了同样大小的卷积核尺寸（3×3）和最大池化尺寸（2×2），卷积过程中使用 SAME 模式，所以不改变 feature_map 的分辨率。网络通过 2×2 的池化核以及 stride=2 的步长，每一次可以使分辨率降低到原来的 1/4，即长宽均变为原来的 1/2。
- 网络的参数量主要消耗在全连接层上，不过训练比较耗时的依然是卷积层。

6.3.2 VGGNet 的结构

VGGNet 拥有 5 段卷积，每一段内有 2～3 个卷积层，同时每段尾部会连接一个最大池化层用来缩小图片尺寸。每段内的卷积核数量一样，越靠后的段的卷积核数量越多，从开始的 64 个卷积核一直到最后的 512 个卷积核。

其中经常出现多个完全一样的 3×3 卷积层堆叠在一起的情况，这是非常有用的设计。如图 6-4 所示，两个 3×3 的卷积层串联相当于一个 5×5 的卷积层，即一个像素会与周围 5×5 的像素产生关联，可以说感受野大小为 5×5，而三个 3×3 的卷积层串联的效果则相当于一个 7×7 的卷积层。除此之外，三个串联的 3×3 的卷积层，拥有比一个 7×7 的卷积层更少的参数量，只有后者的 55% $\left(\dfrac{3\times3\times3}{7\times7}=\dfrac{27}{49}\approx0.55\right)$。最重要的是，三个 3×3 的卷积层拥有比一个 7×7 的卷积层更多的非线性变换，而这使得 CNN 对特征的学习能力更强。

一个精简版的 VGGNet 结构如图 6-5 所示。

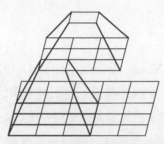

图 6-4　两个串联的 3×3 的卷积层功能类似于一个 5×5 的卷积层

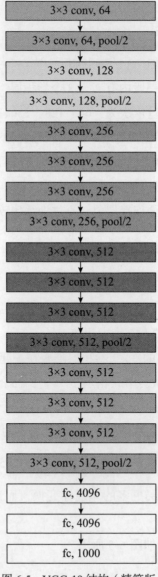

图 6-5　VGG-19 结构（精简版）

6.3.3 VGGNet 的实现

前面已对 VGGNet 的特点、结构等内容进行了介绍，下面通过一个实例来演示 VGGNet 的实现。

图 6-6 为 6 组 VGG 网络结构图，从 A 到 E，网络层数（只计算权重层）逐渐增加（图中的加黑字体表示比前一个网络增加或不同的地方），其中较为出名的为 VGG-16（图中 D）和 VGG-19（图中 E）。

卷积网络配置					
A	A-LRN	B	C	D	E
11权重层	11权重层	13权重层	16权重层	16权重层	19权重层
输入（224×224 RGB图像）					
卷积3-64	卷积3-64 LRN	卷积3-64 卷积3-64	卷积3-64 卷积3-64	卷积3-64 卷积3-64	卷积3-64 卷积3-64
最大池化					
卷积3-128	卷积3-128	卷积3-128 卷积3-128	卷积3-128 卷积3-128	卷积3-128 卷积3-128	卷积3-128 卷积3-128
最大池化					
卷积3-256 卷积3-256	卷积3-256 卷积3-256	卷积3-256 卷积3-256	卷积3-256 卷积3-256 卷积1-256	卷积3-256 卷积3-256 卷积3-256	卷积3-256 卷积3-256 卷积3-256 卷积3-256
最大池化					
卷积3-512 卷积3-512	卷积3-512 卷积3-512	卷积3-512 卷积3-512	卷积3-512 卷积3-512 卷积1-512	卷积3-512 卷积3-512 卷积3-512	卷积3-512 卷积3-512 卷积3-512 卷积3-512
最大池化					
卷积3-512 卷积3-512	卷积3-512 卷积3-512	卷积3-512 卷积3-512	卷积3-512 卷积3-512 卷积1-512	卷积3-512 卷积3-512 卷积3-512	卷积3-512 卷积3-512 卷积3-512 卷积3-512
最大池化					
全连接-4096					
全连接-4096					
全连接-1000					
Softmax					

图 6-6　VGG 网络结构

从图中可看出网络结构很规整，输入图像大小为 224×224×3，经过多次卷积（图中卷积层的定义为 conv<kernel size>-<number of channels>），然后接最大池化层，这几组网络使用相同结构的三个全连接层：两个具有 4096 个神经元的全连接层和一个具有 1000 个神经元的输出层。

各个网络的测试结果如图 6-7 所示。

ConvNet配置	最小图像边缘		前1个值误差	前5个值误差
	训练(S)	测试(Q)		
A	256	256	29.6%	10.4%
A-LRN	256	256	29.7%	10.5%
B	256	256	28.7%	9.9%
C	256	256	28.1%	9.4%
	384	384	28.1%	9.3%
	[256;512]	384	27.3%	8.8%
D	256	256	27.0%	8.8%
	384	384	26.8%	8.7%
	[256;512]	384	25.6%	8.1%
E	256	256	27.3%	9.0%
	384	384	26.9%	8.7%
	[256;512]	384	25.5%	8.0%

图 6-7 各个网络的测试结果

根据网络测试结果，有以下结论。

- A 与 A-LRN 表明，使用 LRN 无法提高准确率，增加 LRN 层反而增加了错误率，且带来更多的内存和计算时间的消耗，因此后续的网络结构中，均不采用 LRN。
- B 与 C 表明，增加 1×1 的卷积，可以提高准确率，原因在于卷积会提高非线性，增加模型的决策能力。此外，针对网络 B，试验结果表明，使用小卷积核的准确率提高了 7%，由此可认为使用小卷积核训练更深的网络比使用大卷积核训练较浅的网络更加有效。
- C 与 D，将 1×1 的卷积替换为 3×3 的卷积，可以提高准确率，原因在于使用 3×3 的卷积会比 1×1 的卷积获取更多的空间特性。
- D 与 E，当网络结构增加至 19 层时，准确率的提高似乎到达了极限，此时需要使用更多的训练数据来提高准确率。试验表明，训练时使用随机缩放的一种实现方式，能获得更好的效果。
- 从 A 到 E，随着网络层数的增加，准确率在逐步提升，因此可以认为加深网络模型，有助于提高分类精度。

使用 TensorFlow 实现网络结构的代码如下：

```python
#!/usr/bin/python
""" 使用 TensorFlow 实现 VGGNet 结构 """
import numpy as np
import TensorFlow as tf
from TensorFlow.keras.layers import Conv2D,MaxPool2D,Dropout,Activation,Flatten,Dense
from TensorFlow.keras import Model
import os
# 设置 VGG 配置，分别对应 'A','B','D','E' 模型
vgg_cfgs = {
'vgg11':[64,'MaxPooling',128,'MaxPooling',256,256,'MaxPooling',512,512,'MaxPooling',512,512,'MaxPooling'],
'vgg13':[64,64,'MaxPooling',128,128,'MaxPooling',256,256,'MaxPooling',512,512,'MaxPooling',512,512,'MaxPooling'],
'vgg16':[64,64,'MaxPooling',128,128,'MaxPooling',256,256,256,'MaxPooling',512,512,512,'MaxPooling',512,512,512,'MaxPooling'],
'vgg19':[64,64,'MaxPooling',128,128,'MaxPooling',256,256,256,256,'MaxPooling',512,512,512,512,'MaxPooling',512,512,512,512,'MaxPooling']
}
def vggnet(model_name='vgg16',im_height=224,im_width=224,class_num=1000):
    if model_name in vgg_cfgs.keys():
        inputs = tf.keras.Input(shape=(im_height,im_width,3),name='Input-0')
        x = inputs
        conv_k,maxppool_k = 1,1
        for k,cfg in enumerate(vgg_cfgs[model_name]):
            if cfg=='MaxPooling':
                x = MaxPool2D(pool_size=2,strides=2,name='MaxPooling-'+str(maxppool_k))(x)
                maxppool_k += 1
            else:
                x = Conv2D(filters=cfg,kernel_size=3,padding='same',activation='ReLU',name='Conv3-'+str(cfg)+'-'+str(conv_k))(x)
                conv_k += 1
        x = Flatten(name='Flatten')(x)
        x = Dense(units=4096,activation='ReLU',name='Dense-1')(x)
        x = Dropout(rate=0.5,name='Dropout-1')(x)
        x = Dense(units=4096,activation='ReLU',name='Dense-2')(x)
        x = Dropout(rate=0.5,name='Dropout-2')(x)
        outputs = Dense(units=class_num,activation='softmax',name='Output-1')(x)
        return Model(inputs=inputs,outputs=outputs,name=model_name.upper())
    else:
```

```
            print('模型名不存在,请检测')
            return None
model = vggnet(model_name='vgg16')
model.summary()
```

运行程序,输出如下:

```
Model: "VGG16"

_____
Layer (type)                 Output Shape              Param #
=================================================================
Input-0 (InputLayer)         [(None, 224, 224, 3)]     0
Conv3-64-1 (Conv2D)          (None, 224, 224, 64)      1792
Conv3-64-2 (Conv2D)          (None, 224, 224, 64)      36928
MaxPooling-1 (MaxPooling2D   (None, 112, 112, 64)      0       )
Conv3-128-3 (Conv2D)         (None, 112, 112, 128)     73856
Conv3-128-4 (Conv2D)         (None, 112, 112, 128)     147584
MaxPooling-2 (MaxPooling2D   (None, 56, 56, 128)       0       )
Conv3-256-5 (Conv2D)         (None, 56, 56, 256)       295168
Conv3-256-6 (Conv2D)         (None, 56, 56, 256)       590080
Conv3-256-7 (Conv2D)         (None, 56, 56, 256)       590080
MaxPooling-3 (MaxPooling2D   (None, 28, 28, 256)       0       )
Conv3-512-8 (Conv2D)         (None, 28, 28, 512)       1180160
Conv3-512-9 (Conv2D)         (None, 28, 28, 512)       2359808
Conv3-512-10 (Conv2D)        (None, 28, 28, 512)       2359808
MaxPooling-4 (MaxPooling2D   (None, 14, 14, 512)       0       )
Conv3-512-11 (Conv2D)        (None, 14, 14, 512)       2359808
Conv3-512-12 (Conv2D)        (None, 14, 14, 512)       2359808
Conv3-512-13 (Conv2D)        (None, 14, 14, 512)       2359808
MaxPooling-5 (MaxPooling2D   (None, 7, 7, 512)         0       )
Flatten (Flatten)            (None, 25088)             0
Dense-1 (Dense)              (None, 4096)              102764544
Dropout-1 (Dropout)          (None, 4096)              0
Dense-2 (Dense)              (None, 4096)              16781312
Dropout-2 (Dropout)          (None, 4096)              0
Output-1 (Dense)             (None, 1000)              4097000
=================================================================
Total params: 138357544 (527.79 MB)
Trainable params: 138357544 (527.79 MB)
Non-trainable params: 0 (0.00 Byte)
_____
```

VGGNet 的模型参数虽然比 AlexNet 多,但需要较少的迭代次数就可以收敛,其主要原因是更深的网络和更小的卷积核带来的隐式的正则化效果。VGGNet 因其相对不算很高的复杂度和优秀的分类性能，而成为一个经典的卷积神经网络。

6.4 Inception Net

谷歌提出的 Inception Net 有好几个版本，从 v1 到 v4。它的最大特点是在控制了计算量和参数量的同时，获得了非常好的分类性能。

6.4.1 Inception Net 的原理

因为参数越多，模型越庞大，需要借模型学习的数据量就越大，耗费的计算资源也越多。Inception Net v1 在减少参数数量的同时，加深了模型的层数，表达能力更强。其主要的做法如下。①去除了最后的全连接层，用全局平均池化层（即将图片尺寸变为 1×1）来取代它。全连接层几乎占据了 AlexNet 或 VGGNet 中 90% 的参数量，而且会引起过拟合，去除全连接层后，模型训练更快并且减轻了过拟合。②用精心设计的 Inception Module 提高了参数的利用率。Inception Module 本身如同大网络中的一个小网络，其结构可以反复堆叠在一起形成大网络，如图 6-8 所示。

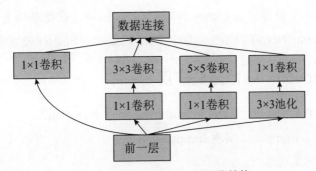

图 6-8　Inception Net v1 的网络结构

图 6-9 为原始版本，所有的卷积核都在上一层的所有输出上来做，此时 5×5 的卷积核所需的计算量就太大了，造成特征图厚度很大（此处厚度是指每个卷积核的卷积结果都会生成一个对原始图片进行卷积的图，多个卷积结果叠加的结构称作"厚度"）。为了避免这一现象，后来提出的 Inception Net 具有如下结构：在 3×3 前、5×5 前、最大池化后分别加上了 1×1 的卷积核，这样可以起到降低特征图厚度的作用，这也是 Inception Net v1 的网络结构。

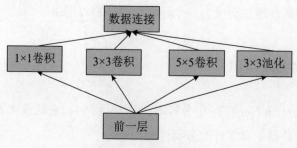

图 6-9　原始版本

Inception Net v2 模型中，一方面加入了 BN（Batch Normalization）层，使每一层的输出都规范化到均值为 0、方差为 1；另一方面，学习 VGG 网络用两个 3×3 的卷积替代 Inception 模块中的 5×5，既降低了参数数量，又可以加速计算。

Inception Net v3 模型中一个最重要的改进是分解，将 7×7 分解成两个一维的卷积——1×7 和 7×1，将 3×3 分解为两个一维的卷积——1×3 和 3×1，这样做的好处是既可以加速计算（多余的计算能力可以用来加深网络），又可以将一个卷积拆成两个卷积，使得网络深度进一步增加，增加了网络的非线性。

将 Inception Net 和残差网络相结合，会发现残差网络的结构可以极大地加速训练，同时性能也有所提升，于是得到了 Inception-ResNet v2 网络，在此基础上，还设计了一个更深、更优化的 Inception Net v4 模型，其能达到与 Inception-ResNet v2 相媲美的性能。

6.4.2　Inception Net 的经典应用

本小节通过一个实例来演示利用 TensorFlow2 实现 Inception Net。

【例 6-2】利用 TensorFlow2 实现 Inception Net。

（1）导入必要的编程库。

```
import tensorflow as tf
import numpy as np
from matplotlib import pyplot as plt
from TensorFlow.keras.layers import Conv2D, batchNormalization, Activation, MaxPool2D, Dropout, Flatten, Dense, \
    GlobalAveragePooling2D
from TensorFlow.keras import Model
```

（2）下载数据集并处理。

```
# 解决 numpy 输出有省略号的问题，可以完整输出内容
np.set_printoptions(threshold=np.inf)
```

```
fashion = tf.keras.datasets.fashion_mnist
(x_train, y_train), (x_test, y_test) = fashion.load_data()
x_train, x_test = x_train / 255.0, x_test / 255.0
print("x_train.shape", x_train.shape)
# 给数据增加一个维度，使数据和网络结构匹配
x_train = x_train.reshape(x_train.shape[0], 28, 28, 1)
x_test = x_test.reshape(x_test.shape[0], 28, 28, 1)
print("x_train.shape", x_train.shape)

x_train.shape (60000, 28, 28)
x_train.shape (60000, 28, 28, 1)
```

（3）定义 ConvBNReLU 函数。

```
class ConvBNReLU(Model):
    def __init__(self, ch, kernelsz=3, strides=1, padding='same'):
        super(ConvBNReLU, self).__init__()
        self.model = tf.keras.models.Sequential([
            Conv2D(ch, kernelsz, strides=strides, padding=padding),
            batchNormalization(),
            Activation('ReLU')
        ])

    def call(self, x):
        #training=False 时，BN 通过整个训练集计算均值、方差去做批归一化，training=True 时，
        # 通过当前 batch 的均值、方差去做批归一化，实验证明，training=False 效果更好
        x = self.model(x, training=False)
        return x
```

（4）定义 Inception 结构块。

```
# 通过设定小于输入特征图深度的 1*1 卷积核的个数，减少了特征图深度，起到了降维的作用
class InceptionBlk(Model):
    def __init__(self, ch, strides=1):
        super(InceptionBlk, self).__init__()
        self.ch = ch
        self.strides = strides
        # 第一分支：16 个 1*1 卷积核，步长为 1，全 0 填充
        self.c1 = ConvBNReLU(ch, kernelsz=1, strides=strides)
        # 第二分支：16 个 1*1 卷积核降维和 16 个 3*3 卷积核
        self.c2_1 = ConvBNReLU(ch, kernelsz=1, strides=strides)
        self.c2_2 = ConvBNReLU(ch, kernelsz=3, strides=1)
        # 第三分支：16 个 1*1 卷积核降维和 16 个 5*5 卷积核
```

```python
            self.c3_1 = ConvBNReLU(ch, kernelsz=1, strides=strides)
            self.c3_2 = ConvBNReLU(ch, kernelsz=5, strides=1)
            # 第四分支：3*3 最大池化核和 16 个 1*1 卷积核降维
            self.p4_1 = MaxPool2D(3, strides=1, padding='same')
            self.c4_2 = ConvBNReLU(ch, kernelsz=1, strides=strides)
    def call(self, x):
        x1 = self.c1(x)
        x2_1 = self.c2_1(x)
        x2_2 = self.c2_2(x2_1)
        x3_1 = self.c3_1(x)
        x3_2 = self.c3_2(x3_1)
        x4_1 = self.p4_1(x)
        x4_2 = self.c4_2(x4_1)

        # 卷积连接器，按深度方向堆叠构成 inception 结构块的输出
        x = tf.concat([x1, x2_2, x3_2, x4_2], axis=3)
        return x
```

（5）搭建 Inception Net。

```python
class Inception10(Model):
    def __init__(self, num_blocks, num_classes, init_ch=16, **kwargs):
        super(Inception10, self).__init__(**kwargs)
        self.in_channels = init_ch
        self.out_channels = init_ch
        self.num_blocks = num_blocks
        self.init_ch = init_ch
        # 网络第一层，16 个 3*3 卷积核
        self.c1 = ConvBNReLU(init_ch)
        self.blocks = tf.keras.models.Sequential()
        #4 个 inception 结构块顺序相连，每两个结构块组成一个 block
        for block_id in range(num_blocks):
            #block_0 的通道数为 16，经过四个分支输出的深度为 4*16=64
            #block_1 的通道数为 32，经过四个分支输出深度为 4*32=128
            for layer_id in range(2):
                if layer_id == 0:
                    # 每个 block 中的第一个 inception 结构块的卷积步长是 2，输出
                    # 特征图尺寸减半
                    block = InceptionBlk(self.out_channels, strides=2)
                else:
                    # 第二个 inception 结构块的卷积步长是 1
                    block = InceptionBlk(self.out_channels, strides=1)
                self.blocks.add(block)
            # 加深输出特征图深度，尽可能保证特征抽取中信息的承载量一致
```

```
                # 通道数加倍，故 block_1 的通道数是 block_0 的通道数的两倍
                self.out_channels *= 2
        # 平均池化
        self.p1 = GlobalAveragePooling2D()
        #10 个分类的全连接
        self.f1 = Dense(num_classes, activation='softmax')

    def call(self, x):
        x = self.c1(x)
        x = self.blocks(x)
        x = self.p1(x)
        y = self.f1(x)
        return y
```

（6）实例化 Inception Net，指定 2 个 block，10 分类。

```
model = Inception10(num_blocks=2, num_classes=10)
# 编译模型
model.compile(optimizer='adam',
              loss=tf.keras.losses.SparseCategoricalCrossentropy(from_logits=False),
              metrics=['sparse_categorical_accuracy'])
#validation_data指定测试集，validation_freq指定测试频率（多少epoch进行一次验证）
history = model.fit(x_train, y_train, batch_size=32, epochs=5, validation_data=(x_test, y_test), validation_freq=1)
# 输出模型各层的参数状况
model.summary()
Train on 60000 samples, validate on 10000 samples
Epoch 1/5
60000/60000 [==============================] - ETA: 0s - loss: 0.6119 - sparse_categorical_accuracy: 0.7669
60000/60000 [==============================] - 93s 2ms/sample - loss: 0.6119 - sparse_categorical_accuracy: 0.7669 - val_loss: 0.4806 - val_sparse_categorical_accuracy: 0.8231
Epoch 2/5
60000/60000 [==============================] - 72s 1ms/sample - loss: 0.3551 - sparse_categorical_accuracy: 0.8690 - val_loss: 0.3317 - val_sparse_categorical_accuracy: 0.8784
Epoch 3/5
60000/60000 [==============================] - 69s 1ms/sample - loss: 0.2947 - sparse_categorical_accuracy: 0.8919 - val_loss: 0.2764 - val_sparse_categorical_accuracy: 0.9028
Epoch 4/5
```

```
   60000/60000 [==============================] - 70s 1ms/sample - loss:
0.2562 - sparse_categorical_accuracy: 0.9054 - val_loss: 0.2768 - val_
sparse_categorical_accuracy: 0.9017
   Epoch 5/5
   60000/60000 [==============================] - 69s 1ms/sample - loss:
0.2325 - sparse_categorical_accuracy: 0.9154 - val_loss: 0.2570 - val_
sparse_categorical_accuracy: 0.9046
   Model: "inception10"
   _____
   Layer (type)                 Output Shape              Param #
   =================================================================
   conv_bn_ReLU (ConvBNReLU)    multiple                  224
   sequential_1 (Sequential)    multiple                  119616
   global_average_pooling2d (   multiple                  0
   GlobalAveragePooling2D)
   dense (Dense)                multiple                  1290
   =================================================================
   Total params: 121130 (473.16 KB)
   Trainable params: 119946 (468.54 KB)
   Non-trainable params: 1184 (4.62 KB)
```

（7）绘制训练集和验证集的准确率 acc 和 loss 曲线。

```
plt.rcParams['font.sans-serif'] = ['SimHei']   #指定默认字体
plt.rcParams['axes.unicode_minus'] =False
#解决保存图像时负号 '-' 显示为方块的问题
#训练集准确率
acc = history.history['sparse_categorical_accuracy']
#验证集准确率
val_acc = history.history['val_sparse_categorical_accuracy']
loss = history.history['loss']
val_loss = history.history['val_loss']

plt.subplot(1, 2, 1)
plt.plot(acc, label=' 训练准确率 ')
plt.plot(val_acc, label=' 验证准确率 ')
plt.title(' 训练与验证准确率 ')
plt.legend()
plt.subplot(1, 2, 2)
plt.plot(loss, label=' 训练损失 ')
plt.plot(val_loss, label=' 验证损失 ')
plt.title(' 训练与验证损失 ')
plt.legend()
plt.show()
```

运行程序，效果如图 6-10 所示。

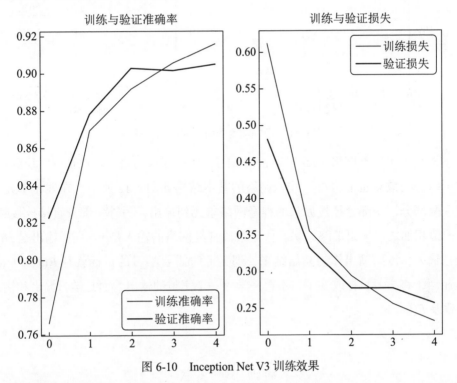

图 6-10　Inception Net V3 训练效果

6.5　ResNet

ResNet（Residual Neural Network）由微软研究院的 Kaiming He 等 4 名华人提出，通过使用 Residual Unit 成功训练 152 层深的神经网络，在 ILSVRC 2015 比赛中获得了冠军，取得 3.57% 的 top-5 错误率，同时参数量却比 VGGNet 低，效果非常突出。ResNet 的结构可以极快地加速超深神经网络的训练，模型的准确率也有非常大的提升。

6.5.1　ResNet 的结构

ResNet 最初的灵感出自这个问题：深度学习网络的深度对最后的分类和识别的效果有着很大的影响，所以正常想法就是把网络设计得越深越好，但事实却不是这样，常规的网络堆叠（plain network）在网络很深的时候，效果反而变差了，即准确率会先上升然后达到饱和，再持续增加深度则会导致准确率下降，如图 6-11 所示。

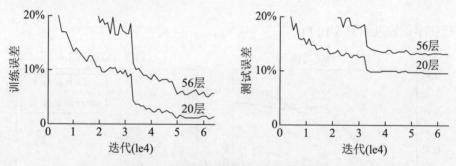

图 6-11 堆叠在深度网络中的迭代过程

ResNet 引入了残差网络（residual network），通过残差网络，可以把网络层弄得很深，最终的网络分类效果也非常好。残差网络的基本结构如图 6-12 所示。在残差单元中，输入分成了两部分，一部分经过原来的神经网络单元到输出，另外一部分直接连接到输出，两部分的值相加之后输出最终结果。假定某段神经网络的输入是 x，期望输出是 $H(x)$，如果直接把输入 x 传到输出作为初始结果，那么此时需要学习的目标就是 $F(x) = H(x) - x$。ResNet 相当于将学习目标改变了，不再是学习一个完整的输出，而是学习输出和输入的差别，即残差 $F(x)$。

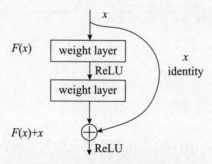

图 6-12 残差网络的基本结构

整个残差网络由很多残差单元组成，如图 6-13 是一个 34 层的残差网络。设计残差网络的原因是：传统网络对深度特别敏感，复杂度随深度增加而急剧增加，而且深度增加后，输出层的残差很难传递到前面几层，导致训练效果在测试集和验证集上的误差都增大。残差网络通过将输入连接到输出这样的"高速通道"，可以让输出层的残差传递得更远，同时可以训练更深的网络，且表现出来的效果更好。

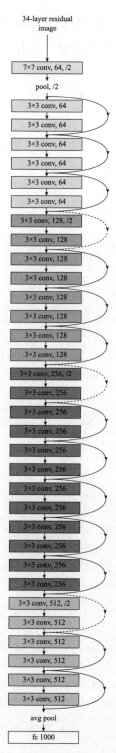

图 6-13　残差网络示意图

在 ResNet 推出后不久，谷歌就借鉴了 ResNet 的精髓，提出了 Inception Net v4 和 Inception-ResNet-v2，并通过融合这两个模型，在 ILSVRC 数据集上实现了惊人的 3.08% 的错误率。

6.5.2 ResNet 的实现

下面通过一个实例来演示 ResNet 的实现，进一步体会 ResNet 的特点。

【例 6-3】利用 TensorFlow 实现 ResNet。

具体实现步骤如下。

（1）搭建 BasicBlock 模块。

```python
import torch
import torch.nn as nn

class BasicBlock(nn.Module):
    expansion = 1

    def __init__(self, in_channel, out_channel, stride=1, downsample=None):
        super(BasicBlock, self).__init__()

        # 使用 BN 层是不需要使用 bias 的，bias 最后会抵消掉
        self.conv1 = nn.Conv2d(in_channel, out_channel, kernel_size=3, padding=1, stride=stride, bias=False)
        self.bn1 = nn.batchNorm2d(out_channel)
        # BN 层，BN 层放在 conv 层和 ReLU 层中间使用
        self.conv2 = nn.Conv2d(out_channel, out_channel, kernel_size=3, padding=1, bias=False)
        self.bn2 = nn.batchNorm2d(out_channel)
        self.downsample = downsample
        self.ReLU = nn.ReLU(inplace=True)

    # 前向传播
    def forward(self, X):
        identity = X
        Y = self.ReLU(self.bn1(self.conv1(X)))
        Y = self.bn2(self.conv2(Y))
        if self.downsample is not None:
        # 保证原始输入 X 的 size 与主分支卷积后输出的 size 叠加时维度相同
            identity = self.downsample(X)

        return self.ReLU(Y + identity)
```

（2）搭建 BottleNeck 模块。

```python
class BottleNeck(nn.Module):
    """ 搭建 BottleNeck 模块 """
    # BottleNeck 模块最终输出的 out_channel 是 Residual 模块输入 in_channel 的
    # size 的 4 倍 (Residual 模块输入为 64)，shortcut 分支 in_channel 为 Residual
    # 的输入 64，因此需要在 shortcut 分支上将 Residual 模块的 in_channel 扩张 4 倍，
    # 使之与原始输入图片 X 的 size 一致
    expansion = 4

    def __init__(self, in_channel, out_channel, stride=1, downsample=None):
        super(BottleNeck, self).__init__()
        # 默认原始输入为 256，经过 7*7 层和 3*3 之后 BottleNeck 的输入降至 64
        self.conv1 = nn.Conv2d(in_channel, out_channel, kernel_size=1, bias=False)
        self.bn1 = nn.batchNorm2d(out_channel)
        # BN 层，BN 层放在 conv 层和 ReLU 层中间使用
        self.conv2 = nn.Conv2d(out_channel, out_channel, kernel_size=3, stride=stride, padding=1, bias=False)
        self.bn2 = nn.batchNorm2d(out_channel)
        self.conv3 = nn.Conv2d(out_channel, out_channel * self.expansion, kernel_size=1, bias=False)
        self.bn3 = nn.batchNorm2d(out_channel * self.expansion)
        # Residual 中第三层 out_channel 扩张到 in_channel 的 4 倍
        self.downsample = downsample
        self.ReLU = nn.ReLU(inplace=True)

    # 前向传播
    def forward(self, X):
        identity = X

        Y = self.ReLU(self.bn1(self.conv1(X)))
        Y = self.ReLU(self.bn2(self.conv2(Y)))
        Y = self.bn3(self.conv3(Y))
        if self.downsample is not None:
            # 保证原始输入 X 的 size 与主分支卷积后输出的 size 叠加时维度相同
            identity = self.downsample(X)

        return self.ReLU(Y + identity)
```

（3）搭建 ResNet-layer 通用框架。

```python
class ResNet(nn.Module):
    # num_classes 是训练集的分类个数，include_top 是在 ResNet 的基础上搭建更加复
```

```python
        # 杂的网络时才会用到，此处用不到
    def __init__(self, residual, num_residuals, num_classes=1000, include_top=True):
        super(ResNet, self).__init__()

        self.out_channel = 64
        # 输出通道数（即卷积核个数），会生成与设定的输出通道数相同的卷积核个数
        self.include_top = include_top
        self.conv1 = nn.Conv2d(3, self.out_channel, kernel_size=7, stride=2, padding=3,bias=False)
                            # 3 表示输入特征图像的RGB通道数为3，即图片数据的输入通道为3
        self.bn1 = nn.batchNorm2d(self.out_channel)
        self.ReLU = nn.ReLU(inplace=True)
        self.maxpool = nn.MaxPool2d(kernel_size=3, stride=2, padding=1)
        self.conv2 = self.residual_block(residual, 64, num_residuals[0])
        self.conv3 = self.residual_block(residual, 128, num_residuals[1], stride=2)
        self.conv4 = self.residual_block(residual, 256, num_residuals[2], stride=2)
        self.conv5 = self.residual_block(residual, 512, num_residuals[3], stride=2)
        if self.include_top:
            self.avgpool = nn.AdaptiveAvgPool2d((1, 1))    # output_size = (1, 1)
            self.fc = nn.Linear(512*residual.expansion, num_classes)

        # 对conv层进行初始化操作
        for m in self.modules():
            if isinstance(m, nn.Conv2d):
                nn.init.kaiming_normal_(m.weight, mode='fan_out', nonlinearity='ReLU')
            elif isinstance(m, (nn.batchNorm2d, nn.GroupNorm)):
                nn.init.constant_(m.weight, 1)
                nn.init.constant_(m.bias, 0)

    def residual_block(self, residual, channel, num_residuals, stride=1):
        downsample = None
        # 用在每个conv_x组块的第一层的shortcut分支上，此时上个conv_x输出
        #out_channel与本conv_x所要求的输入in_channel通道数不同，所以用downsample进行升维，
        # 使输出out_channel调整到本conv_x后续处理所要求的维度。同时stride=2进行下采样减小尺寸
        #size，（注：conv2时没有进行下采样，conv3～5进行下采样，size=56、28、14、7）。
        if stride != 1 or self.out_channel != channel * residual.expansion:
```

```python
                    downsample = nn.Sequential(
                        nn.Conv2d(self.out_channel, channel * residual.expansion,
 kernel_size=1, stride=stride, bias=False),
                        nn.batchNorm2d(channel * residual.expansion))

            block = []    # block 列表保存某个 conv_x 组块里 for 循环生成的所有层
            # 添加每一个 conv_x 组块里的第一层，第一层决定此组块是否需要下采样（后续层不
            # 需要）
            block.append(residual(self.out_channel, channel, downsample=
 downsample, stride=stride))
            self.out_channel = channel * residual.expansion
                                        # 输出通道 out_channel 扩张

            for _ in range(1, num_residuals):
                block.append(residual(self.out_channel, channel))

            # 非关键字参数的特征是一个星号（*）加上参数名，比如 *number，定义后，
            #number 可以接收任意数量的参数，并将它们存储在一个 tuple 中
            return nn.Sequential(*block)

    # 前向传播
    def forward(self, X):
        Y = self.ReLU(self.bn1(self.conv1(X)))
        Y = self.maxpool(Y)
        Y = self.conv5(self.conv4(self.conv3(self.conv2(Y))))

        if self.include_top:
            Y = self.avgpool(Y)
            Y = torch.flatten(Y, 1)
            Y = self.fc(Y)

        return Y
```

（4）搭建 ResNet-34、ResNet-50 模型。

```python
# 构建 ResNet-34 模型
def resnet34(num_classes=1000, include_top=True):
    return ResNet(BasicBlock, [3, 4, 6, 3], num_classes=num_classes,
 include_top=include_top)

# 构建 ResNet-50 模型
def resnet50(num_classes=1000, include_top=True):
    return ResNet(BottleNeck, [3, 4, 6, 3], num_classes=num_classes,
 include_top=include_top)
```

```
# 模型网络结构可视化
net = resnet34()
```

(5) 网络结构可视化。

```
# 使用 torchsummary 中的 summary 查看模型的输入输出形状、顺序结构、网络参数量、网络
# 模型大小等信息
from torchsummary import summary

device = torch.device("cuda" if torch.cuda.is_available() else "cpu")
model = net.to(device)
summary(model, (3, 224, 224))    #3 是 RGB 通道数,表示输入 224*224 的 3 通道的数据

# 使用 torchviz 中的 make_dot 生成模型的网络结构,PDF 图包括计算路径、网络各层的权重、
# 偏移量
from torchviz import make_dot

X = torch.rand(size=(1, 3, 224, 224))    #3 是 RGB 通道数,表示输入 224 * 224 的
                                         #3 通道的数据
Y = net(X)
vise = make_dot(Y, params=dict(net.named_parameters()))
vise.view()
```

运行程序,输出如下:

```
----------------------------------------------------------------
        Layer (type)               Output Shape         Param #
================================================================
            Conv2d-1         [-1, 64, 112, 112]           9,408
       batchNorm2d-2         [-1, 64, 112, 112]             128
              ReLU-3         [-1, 64, 112, 112]               0
         MaxPool2d-4           [-1, 64, 56, 56]               0
            Conv2d-5           [-1, 64, 56, 56]          36,864
       batchNorm2d-6           [-1, 64, 56, 56]             128
              ReLU-7           [-1, 64, 56, 56]               0
            Conv2d-8           [-1, 64, 56, 56]          36,864
               ...
          ReLU-114            [-1, 512, 7, 7]               0
    BasicBlock-115            [-1, 512, 7, 7]               0
        Conv2d-116            [-1, 512, 7, 7]       2,359,296
   batchNorm2d-117            [-1, 512, 7, 7]           1,024
          ReLU-118            [-1, 512, 7, 7]               0
        Conv2d-119            [-1, 512, 7, 7]       2,359,296
```

```
        batchNorm2d-120            [-1, 512, 7, 7]           1,024
             ReLU-121              [-1, 512, 7, 7]               0
       BasicBlock-122              [-1, 512, 7, 7]               0
 AdaptiveAvgPool2d-123              [-1, 512, 1, 1]               0
           Linear-124                  [-1, 1000]         513,000
================================================================
Total params: 21,797,672
Trainable params: 21,797,672
Non-trainable params: 0
----------------------------------------------------------------
Input size (MB): 0.57
Forward/backward pass size (MB): 96.29
Params size (MB): 83.15
Estimated Total Size (MB): 180.01
----------------------------------------------------------------
```

第 7 章 循环神经网络及语言模型

CHAPTER 7

本章来学习循环神经网络（Recurrent Neural Network，RNN），它是一个具有记忆功能的网络。这种网络最适合解决连续序列问题，善于从具有一定顺序意义的样本与样本间学习规律。

7.1 循环神经网络概述

循环神经网络是自然语言处理（Natural Language Processing，NLP）应用的一种网络模型。不同于传统的前馈神经网络（Feed-forwad Neural Network，FNN），循环神经网络在网络中引入了定性循环，信号从一个神经元传递到另一个神经元并不会马上消失，而是继续存活，这也是循环神经网络名称的由来。

在传统的神经网络中，输入层到输出层的每层都是全连接的，但是层内部的神经元之间没有连接，这种网络结构应用到文本处理时会有难度。例如，要预测某个单词的下一个单词是什么，就需要用到前面的单词。循环神经网络的解决方式是，隐藏层的输入不仅包括上一层的输出，还包括上一时刻该隐藏层的输出。理论上，循环神经网络能够包含前面任意多个时刻的状态，但实践中，为了降低训练的复杂性，一般只处理前面几个状态的输出。

循环神经网络的特点在于它是按时间顺序展开的，下一步会受该步处理的影响，网络模型如图 7-1 所示。

循环神经网络的训练也是使用误差反向传播（Back Propagation，BP）算法，并且参数 w_1、w_2 和 w_3 是共享的。但是，其在反向传播中，不仅依赖当前层的网络，还依赖前面若干层的网络，这种算法称为随机时间反向传播（Back Propagation Through Time，BPTT）算法。BPTT 算法是 BP 算法的扩展，可以将加载在网络上的时序信号按层展开，这样就使得前馈神经网络的静态网络转化为动态网络。

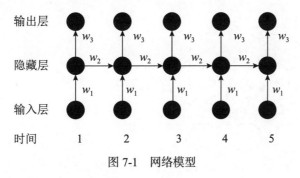

图 7-1 网络模型

7.1.1 循环神经网络的原理

在 RNNs 中引入定向循环，能够处理输入之间前后关联的问题。定向循环结构如图 7-2 所示。

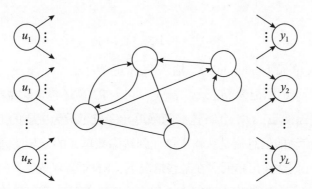

图 7-2 定向循环结构

RNN 适合用来处理序列数据。在传统的神经网络模型中，从输入层到隐藏层再到输出层，层与层之间是全连接的，但每层之间的节点是无连接的。这种普通的神经网络对于很多问题无能为力。例如，要预测句子的下一个单词是什么，一般需要用到前面的单词，因为一个句子中前后单词并不是独立的。RNN 之所以称为循环神经网络，就是因为一个序列当前的输出与前面的输出也有关。具体的表现形式为网络会对前面的信息进行记忆并应用于当前输出的计算中，即隐藏层之间的节点不再是无连接而是有连接的，并且隐藏层的输入不仅包括输入层的输出，还包括上一时刻隐藏层的输出。理论上，RNN 能够处理任何长度的序列数据。但是在实践中，为了降低复杂性往往假设当前的状态只与前面的几个状态相关，图 7-3 便是一个典型的 RNN。

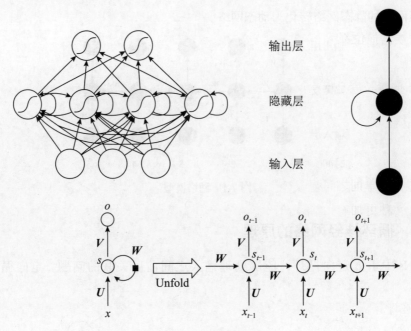

图 7-3 一个典型的 RNN

RNN 包含输入单元（input unit），输入集标记为 $\{x_0, x_1, \cdots, x_t, x_{t+1}, \cdots\}$，而输出单元（output unit）的输出集则标记为 $\{o_0, o_1, \cdots, o_t, o_{t+1}, \cdots\}$。RNN 还包含隐藏单元（hidden unit），其输出集标记为 $\{s_0, s_1, \cdots, s_t, s_{t+1}, \cdots\}$，这些隐藏单元完成了最为主要的工作。观察图 7-3 会发现：有一条单向流动的信息流是从输入单元到达隐藏单元的，与此同时另一条单向流动的信息流从隐藏单元到达输出单元。在某些情况下，RNN 会打破后者的限制，引导信息从输出单元返回隐藏单元，这被称为"Back Projection"，并且隐藏层的输入还包括上一隐藏层的状态，即隐藏层内的节点可以自连也可以互连。

图 7-3 将循环神经网络展开成一个全神经网络。例如，对一个包含 5 个单词的语句，展开的网络便是一个五层的神经网络，每一层代表一个单词。对于该网络的计算过程如下。

（1）x_t 表示第 t（$t=1,2,3,\cdots$）步（step）的输入。比如，x_1 为第二个词的 one-hot 向量（根据图 7-3，x_0 为第一个词）。

提示：使用计算机对自然语言进行处理时，需要将自然语言转换成为机器能够识别的符号，即在机器学习过程中，需要将其进行数值化。而词是自然语言理解与处理的基础，因此需要对词进行数值化，词向量(word representation，word embeding)便是一种可行又有效的方法。词向量是指用一个指定长度的实数向量 V 来表示一个词。其中最简单的表示方

法就是使用 one-hot 向量表示单词，即根据单词的数量 $|V|$ 生成一个 $|V| \times 1$ 的向量，当某一位为 1 的时候其他位都为 0，然后这个向量就代表一个单词。但这种表示方法的缺点也很明显：

① 由于向量长度是根据单词个数来定的，所以如果有新词出现，那么这个向量就得增加，这样会很烦琐；

② 主观性太强；

③ 这么多单词，十分耗费人力，且易出错；

④ 很难计算单词之间的相似性。

现在有一种更加有效的词向量模式，该模式是通过神经网络或深度学习对词进行训练，输出一个指定维度的向量，该向量便是输入词的表达，如 word2vec。

（2）s_t 为隐藏层的第 t 步的状态，它是网络的记忆单元。s_t 根据当前输入层的输出与上一步隐藏层的状态进行计算。$s_t = f(Ux_t + Ws_{t-1})$，其中 f 一般是非线性的激活函数，如 tanh 或 ReLU，在计算 s_0，即第一个单词的隐藏层状态时，需要用到 s_{-1}，但是 s_{-1} 并不存在，故在实现中一般设为零向量。

（3）o_t 是第 t 步的输出，如下个单词的向量表示，$o_t = \mathrm{softmax}(Vs_t)$。

需要注意的如下事项。

- 可以认为隐藏层状态 s_t 是网络的记忆单元。s_t 包含了前面所有步的隐藏层状态。而且输出层的输出 o_t 只与当前步的 s_t 有关，在实践中，为了降低网络的复杂度，s_t 往往只包含前面若干步而不是所有步的隐藏层状态。

- 在传统神经网络中，每个网络层的参数是不共享的。而在 RNN 中，每输入一步，每一层各自都共享参数 U、V、W，即 RNN 中的每一步都在做相同的事，只是输入不同，因此大大减少了网络中需要学习的参数。注意：传统神经网络的参数不共享，并不是说每个输入都有不同的参数，而是将 RNN 展开时，变成了多层网络，如果是多层的传统神经网络，那么 x_t 到 s_t 之间的 U 矩阵与 x_{t+1} 到 s_{t+1} 之间的 U 矩阵是不同的，但在 RNN 中的它们却是一样的。同理 s 与 s 层之间的 W、s 层与 o 层之间的 V 也是一样的。

- 图 7-3 中每一步都有输出，但是每一步都有输出并不是必需的。比如，需要预测一条语句所表达的情绪，仅需要关心最后一个单词输入后的输出，而不需要知道每个单词输入后的输出。同理，每步都需要输入也不是必需的。RNN 的关键之处在于隐藏层，隐藏层能够捕捉序列的信息。

7.1.2 循环神经网络的简单应用

实践证明，RNN 应用于 NLP 是非常成功的，典型应用如词向量表达、语句合法性检查、词性标注等。在 RNN 中，目前使用最广泛、最成功的模型是 LSTM（Long Short-Term Memory，长短期记忆）模型，该模型通与 vanilla RNN 相比能更好地对长短期依赖进行表达，该模型相对于一般的 RNN，只是在隐藏层做了调整。对 LSTM 后面会进行详细的介绍。下面对 RNN 在 NLP 中的应用进行简单的介绍。

1. 语言建模与文本生成（Language Modeling and Generating Text）

一种应用是给一个单词序列，需要根据前面的单词预测每个单词的可能性。语言建模能够预测一个语句正确的可能性，这是机器翻译的一部分，往往可能性越大，语句越正确。另一种应用便是使用生成模型预测下一个单词的概率，从而根据输出概率的采样生成新的文本。语言建模的典型输入是单词序列中每个单词的词向量（如 one-hot 向量），输出是预测的单词序列。当在对网络进行训练时，如果 $o_t = x_{t+1}$，那么第 t 步的输出便是下一步的输入。

2. 机器翻译（Machine Translation）

机器翻译是将一种源语言语句变成意思相同的另一种源语言语句，如将英文语句变成同样意思的中文语句。与语言建模关键的区别在于，机器翻译需要将源语言语句序列输入后，再进行输出，即输出第一个单词时，需要从完整的输入序列中进行获取。机器翻译如图 7-4 所示。

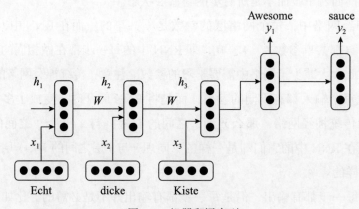

图 7-4 机器翻译序列

3. 语音识别（Speech Recognition）

语音识别是指给定一段声波的声音信号，预测该声波对应的某种指定源语言的语句以及该语句的概率值。

4. 生成图像描述（Generating Image Description）

与卷积神经网络（Convolutional Neural Network，CNN）一样，RNN 已经在自动生成无标图像描述中得到应用。将 CNN 与 RNN 结合自动生成图像描述，是一个非常神奇的应用，该组合模型能够根据图像的特征生成描述，如图 7-5 所示。

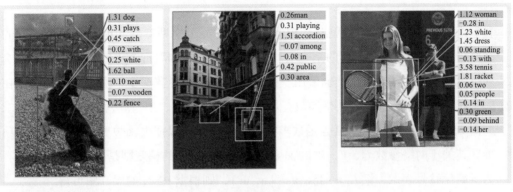

图 7-5　生成图像的特征描述

7.2　损失函数

在输出层为二分类或者 softmax 多分类的深度网络中，代价函数通常选择交叉熵（cross entropy）损失函数。在分类问题中，交叉熵函数的本质就是似然损失函数。尽管 RNN 的网络结构与分类网络不同，但是损失函数却有相似之处。

假设采用 RNN 构建"语言模型"，"语言模型"其实就是看"一句话说出来是不是顺口"，并从若干候选结果中挑一个最靠谱的结果。通常每个 sentence 长度不一样，每个 word 作为一个训练样例，一个 sentence 作为一个 Minibatch，记 sentence 的长度为 T。为了更好地理解语言模型中损失函数的定义形式，这里做一些推导，根据全概率公式，一句话是"自然化的语句"的概率为

$$p(w_1, w_2, \cdots, w_T) = p(w_1) \times p(w_2 \mid w_1) \times \cdots \times p(w_T \mid w_1, w_2, \cdots, w_{T-1})$$

所以语言模型的目标就是最大化 $P(w_1, w_2, \cdots, w_T)$。而损失通常为最小化问题，所以可定义：

$$\text{Loss}(w_1, w_2, \cdots, w_T \mid \theta) = -\log P(w_1, w_2, \cdots, w_T \mid \theta)$$

那么展开以上公式可得

$$\text{Loss}(w_1, w_2, \cdots, w_T \mid \theta) = -(\log p(w_1) + \log p(w_2 \mid w_1) + \cdots + \log(w_T \mid w_1, w_2 \cdots, w_{T-1}))$$

展开式中的每一项为一个 softmax 分类模型，类别数为所采用的词库大小（vocabulary

size)，相信此刻大家应该明白了，为什么使用 RNN 解决语言模型时，输入序列和输出序列错一个位置。

7.3 梯度求解

在训练任何深度的网络模型时，求解损失函数关于模型参数的梯度都是最核心的一步。在 RNN 模型训练时，采用的是 BPTT（Back Propagation Through Time）算法，这个算法实质上就是朴素的 BP 算法，也采用"链式法则"求解参数梯度，唯一的不同之处在于 BPTT 算法在每个 time step 上共享参数。从数学的角度来讲，BP 算法就是一个单变量求导过程，而 BPTT 算法就是一个复合函数求导过程。接下来以损失函数展开式中的第 3 项为例，推导其关于网络参数 U、V、W 的梯度表达式（总损失的梯度则是各项相加）。

为了简化符号表示，记 $E_3 = -\log p(w_3 | w_1, w_2)$，则根据 RNN 的展开图可得

$$s_3 = \tanh(U \times x_3 + W \times s_2)$$
$$s_2 = \tanh(U \times x_2 + W \times s_1)$$
$$s_1 = \tanh(U \times x_1 + W \times s_0)$$
$$s_0 = \tanh(U \times x_0 + W \times s_{-1})$$

所以

$$\frac{\partial s_3}{W} = \frac{\partial s_3}{W_1} + \frac{\partial s_3}{\partial s_2} \times \frac{\partial s_2}{W}$$
$$\frac{\partial s_2}{W} = \frac{\partial s_2}{W_1} + \frac{\partial s_2}{\partial s_1} \times \frac{\partial s_1}{W}$$
$$\frac{\partial s_1}{W} = \frac{\partial s_1}{W_0} + \frac{\partial s_0}{\partial s_0} \times \frac{\partial s_0}{W}$$
$$\frac{\partial s_0}{W} = \frac{\partial s_0}{W_1}$$

(7-1)

为了更好地体现复合函数求导的思想，式（7-1）中引入了变量 W_1 看作关于 W 的函数，即 $W_1 = W$。另外，因为 s_{-1} 表示 RNN 的初始状态，为一个常数向量，所以式（7-1）中第 4 个表达式展开后只有一项。由式（7-1）可得

$$\frac{\partial s_3}{W} = \frac{\partial s_3}{W_1} + \frac{\partial s_3}{\partial s_2} \times \frac{\partial s_2}{W_1} + \frac{\partial s_3}{\partial s_2} \times \frac{\partial s_2}{\partial s_1} \times \frac{\partial s_1}{W_1} + \frac{\partial s_3}{\partial s_2} \times \frac{\partial s_2}{\partial s_1} \times \frac{\partial s_1}{\partial s_0} \times \frac{\partial s_0}{\partial W_1}$$

(7-2)

化简得

$$\frac{\partial s_3}{W} = \frac{\partial s_3}{W_1} + \frac{\partial s_3}{\partial s_2} \times \frac{\partial s_2}{W_1} + \frac{\partial s_3}{\partial s_1} \times \frac{\partial s_1}{W_1} + \frac{\partial s_3}{\partial s_0} \times \frac{\partial s_0}{W_1}$$

继续化简得

$$\frac{\partial s_3}{W} = \sum_{i=0}^{3} \frac{\partial s_3}{\partial s_i} \times \frac{\partial s_i}{W}$$

7.3.1　E_3 关于参数 V 的偏导数

记 $t=0$ 时刻的 softmax 神经元的输入为 a_3，输出为 y_3，网络的真实标签为 $y_3^{(1)}$。根据函数求导的"链式法则"，有下式成立：

$$\frac{\partial E_3}{V} = \frac{\partial E_3}{\partial a_3} \times \frac{\partial a_3}{\partial V} = (y_3^{(1)} - y_3) \otimes s_3$$

7.3.2　E_3 关于参数 W 的偏导数

关于参数 W 的偏导数，就要用到上面关于复合函数的推导过程了，记 z_i 为 $t=i$ 时刻隐藏层神经元的输入，则具体的表达简化过程如下：

$$\begin{aligned}
\frac{\partial E_3}{W} &= \frac{\partial E_3}{\partial s_3} \times \frac{\partial s_3}{\partial W} = \frac{\partial E_3}{\partial a_3} \times \frac{\partial a_3}{\partial s_3} \times \frac{\partial s_3}{\partial W} \\
&= \sum_{k=0}^{3} \frac{\partial E_3}{\partial a_3} \times \frac{\partial a_3}{\partial s_3} \times \frac{\partial s_3}{\partial s_k} \times \frac{\partial s_k}{\partial W_1} \\
&= \sum_{k=0}^{3} \frac{\partial E_3}{\partial a_3} \times \frac{\partial a_3}{\partial s_3} \times \frac{\partial s_3}{\partial s_k} \times \frac{\partial s_k}{\partial z_k} \times \frac{\partial z_k}{\partial W_1} \\
&= \sum_{k=0}^{3} \frac{\partial E_3}{\partial z_k} \times \frac{\partial z_k}{\partial W_1}
\end{aligned} \quad (7\text{-}3)$$

类似于标准 BP 算法中的表示，定义：

$$\delta_2^3 = \frac{\partial E_3}{\partial z_3} \times \frac{\partial z_3}{\partial z_2} = \frac{\partial E_3}{\partial z_3} \times \frac{\partial z_3}{\partial s_2} \times \frac{\partial s_2}{\partial z_2} = (\delta_3^3 \otimes W) \otimes (1 - s_2^2) \quad (7\text{-}4)$$

那么，式（7-3）可以转换为下式：

$$\frac{\partial E_3}{\partial W} = \sum_{k=0}^{3} \delta_{kl}^{3} \times \frac{\partial z_k}{\partial W_1} \quad (7\text{-}5)$$

显然，结合式（7-4）中的递推公式，可以递推求解出式（7-5）中的每一项，也就可以求出 E_3 关于参数 W 的偏导数了。

7.3.3　E_3 关于参数 U 的偏导数

E_3 关于参数 U 的偏导数求解过程，跟关于 W 的偏导数求解过程非常类似，这里就不介绍了。

7.3.4 梯度消失问题

当网络层数增多时，使用 BP 算法求解梯度会出现梯度消失（vanishing gradient）问题（还有一种称作"exploding gradient"，但这种情况在模型训练过程中易于被发现，所以可以通过人为控制来解决），下面从数学的角度来证明 RNN 确实存在 vanishing gradient 问题，推导公式如下：

$$\frac{\partial E_3}{\partial W} = \sum_{k=0}^{3} \frac{\partial E_3}{\partial a_3} \times \frac{\partial a_3}{\partial s_3} \times \frac{\partial s_3}{\partial s_k} \times \frac{\partial s_k}{\partial W_1} = \sum_{k=0}^{3} \frac{\partial E_3}{\partial a_3} \times \frac{\partial a_3}{\partial s_3} \times \left(\prod_{i=k+1}^{3} \frac{\partial s_i}{\partial s_{i-1}} \right) \times \frac{\partial s_k}{\partial W_1} \quad (7\text{-}6)$$

式（7-6）中有一个连乘式，对于其中的每一项，满足 $s_i = \text{activation}(U \times x_i + W \times s_{i-1})$，当激活函数为 tanh 时，$\frac{\partial s_i}{\partial s_{i-1}}$ 的取值范围为 [0,1]。当激活函数为 sigmoid 时，$\frac{\partial s_i}{\partial s_{i-1}}$ 的取值范围为 [0,1/4]。因为这里选择 t=3 时刻的输出损失，所以连乘的式子的个数并不多。但是可以设想一下，对于深度的网络结构而言，如果选择 tanh 或者 sigmoid 激活函数，对于式（7-6）中 k 取值较小的那一项，一定满足 $\prod_{i=k+1}^{3} \frac{\partial s_i}{\partial s_{i-1}}$ 趋近于 0，从而导致了梯度消失问题。

再从直观的角度来理解一下梯度消失问题，时刻 T 的输出必定是时刻 $t = 1, 2, \cdots, T-1$ 的输入综合作用的结果，也就是说更新模型参数时，要充分利用当前时刻以及之前所有时刻的输入信息。但是如果发生了梯度消失问题，就意味着，距离当前时刻非常远的输入数据不能为当前模型参数的更新做贡献，所以在 RNN 的编程实现中，才会有截断梯度（truncated gradient）这一概念，截断梯度就是在更新参数时，只利用较近时刻的序列信息，把那些"历史悠久的信息"忽略掉。

解决梯度消失问题，可以采用更换激活函数的方式，比如采用 ReLU（Rectified Linear Units）激活函数，但是更好的办法是使用 LSTM 或者 GRU 架构的网络。

7.4 循环神经网络的经典应用

前面已对循环神经网络的原理、应用、损失函数、梯度求解等进行了介绍，本节将从实现二进制数加法运算、拟合回声信号序列、基于字符级循环神经网络的语言模型等方面介绍循环神经网络的经典应用。

7.4.1 实现二进制数加法运算

下面直接通过一个例子来演示循环神经网络的应用。

【例7-1】用RNN来实现一个八位的二进制数加法运算。

```
import copy, numpy as np
np.random.seed(0)
# 计算 sigmoid 的非线性
def sigmoid(x):
    output = 1/(1+np.exp(-x))
    return output
# 将 sigmoid 函数的输出转换为它的导数
def sigmoid_output_to_derivative(output):
    return output*(1-output)
# 训练数据集生成
int2binary = {}
binary_dim = 8
largest_number = pow(2,binary_dim)
binary = np.unpackbits(
    np.array([range(largest_number)],dtype=np.uint8).T,axis=1)
for i in range(largest_number):
    int2binary[i] = binary[i]
# 输入变量
alpha = 0.1
input_dim = 2
hidden_dim = 16
output_dim = 1
# 初始化神经网络权值
synapse_0 = 2*np.random.random((input_dim,hidden_dim)) - 1
synapse_1 = 2*np.random.random((hidden_dim,output_dim)) - 1
synapse_h = 2*np.random.random((hidden_dim,hidden_dim)) - 1
synapse_0_update = np.zeros_like(synapse_0)
synapse_1_update = np.zeros_like(synapse_1)
synapse_h_update = np.zeros_like(synapse_h)
# 训练逻辑
for j in range(10000):
    # 输入是（a[i],b[i]）其中 i>=0 且 i<8
    a_int = np.random.randint(largest_number/2) # int 版本
    a = int2binary[a_int] # 二进制编码

    b_int = np.random.randint(largest_number/2) # int 版本
    b = int2binary[b_int] # 二进制编码
    # 真实值 y（c[i]）i>=0 且 i<8
    c_int = a_int + b_int
    c = int2binary[c_int]
    # 将把最好的猜测存储在那里（二进制编码）
    d = np.zeros_like(c)
```

```python
    overallError = 0
    layer_2_deltas = list()
    layer_1_values = list()
    layer_1_values.append(np.zeros(hidden_dim))
    # 沿着二进制编码中的位置移动
    for position in range(binary_dim):
        # 生成输入和输出
        X = np.array([[a[binary_dim - position - 1],b[binary_dim - position - 1]]])
        y = np.array([[c[binary_dim - position - 1]]]).T
        # 隐藏层神经元的输入为输入层加上一时刻（t-1）神经元的输出
        layer_1=sigmoid(np.dot(X,synapse_0) + np.dot(layer_1_values[-1],synapse_h))
        # 输出层的输入、输出
        layer_2 = sigmoid(np.dot(layer_1,synapse_1))
        layer_2_error = y - layer_2
        layer_2_deltas.append((layer_2_error)*sigmoid_output_to_derivative(layer_2))
        overallError += np.abs(layer_2_error[0])
        # 解码估计值，这样就能把它打印出来
        d[binary_dim - position - 1] = np.round(layer_2[0][0])
        # 存储隐藏层，以便可以在下一个时间步中使用它
        layer_1_values.append(copy.deepcopy(layer_1))
    future_layer_1_delta = np.zeros(hidden_dim)
    for position in range(binary_dim):
        X = np.array([[a[position],b[position]]])
        layer_1 = layer_1_values[-position-1]
        prev_layer_1 = layer_1_values[-position-2]
        # 输出层误差
        layer_2_delta = layer_2_deltas[-position-1]
        # 隐藏层误差
        layer_1_delta = (future_layer_1_delta.dot(synapse_h.T) + layer_2_delta.dot(synapse_1.T)) * sigmoid_output_to_derivative(layer_1)

        # 更新所有的权重，这样就可以再试一次
        synapse_1_update += np.atleast_2d(layer_1).T.dot(layer_2_delta)
        synapse_h_update += np.atleast_2d(prev_layer_1).T.dot(layer_1_delta)
        synapse_0_update += X.T.dot(layer_1_delta)
        future_layer_1_delta = layer_1_delta

    synapse_0 += synapse_0_update * alpha
    synapse_1 += synapse_1_update * alpha
    synapse_h += synapse_h_update * alpha
    synapse_0_update *= 0
```

```
            synapse_1_update *= 0
            synapse_h_update *= 0
        # 打印结果
        if(j % 1000 == 0):
            print ("Error:" + str(overallError))
            print ("Pred:" + str(d))
            print ("True:" + str(c))
            out = 0
            for index,x in enumerate(reversed(d)):
                out += x*pow(2,index)
            print (str(a_int) + " + " + str(b_int) + " = " + str(out))
            print ("------------")
```

运行程序，输出如下：

```
Error:[3.45638663]
Pred:[0 0 0 0 0 0 0 1]
True:[0 1 0 0 0 1 0 1]
9 + 60 = 1
------------
Error:[3.63389116]
Pred:[1 1 1 1 1 1 1 1]
True:[0 0 1 1 1 1 1 1]
28 + 35 = 255
------------
Error:[3.91366595]
Pred:[0 1 0 0 1 0 0 0]
True:[1 0 1 0 0 0 0 0]
116 + 44 = 72
------------
Error:[3.72191702]
Pred:[1 1 0 1 1 1 1 1]
True:[0 1 0 0 1 1 0 1]
4 + 73 = 223
------------
Error:[3.5852713]
Pred:[0 0 0 0 1 0 0 0]
True:[0 1 0 1 0 0 1 0]
71 + 11 = 8
------------
Error:[2.53352328]
Pred:[1 0 1 0 0 0 1 0]
True:[1 1 0 0 0 0 1 0]
81 + 113 = 162
```

```
-------------
Error:[0.57691441]
Pred:[0 1 0 1 0 0 0 1]
True:[0 1 0 1 0 0 0 1]
81 + 0 = 81
-------------
Error:[1.42589952]
Pred:[1 0 0 0 0 0 0 1]
True:[1 0 0 0 0 0 0 1]
4 + 125 = 129
-------------
Error:[0.47477457]
Pred:[0 0 1 1 1 0 0 0]
True:[0 0 1 1 1 0 0 0]
39 + 17 = 56
-------------
Error:[0.21595037]
Pred:[0 0 0 0 1 1 1 0]
True:[0 0 0 0 1 1 1 0]
11 + 3 = 14
-------------
```

7.4.2 实现拟合回声信号序列

本小节用 TesnsorFlow 中的函数来演示搭建一个简单的 RNN 网络,并使用一串随机的数据作为原始信号,让 RNN 网络来拟合其对应的回声信号。

样本数据为一串随机的由 0 和 1 组成的数字,将其当成发射出去的一串信号,当碰到阻挡被反弹回来时,会收到原始信号的回声信号。

如果回声步长为 3,那么原序列和回声序列如图 7-6 所示。

如图 7-6 所示,回声序列的前三项是 null,原序列的第一个信号为 0,对应的是回声序列的第四项,即回声序列的每个数都比原序列滞后三个时序。本节的任务就是把序列截取出来,并预测每个原序列的回声序列。构建的回声信号网络结构如图 7-7 所示。

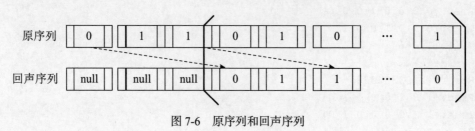

图 7-6 原序列和回声序列

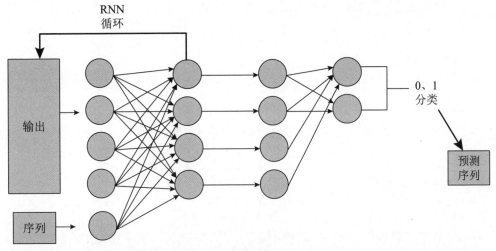

图 7-7　回声信号网络结构

图 7-7 中,初始的输入有 5 个,x_t 个为 t 时刻输入序列值,另外 4 个为 $t-1$ 时刻隐藏层的输出值 h_t-1。通过一层具有 4 个节点的 RNN 网络,再接一个全连接输出两个类别,分别表示输出 0 和 1 类别的概率。这样每个序列都会有一个对应的预测分类值,最终将整个序列生成预测序列。

下面演示一个例子:随机生成一个具有 50000 个序列的样本数据,然后根据原序列生成 50000 个回声序列样本数据。每个训练截取 15 个序列作为一个样本,设置小批量大小 batch_size 为 5。

(1) 实例描述。

把 50000 个序列转换为 5×10000 的数组。对数组的每一行按长度为 15 进行分割,每个小批量含有 5×15 个序列。

针对每一小批量的序列,使用 RNN 网络开始迭代,迭代每个批次中的每一组序列 (5×1)。

(2) 定义参数生成样本。

定义生成样本函数 generate_data( ),在函数中随机生成 50000 个包含 0 和 1 的数组 x,作为原序列,令 x 中的数据向右循环移动 3 个位置,生成数据 y,作为 x 的回声序列,因为回声步长是 3,表明回声 y 比 x 滞后 3 个时序,所以将 y 的前 3 个数据清零(Echo_signal_sequence.py)。

```
import numpy as np
import tensorflow as tf
import matplotlib.pyplot as plt
```

```python
np.random.seed(0)
'''
定义参数生成样本数据
'''
num_epochs = 5                           # 迭代轮数
total_series_length = 50000              # 序列样本数据长度
truncated_backprop_length = 15           # 测试时截取数据长度
state_size = 4                           # 中间状态长度
num_classes = 2                          # 输出类别个数
echo_step =  3                           # 回声步长
batch_size = 5                           # 小批量大小
learning_rate = 0.4                      # 学习率
num_batches =total_series_length//batch_size//truncated_backprop_length
                                         # 计算一轮可以分为多少批
def generate_data():
    '''
    生成原序列和回声序列数据，回声序列滞后原序列 echo_step 个步长
    返回原序列和回声序列组成的元组
    '''
    # 生成原序列样本数据，random.choice() 随机选取内容，从 0 和 1 中选取 total_
    #series_length 个数据，0 和 1 数据的概率都是 0.5
    x = np.array(np.random.choice(2,total_series_length,p=[0.5,0.5]))
    # 向右循环移位，如 11110000->00011110
    y =np.roll(x,echo_step)
    # 回声序列，前 echo_step 个数据清 0
    y[0:echo_step] = 0

    x = x.reshape((batch_size,-1))       #5x10000
    #print(x)
    y = y.reshape((batch_size,-1))       #5x10000
    #print(y)
    return (x,y)
```

（3）定义占位符处理输入数据。

定义 3 个占位符，batch_x 为原序列，batch_y 为回声序列真实值，init_state 为循环节点的初始值。batch_x 是逐个输入网络的，所以需要将输进去的数据打散，按照时间序列变成 15 个数组，每个数组有 batch_size 个元素，进行统一批处理。

```
# 原序列
batch_x = tf.placeholder(dtype=tf.float32,shape=[batch_size,truncated_backprop_length])
# 回声序列，作为标签
```

```
    batch_y = tf.placeholder(dtype=tf.int32,shape=[batch_size,truncated_
backprop_length])
    #循环节点的初始状态值
    init_state = tf.placeholder(dtype=tf.float32,shape=[batch_size,state_size])
    #将batch_x沿axis = 1(列)的轴进行拆分,返回一个list,每个元素都是一个数组
[(5,),(5,)....],一共15个元素,即15个序列
    inputs_series = tf.unstack(batch_x,axis=1)
    labels_series = tf.unstack(batch_y,axis=1)
```

(4)定义 RNN 网络结构。

定义一层循环与一层全网络连接。由于数据是一个二维数组序列,所以需要通过循环将输入数据按照原有序列逐个输入网络,并输出对应的 predictions 序列。每个序列值都要对其做 loss 计算,loss 计算使用 spare_softmax_cross_entropy_with_logits 函数,因为 label 的最大值正好是 1,而且是一位的,所以就不需要再使用 one_hot 编码了,最终将所有的 loss 均值放入优化器中。

```
#一个输入样本由15个输入序列组成,一个小批量包含5个输入样本
current_state = init_state #存放当前的状态
#存放一个小批量中每个输入样本的预测序列值,每个元素为5*2,共有15个元素
predictions_series = []
#存放一个小批量中每个输入样本训练的损失值,每个元素是一个标量,共有15个元素
losses = []
#使用一个循环,按照序列逐个输入
for current_input,labels in zip(inputs_series,labels_series):
    #确定形状为batch_size *1
    current_input = tf.reshape(current_input,[batch_size,1])
    '''
        进入初始状态
        5*1 序列值和 5*4 中间状态,按列连接,得到 5*5 数组,构成输入数据
    '''
    input_and_state_concatenated = tf.concat([current_input,current_
state],1)
    #隐藏层激活函数选择tanh 5*4
    next_state = tf.contrib.layers.fully_connected(input_and_state_
concatenated,
 state_size,activation_fn = tf.tanh)
    current_state = next_state
    #输出层 激活函数选择None,即直接输出5*2
    logits = tf.contrib.layers.fully_connected(next_state,num_
classes,activation_fn = None)
    #计算代价
    loss = tf.reduce_mean(tf.nn.sparse_softmax_cross_entropy_with_
logits(labels=labels,logits = logits))
```

```
        losses.append(loss)
        # 经过 softmax 计算预测值 5*2,注意这里并不是标签值,而是 one_hot 编码
        predictions = tf.nn.softmax(logits)
        predictions_series.append(predictions)

total_loss = tf.reduce_mean(losses)
train_step = tf.train.AdagradOptimizer(learning_rate).minimize(total_loss)
```

（5）建立 session 训练数据。

建立 session,初始化 RNN 循环节点的值为 0。总样本迭代 5 轮,每一轮迭代完都调用 plot 函数生成图像。

```
with tf.Session() as sess:
    sess.run(tf.global_variables_initializer())
    loss_list = []                  #list 存放每一小批量的代价值

    # 开始迭代每一轮
    for epoch_idx in range(num_epochs):
        # 生成原序列和回声序列数据
        x,y = generate_date()

        # 初始化循环节点状态值
        _current_state = np.zeros((batch_size,state_size))
        print('New date,epoch',epoch_idx)

        # 迭代每一小批量
        for batch_idx in range(num_batches):
            # 计算当前 batch 的起始索引
            start_idx = batch_idx * truncated_backprop_length
            # 计算当前 batch 的结束索引
            end_idx = start_idx + truncated_backprop_length

            # 当前批次的原序列值
            batchx = x[:,start_idx:end_idx]
            # 当前批次的回声序列值
            batchy = y[:,start_idx:end_idx]

            # 开始训练当前批次样本
            _total_loss,_train_step,_current_state,_predictions_series = sess.run(
                [total_loss,train_step,current_state,predictions_series],
                feed_dict = {
```

```
                            batch_x:batchx,
                            batch_y:batchy,
                            init_state:_current_state
                            })
        loss_list.append(_total_loss)
```

（6）测试模型并可视化。

每循环 100 次，打印数据并调用 plot 函数生成图像。

```
if batch_idx % 100 == 0:
    print('Step {0} Loss {1}'.format(batch_idx,_total_loss))
    # 可视化输出
    plot(loss_list,_predictions_series,batchx,batchy)
plt.ioff()
plt.show()
```

（7）plot 函数的定义。

```
def plot(loss_list, predictions_series, batchx, batchy):
    '''
    绘制一个小批量中每一个原序列样本、回声序列样本、预测序列样本图像
    args:
        loss_list: list 存放每一个批次训练的代价值
        predictions_series: list 长度为5,存放一个批次中每个输入序列的预测序列值,
注意这里每个元素 (5*2) 都是 one_hot 编码
        batchx: 当前批次的原序列 5*15
        batchy: 当前批次的回声序列 5*15
    '''
    # 创建子图, 2 行 3 列, 选择第一个, 绘制代价值
    plt.subplot(2, 3, 1)
    plt.cla()
    plt.plot(loss_list)

    for batch_series_idx in range(batch_size):
        one_hot_output_series = np.array(predictions_series)[:, batch_series_idx, :]
        single_output_series = np.array([(1 if out[0] < 0.5 else 0) for out in one_hot_output_series])

        plt.subplot(2, 3, batch_series_idx + 2)
        plt.cla()
        plt.axis([0, truncated_backprop_length, 0, 2])
        left_offset = range(truncated_backprop_length)
```

```
            left_offset2 = range(echo_step,truncated_backprop_length+echo_step)

            label1 = "past values"
            label2 = "True echo values"
            label3 = "Predictions"
            plt.plot(left_offset2, batchx[batch_series_idx, :]*0.2+1.5, "o--b", label=label1)
            plt.plot(left_offset, batchy[batch_series_idx, :]*0.2+0.8,"x--b", label=label2)
            plt.plot(left_offset,  single_output_series*0.2+0.1 , "o--y", label=label3)

    plt.legend(loc='best')
    plt.draw()
    plt.pause(0.0001)
```

函数中将输入的原序列、回声序列和预测的序列同时输出在图像中，按照小批量样本的个数生成图像。为了让三个序列看起来更明显，将其缩放 0.2，并且调节每个图像的高度，同时将原始序列在显示中滞后 echo_step 个序列，将三个图像放在同一序列顺序比较。

运行程序，输出如下，效果如图 7-8 所示。

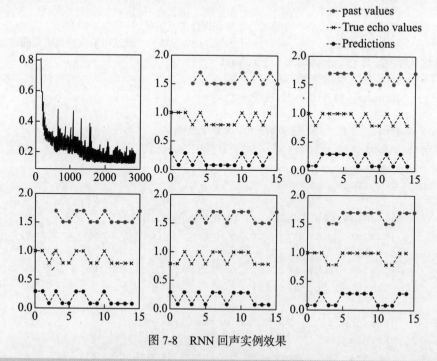

图 7-8　RNN 回声实例效果

```
Step 200 Loss 0.30137160420417786
Step 300 Loss 0.28994274139404297
```

```
Step 400 Loss 0.25914275646209717
Step 500 Loss 0.2545686960220337
Step 600 Loss 0.24426494538784027
New date,epoch 1
Step 0 Loss 0.28078410029411316
……  ……
Step 100 Loss 0.14165735244750977
Step 200 Loss 0.13314813375473022
Step 300 Loss 0.1448708474636078
Step 400 Loss 0.12134352326393127
Step 500 Loss 0.13103856146335602
Step 600 Loss 0.13680455088615417
```

图 7-8 中最下面的是预测的序列，中间的为回声序列，从图中可以看出预测序列和回声序列几乎相同，表明 RNN 网络已经学习到了回声的规则。

7.4.3　基于字符级循环神经网络的语言模型

本节介绍如何应用循环神经网络构建一个语言模型。设小批量中样本数为 1，文本序列为"想""要""有""直""升""机"。图 7-9 演示了如何使用循环神经网络基于当前和过去的字符来预测下一个字符。在训练时，每个时间步输出层的输出使用 Softmax 运算，然后使用交叉熵损失函数来计算它与标签的误差。在图 7-9 中，由于隐藏层中的隐藏状态采用循环计算，故时间步 3 的输出 O_3 取决于文本序列"想""要""有"。由于训练数据中该序列的下一个词为"直"，故时间步 3 的损失取决于该时间步基于序列"想""要""有"生成下一个词的概率分布与该时间步的标签"直"。

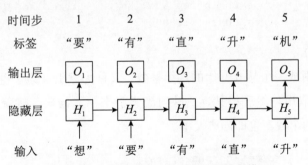

图 7-9　基于字符级循环神经网络的语言模型

因为每个输入词都是一个字符，所以这个模型被称为字符级循环神经网络（character-level recurrent neural network）。因为不同字符的个数远小于不同词的个数，所以字符级循环神经网络的计算通常更加简单。

1. 语言模型的数据集

此处介绍如何预处理一个语言模型的数据集,以及如何将其转换为字符级循环神经网络所需要的输入格式。

根据需要,收集了周杰伦从第一张专辑《Jay》到第十张专辑《跨时代》中的歌词。收集好数据后,首先读取这个数据集,查看前40个字符。

```
import random
import numpy as np
import tensorflow as tf
print(tf.__version__)
2.12.1

import tensorflow as tf
import zipfile
with zipfile.ZipFile('jaychou_lyrics.txt.zip') as zin:
    with zin.open('jaychou_lyrics.txt') as f:
        corpus_chars = f.read().decode('utf-8')
corpus_chars[:40]
```

运行程序,输出为:

' 想要有直升机 \n 想要和你飞到宇宙去 \n 想要和你融化在一起 \n 融化在宇宙里 \n 我每天每天每 '

这是个拥有6万多个字符的数据集,为了打印方便,把换行符替换为空格,然后仅使用前1万个字符来训练模型。

```
corpus_chars = corpus_chars.replace('\n', ' ').replace('\r', ' ')
corpus_chars = corpus_chars[0:10000]
```

2. 字符索引建立

将每个字符映射成一个从0开始的连续整数,又称为索引。为了得到索引,将数据集中所有不同的字符取出,然后将其逐一映射到索引来构造词典。接着,打印 vocab_size,即词典中不同字符的个数,也即词典大小。

```
idx_to_char = list(set(corpus_chars))
char_to_idx = dict([(char, i) for i, char in enumerate(idx_to_char)])
vocab_size = len(char_to_idx)
vocab_size
1027
```

接着,将训练数据集中每个字符转化为索引,并且打印前20个字符及其对应的索引。

```
corpus_indices = [char_to_idx[char] for char in corpus_chars]
sample = corpus_indices[:20]
print('chars:', ''.join([idx_to_char[idx] for idx in sample]))
print('indices:', sample)
```

运行程序，输出如下：

```
chars: 想要有直升机 想要和你飞到宇宙去 想要和
indices: [250, 164, 576, 421, 674, 653, 357, 250, 164, 850, 217, 910, 1012, 261, 275, 366, 357, 250, 164, 850]
```

将以上代码封装在 d2lzh_TensorFlow2 包的 load_data_jay_lyrics 函数中，方便后面调用。调用该函数后会依次得到 corpus_indices、char_to_idx、idx_to_char 和 vocab_size 这 4 个变量。

3. 采样时序数据

与前面介绍的实验数据不同的是，本模型在训练中需要每次随机读取小批量样本和标签。时序数据的一个样本通常包含连续的字符，假设时间步数为 5，样本序列即为 5 个字符——"想""要""有""直""升"。该样本的标签序列为这些字符分别在训练集中的下一个字符，即"要""有""直""升""机"。有两种方式对时序数据进行采样，分别是随机采样和相邻采样。

1）随机采样

下面代码每次从数据中随机采样一个小批量，批量大小 batch_size 指每个小批量的样本数，num_steps 为每个样本所包含的时间步数。在随机采样中，每个样本是在原序列上任意截取的一段序列。相邻的两个随机小批量在原序列上的位置不一定相毗邻。因此，无法用一个小批量最终时间步的隐藏状态初始化下一个小批量的隐藏状态。在训练模型时，初始化隐藏状态每次都需要重新随机采样。

```
# 函数已保存在 d2lzh_TensorFlow2 包中方便以后使用
def data_iter_random(corpus_indices, batch_size, num_steps, ctx=None):
    # 减 1 是因为输出的索引是相应输入的索引加 1
    num_examples = (len(corpus_indices) - 1) // num_steps
    epoch_size = num_examples // batch_size
    example_indices = list(range(num_examples))
    random.shuffle(example_indices)

    # 返回从 pos 开始的、长为 num_steps 的序列
    def _data(pos):
        return corpus_indices[pos: pos + num_steps]
    for i in range(epoch_size):
        # 每次读取 batch_size 个随机样本
        i = i * batch_size
```

```
            batch_indices = example_indices[i: i + batch_size]
            X = [_data(j * num_steps) for j in batch_indices]
            Y = [_data(j * num_steps + 1) for j in batch_indices]
            yield np.array(X, ctx), np.array(Y, ctx)
```

根据需要,输入一个 0 ~ 29 的连续整数的序列。设批量大小为 2,时间步数为 6。打印随机采样每次读取的小批量样本的输入 X 和标签 Y,由结果可见,相邻的两个随机小批量在原始序列上的位置不一定相毗邻。

```
my_seq = list(range(30))
for X, Y in data_iter_random(my_seq, batch_size=2, num_steps=6):
    print('X: ', X, '\nY:', Y, '\n')
```

运行程序,输出如下:

```
X: tensor([[18., 19., 20., 21., 22., 23.],
        [12., 13., 14., 15., 16., 17.]])
Y: tensor([[19., 20., 21., 22., 23., 24.],
        [13., 14., 15., 16., 17., 18.]])
X: tensor([[ 0.,  1.,  2.,  3.,  4.,  5.],
        [ 6.,  7.,  8.,  9., 10., 11.]])
Y: tensor([[ 1.,  2.,  3.,  4.,  5.,  6.],
        [ 7.,  8.,  9., 10., 11., 12.]])
```

2)相邻采样

另一种方法是令相邻的两个随机小批量在原序列上的位置相毗邻。这时可以用一个小批量最终时间步的隐藏状态来初始化下一个小批量的隐藏状态,这使下一个小批量的输出也取决于当前小批量的输入,并继续循环下去。这对实现循环神经网络造成了两方面影响:

- 一方面,在训练模型时,只需在每一个迭代周期开始时初始化隐藏状态;
- 另一方面,当多个相邻小批量通过传递隐藏状态串联起来时,模型参数的梯度计算将依赖所有串联起来的小批量序列。

同一迭代周期中,随着迭代次数的增加,梯度的计算开销会越来越大。为了使模型参数的梯度计算只依赖一次迭代读取的小批量序列,可以在每次读取小批量前将隐藏状态从计算图中分离出来。

```
# 将函数保存在 d2lzh_TensorFlow2 包中方便以后使用
def data_iter_consecutive(corpus_indices, batch_size, num_steps, ctx=None):
    corpus_indices = np.array(corpus_indices)
    data_len = len(corpus_indices)
    batch_len = data_len // batch_size
    indices = corpus_indices[0: batch_size*batch_len].reshape((
```

```
        batch_size, batch_len))
    epoch_size = (batch_len - 1) // num_steps
    for i in range(epoch_size):
        i = i * num_steps
        X = indices[:, i: i + num_steps]
        Y = indices[:, i + 1: i + num_steps + 1]
        yield X, Y
```

同样的设置下，打印相邻采样每次读取的小批量样本的输入 X 和标签 Y，由结果可见，相邻的两个随机小批量在原序列上的位置相毗邻。

```
for X, Y in data_iter_consecutive(my_seq, batch_size=2, num_steps=6):
    print('X: ', X, '\nY:', Y, '\n')
```

运行程序，输出如下：

```
X:  tensor([[ 0.,  1.,  2.,  3.,  4.,  5.],
        [15., 16., 17., 18., 19., 20.]])
Y: tensor([[ 1.,  2.,  3.,  4.,  5.,  6.],
        [16., 17., 18., 19., 20., 21.]])

X:  tensor([[ 6.,  7.,  8.,  9., 10., 11.],
        [21., 22., 23., 24., 25., 26.]])
Y: tensor([[ 7.,  8.,  9., 10., 11., 12.],
        [22., 23., 24., 25., 26., 27.]])
```

基于随机采样和相邻采样这两种时序数据采样方式的循环神经网络训练在实现上略有不同。

7.4.4　使用 PyTorch 实现基于字符级循环神经网络的语言模型

本节将使用 PyTorch 来更简洁地实现基于字符级循环神经网络的语言模型。

1. 读取数据集

首先，读取周杰伦专辑歌词数据集。

```
import time
import math
import numpy as np
import torch
from torch import nn, optim
import torch.nn.functional as F

import sys
sys.path.append("..")
import d2lzh_pytorch as d2l
```

```
device = torch.device('cuda' if torch.cuda.is_available() else 'cpu')

(corpus_indices, char_to_idx, idx_to_char, vocab_size) = d2l.load_data_jay_lyrics()
```

其中，d2lzh_pytorch 为封装好的一个常用包文件。

2. 定义模型

PyTorch 中的 nn 模块提供了循环神经网络的实现。下面代码构造一个含单隐藏层、隐藏单元个数为 256 的循环神经网络层 rnn_layer。

```
num_hiddens = 256
rnn_layer = nn.RNN(input_size=vocab_size, hidden_size=num_hiddens)
```

代码中，rnn_layer 的输入形状为（时间步数，批量大小，输入个数）。其中输入个数即 one-hot 向量长度（词典大小）。此外，rnn_layer 作为 nn.RNN 实例，在前向计算后会分别返回输出和隐藏状态 h，其中输出指的是隐藏层在各个时间步上计算并输出的隐藏状态，它们通常作为后续输出层的输入。

需要申明的是，该"输出"本身并不涉及输出层计算，形状为（时间步数，批量大小，隐藏单元个数）。而 nn.RNN 实例在前向计算返回的隐藏状态指的是隐藏层在最后时间步的隐藏状态：当隐藏层有多层时，每一层的隐藏状态都会记录在该变量中，定义的模型如图 7-10 所示。

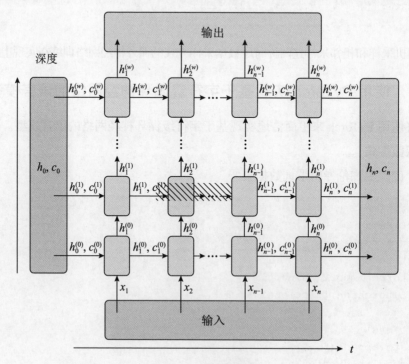

图 7-10 定义的模型

实例中，输出形状为（时间步数，批量大小，隐藏单元个数），隐藏状态 h 的形状为（层数，批量大小，隐藏单元个数）。

```
num_steps = 35
batch_size = 2
state = None
X = torch.rand(num_steps, batch_size, vocab_size)
Y, state_new = rnn_layer(X, state)
print(Y.shape, len(state_new), state_new[0].shape)
```

运行程序，输出为：

```
torch.Size([35, 2, 256]) 1 torch.Size([2, 256])
```

接着，继承 Module 类用于定义一个完整的循环神经网络。它先将输入数据使用 one-hot 向量表示后输入 rnn_layer 中，接着，使用全连接输出层得到输出。输出个数等于词典大小 vocab_size。

```
# 将类保存在 d2lzh_pytorch 包中方便以后使用
class RNNModel(nn.Module):
    def __init__(self, rnn_layer, vocab_size):
        super(RNNModel, self).__init__()
        self.rnn = rnn_layer
        self.hidden_size = rnn_layer.hidden_size * (2 if rnn_layer.bidirectional else 1)
        self.vocab_size = vocab_size
        self.dense = nn.Linear(self.hidden_size, vocab_size)
        self.state = None

    def forward(self, inputs, state): # inputs: (batch, seq_len)
        # 获取 one-hot 向量表示
        X = d2l.to_onehot(inputs, self.vocab_size) # X是个list
        Y, self.state = self.rnn(torch.stack(X), state)
        # 全连接层会首先将Y的形状变成(num_steps * batch_size, num_hiddens)，
        # 它的输出形状为 (num_steps * batch_size, vocab_size)
        output = self.dense(Y.view(-1, Y.shape[-1]))
        return output, self.state
```

3. 训练模型

下面定义一个预测函数，实现前向计算和初始化隐藏状态的函数接口。

```
# 将函数保存在 d2lzh_pytorch 包中方便以后使用
def predict_rnn_pytorch(prefix, num_chars, model, vocab_size, device, idx_to_char,
```

```
                              char_to_idx):
    state = None
    output = [char_to_idx[prefix[0]]] #output 会记录 prefix 加上输出
    for t in range(num_chars + len(prefix) - 1):
        X = torch.tensor([output[-1]], device=device).view(1, 1)
        if state is not None:
            if isinstance(state, tuple): # LSTM, state:(h, c)
                state = (state[0].to(device), state[1].to(device))
            else:
                state = state.to(device)

        (Y, state) = model(X, state)
        if t < len(prefix) - 1:
            output.append(char_to_idx[prefix[t + 1]])
        else:
            output.append(int(Y.argmax(dim=1).item()))
    return ''.join([idx_to_char[i] for i in output])
```

使用权重为随机值的模型进行一次预测。

```
model = RNNModel(rnn_layer, vocab_size).to(device)
predict_rnn_pytorch('分开', 10, model, vocab_size, device, idx_to_char, char_to_idx)
```

运行程序,输出如下:

```
'分开戏想暖迎凉想征凉征征'
```

接着实现训练函数,实例使用相邻采样方式读取数据。

```
# 将函数保存在 d2lzh_pytorch 包中方便以后使用
def train_and_predict_rnn_pytorch(model, num_hiddens, vocab_size, device,
                                  corpus_indices, idx_to_char, char_to_idx,
                                  num_epochs, num_steps, lr, clipping_theta,
                                  batch_size, pred_period, pred_len, prefixes):
    loss = nn.CrossEntropyLoss()
    optimizer = torch.optim.Adam(model.parameters(), lr=lr)
    model.to(device)
    state = None
    for epoch in range(num_epochs):
        l_sum, n, start = 0.0, 0, time.time()
        data_iter = d2l.data_iter_consecutive(corpus_indices, batch_size, num_steps, device) #相邻采样
        for X, Y in data_iter:
            if state is not None:
```

```
            # 使用detach函数从计算图分离隐藏状态，这是为了使模型参数的梯度计
            # 算只依赖一次迭代读取的小批量序列（防止梯度计算开销太大）
            if isinstance(state, tuple): # LSTM, state:(h, c)
                state = (state[0].detach(), state[1].detach())
            else:
                state = state.detach()

            (output, state) = model(X, state) # output: 形状为(num_steps*
                                              # batch_size, vocab_size)

            # Y 的形状是 (batch_size, num_steps)，转置后再变成长度为 batch *
            # num_steps 的向量，这样跟输出的行一一对应
            y = torch.transpose(Y, 0, 1).contiguous().view(-1)
            l = loss(output, y.long())

            optimizer.zero_grad()
            l.backward()
            # 梯度裁剪
            d2l.grad_clipping(model.parameters(), clipping_theta, device)
            optimizer.step()
            l_sum += l.item() * y.shape[0]
            n += y.shape[0]

        try:
            perplexity = math.exp(l_sum / n)
        except OverflowError:
            perplexity = float('inf')
        if (epoch + 1) % pred_period == 0:
            print('epoch %d, perplexity %f, time %.2f sec' % (
                epoch + 1, perplexity, time.time() - start))
            for prefix in prefixes:
                print(' -', predict_rnn_pytorch(
                    prefix, pred_len, model, vocab_size, device, idx_to_char,
                    char_to_idx))
```

至此，就可以训练模型。首先，设置模型超参数，将根据前缀"分开"和"不分开"分别创作长度为 50 个字符（不考虑前缀长度）的一段歌词。每过 50 个迭代周期便根据当前训练的模型创作一段歌词。

```
num_epochs, batch_size, lr, clipping_theta = 250, 32, 1e-3, 1e-2
                                 # 注意这里的学习率设置
pred_period, pred_len, prefixes = 50, 50, ['分开', '不分开']
train_and_predict_rnn_pytorch(model, num_hiddens, vocab_size, device,
```

```
                              corpus_indices, idx_to_char, char_to_idx,
                              num_epochs, num_steps, lr, clipping_theta,
                              batch_size, pred_period, pred_len, prefixes)
```

整个程序的完整代码如下:

```
import numpy as np
import torch
from torch import nn, optim
import torch.nn.functional as F
import sys
import d2lzh_pytorch as d2l
device = torch.device('cuda' if torch.cuda.is_available() else 'cpu')

(corpus_indices, char_to_idx, idx_to_char, vocab_size) = d2l.load_data_jay_lyrics()

num_inputs, num_hiddens, num_outputs = vocab_size, 256, vocab_size
print('will use', device)
def get_params():      # 获取模型的参数
    def _one(shape):    # 生成一个具有指定形状的张量,并将其转换为torch.nn.
                        # Parameter 类型
        ts = torch.tensor(np.random.normal(0, 0.01, size=shape), device=device, dtype=torch.float32)
        return torch.nn.Parameter(ts, requires_grad=True)
    def _three():       # 生成三个参数,分别是输入更新门、重置门和候选隐藏状态的权重矩
                        # 阵以及对应的偏置向量
        return (_one((num_inputs, num_hiddens)),
                _one((num_hiddens, num_hiddens)),
                torch.nn.Parameter(torch.zeros(num_hiddens, device= device, dtype=torch.float32), requires_grad=True))

    W_xz, W_hz, b_z = _three()    # 更新门参数
    W_xr, W_hr, b_r = _three()    # 重置门参数
    W_xh, W_hh, b_h = _three()    # 候选隐藏状态参数

    # 输出层参数
    W_hq = _one((num_hiddens, num_outputs))   # 权重矩阵
    b_q = torch.nn.Parameter(torch.zeros(num_outputs, device=device, dtype=torch.float32), requires_grad=True)   # 偏置向量
    return nn.ParameterList([W_xz, W_hz, b_z, W_xr, W_hr, b_r, W_xh, W_hh, b_h, W_hq, b_q])   # 将所有的参数封装到nn.ParameterList 对象中,
并作为函数的返回值

def init_gru_state(batch_size, num_hiddens, device):
```

```python
        return (torch.zeros((batch_size, num_hiddens), device=device), )

def gru(inputs, state, params):
    W_xz, W_hz, b_z, W_xr, W_hr, b_r, W_xh, W_hh, b_h, W_hq, b_q = params
    H, = state
    outputs = []
    for X in inputs:
        Z = torch.sigmoid(torch.matmul(X, W_xz) + torch.matmul(H, W_hz) + b_z)
                                                                    # 计算更新门
        R = torch.sigmoid(torch.matmul(X, W_xr) + torch.matmul(H, W_hr) + b_r)
                                                                    # 计算重置门
        H_tilda = torch.tanh(torch.matmul(X, W_xh) + torch.matmul(R * H,
 W_hh) + b_h)                                              # 计算候选隐藏状态
        H = Z * H + (1 - Z) * H_tilda    # 通过更新门 Z 来组合上一时间步的隐藏状
                # 态 H 和当前时间步的候选隐藏状态 H_tilda，得到当前时间步的新隐藏状态 H
        Y = torch.matmul(H, W_hq) + b_q    # 计算当前时间步的输出 Y
        outputs.append(Y)
    return outputs, (H,)    # 返回包含所有时间步输出的列表 outputs，以及最后一个时
                            # 间步的隐藏状态 (H,) 作为新的模型状态

num_epochs, num_steps, batch_size, lr, clipping_theta = 160, 35, 32,
1e2, 1e-2
pred_period, pred_len, prefixes = 40, 50, ['分开', '不分开']

d2l.train_and_predict_rnn(gru, get_params, init_gru_state, num_hiddens,
                          vocab_size, device, corpus_indices, idx_to_char,
                          char_to_idx, False, num_epochs, num_steps, lr,
                          clipping_theta, batch_size, pred_period, pred_len,
                          prefixes)
```

第 8 章 长短期记忆及自动生成文本

CHAPTER 8

第 7 章 7.1 节中演示的代码虽然功能很强大，但其也仅限于简单的逻辑和样本。对于相对较复杂的问题，这种循环神经网络（Recurrent Neural Network，RNN）便会显示出其缺陷，原因还是出在激活函数上。通常来讲，激活函数在神经网络中最多只能是 6 层，因为它的反向误差传递会随着层数的增加而越来越小，而在 RNN 中，误差传递不仅存在于层与层之间，也存在于每一层的样本序列之间，所以 RNN 无法学习太长的序列特征。

于是，神经网络学科中又演化了许多 RNN 的变体版本，以使模型能够学习更长的序列特征。下面介绍 RNN 的各种演化版本及其内部原理与结构。

8.1 长短期记忆网络

长短期记忆网络（LSTM）是一种特殊的 RNN，它能够学习长时间依赖。它由 Hochreiter & Schmidhuber（1997）提出，后来很多人又进行了改进和推广。LSTM 在很多问题上都取得了巨大成功，现在已被广泛应用。

LSTM 是专门用来避免长期依赖问题的。记忆长期信息是 LSTM 的默认行为，而不是它努力学习的东西。

所有的周期神经网络都具有链式的重复模块神经网络。在标准的 RNN 中，这种重复模块具有非常简单的结构，比如可以是一个 tanh 层，如图 8-1 所示。

LSTM 同样具有链式结构，但是其重复模块却有着不同的结构。不同于单独的神经网络层，它具有 4 个以特殊方式相互影响的神经网络层，如图 8-2 所示。

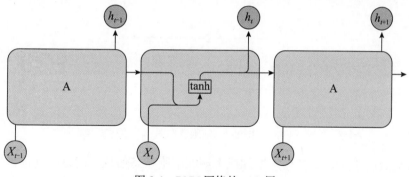

图 8-1　RNN 网络的 tanh 层

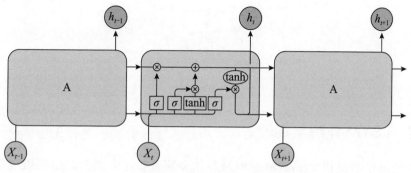

图 8-2　LSTM 的 tanh 层

下面先介绍一下 LSTM 将要用到的符号，如图 8-3 所示。

图 8-3　LSTM 将要用到的符号

图 8-3 中每一条线代表一个节点的输出到另一个节点的输入的完整向量。圆形代表逐点操作，例如向量求和；方框代表学习出的神经网络层。聚拢的线代表串联，而分叉的线代表内容复制到了不同的地方。

8.1.1　LSTM 核心思想

LSTM 的关键在于细胞状态，在图 8-4 中以水平线表示。细胞状态就像一个传送带，它顺着整个链条从头到尾运行，中间只有少许线性的交互，信息很容易顺着它流动而保持不变，如图 8-4 所示。

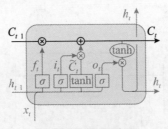

图 8-4 细胞状态图

LSTM 通过门（gates）结构来增加或者删除细胞状态信息。门是一种选择性让信息通过的结构，它们的输出有一个 sigmoid 层和逐点乘积操作，如图 8-5 所示。

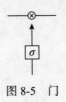

图 8-5 门

8.1.2 LSTM 详解与实现

LSTM 的第一步是决定要从细胞中抛弃什么信息。这个决定是由叫做"遗忘门"的 sigmoid 层决定的。它以 h_i-1 和 x_i 为输入，在 G_i-1 细胞输出一个介于 0 和 1 之间的数。其中 1 代表"完全保留"，0 代表"完全遗忘"。

接着，模型尝试着根据之前的单词学习预测下一个单词。在这个问题中，细胞状态可能包括现在主语的性别，以便能够使用正确的代词。当见到一个新的主语时，希望它能够忘记之前主语的性别，如图 8-6 所示。

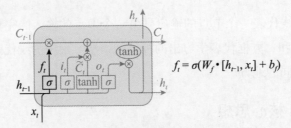

图 8-6 遗忘门

接着是决定细胞中要存储什么信息。它有 2 个组成部分。首先，由一个叫做"输入门"的 sigmoid 层决定更新哪些值。其次，一个 tanh 层创建一个新的候选向量 $\tilde{C}_t$，它可以加在状态之中。在下一步将结合两者来生成状态的更新。

在语言模型的例子中，希望把新主语的性别加入状态之中，从而取代打算遗忘的旧主语的性别，如图 8-7 所示。

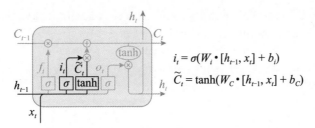

图 8-7 输入门

现在可以将旧细胞状态 C_{t-1} 更新为 C_t 了，下面进行实际操作。

把旧状态乘以 f_t，用以遗忘之前决定忘记的信息，然后加上 $i_t \times \tilde{C}_t$，这是新的候选值，根据决定更新状态的程度来选择缩放系数。

在语言模型中，此处就是真正丢弃旧主语性别信息以及增添新信息的地方，如图 8-8 所示。

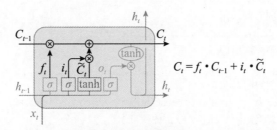

图 8-8 信息更新处

最后决定输出哪些内容。输出取决于细胞的状态。首先，使用 sigmoid 层来决定要输出细胞状态的哪些部分。然后，用 tanh 层处理细胞状态（将状态值映射到 $-1 \sim 1$ 之间）。最后，将其与 sigmoid 门的输出值相乘，从而得到决定输出的值，如图 8-9 所示。

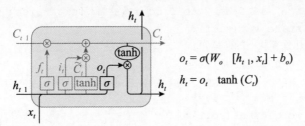

图 8-9 输出门

【例 8-1】用 TensorFlow 实现 LSTM。

```
import numpy as np
# 定义一个 LSTM 类（input_width 是输入数据的张量大小，state_width 是状态向量的维度，
#learning_rate 是学习率）
class LstmLayer(object):
```

```python
        def __init__(self, input_width, state_width, learning_rate):
            self.input_width = input_width
            self.state_width = state_width
            self.learning_rate = learning_rate
            # 门的激活函数
            self.gate_activator = sigmoidActivator()
            # 输出的激活函数
            self.output_activator = TanhActivator()
            # 当前时刻初始化为0
            self.times = 0
            # 各个时刻的单元状态向量c
            self.c_list = self.init_state_vec()
            # 各个时刻的输出向量h
            self.h_list = self.init_state_vec()
            # 各个时刻的遗忘门f
            self.f_list = self.init_state_vec()
            # 各个时刻的输入门i
            self.i_list = self.init_state_vec()
            # 各个时刻的输出门o
            self.o_list = self.init_state_vec()
            # 各个时刻的即时状态ct
            self.ct_list = self.init_state_vec()
            # 遗忘门权重矩阵Wfh, Wfx, 偏置项bf
            self.Wfh, self.Wfx, self.bf = (self.init_weight_mat())
            # 输入门权重矩阵Wih, Wix, 偏置项bi
            self.Wih, self.Wix, self.bi = (self.init_weight_mat())
            # 输出门权重矩阵Woh, Wox, 偏置项bo
            self.Woh, self.Wox, self.bo = (self.init_weight_mat())
            # 单元状态权重矩阵Wch, Wcx, 偏置项bc
            self.Wch, self.Wcx, self.bc = (self.init_weight_mat())
    def init_state_vec(self):
        # 初始化保存状态的向量为0
        state_vec_list = []
        state_vec_list.append(np.zeros((self.state_width, 1)))
        return state_vec_list
    def init_weight_mat(self):
        # 初始化权重矩阵
        Wh = np.random.uniform(-1e-4, 1e-4, (self.state_width, self.state_width))
        Wx = np.random.uniform(-1e-4, 1e-4, (self.state_width, self.input_width))
        b = np.zeros((self.state_width, 1))
        return Wh, Wx, b
    def forward(self, x):
```

```python
        # 进行前向计算
        self.times += 1
        # 遗忘门
        fg = self.calc_gate(x, self.Wfx, self.Wfh, self.bf, self.gate_activator)
        self.f_list.append(fg)
        # 输入门
        ig = self.calc_gate(x, self.Wix, self.Wih, self.bi, self.gate_activator)
        self.i_list.append(ig)
        # 输出门
        og = self.calc_gate(x, self.Wox, self.Woh, self.bo, self.gate_activator)
        self.o_list.append(og)
        # 即时状态
        ct = self.calc_gate(x, self.Wcx, self.Wch, self.bc, self.output_activator)
        self.ct_list.append(ct)
        # 单元状态
        c = fg * self.c_list[self.times - 1] + ig * ct
        self.c_list.append(c)
        # 输出
        h = og * self.output_activator.forward(c)
        self.h_list.append(h)
    def calc_gate(self, x, Wx, Wh, b, activator):
        # 计算门
        h = self.h_list[self.times - 1]  # 上次的 LSTM 输出
        net = np.dot(Wh, h) + np.dot(Wx, x) + b
        gate = activator.forward(net)
        return gate
    def backward(self, x, delta_h, activator):
        # 实现 LSTM 训练算法
        self.calc_delta(delta_h, activator)
        self.calc_gradient(x)
    def update(self):
        # 按照梯度下降，更新权重
        self.Wfh -= self.learning_rate * self.Whf_grad
        self.Wfx -= self.learning_rate * self.Whx_grad
        self.bf  -= self.learning_rate * self.bf_grad
        self.Wih -= self.learning_rate * self.Whi_grad
        self.Wix -= self.learning_rate * self.Whi_grad
        self.bi  -= self.learning_rate * self.bi_grad
        self.Woh -= self.learning_rate * self.Wof_grad
        self.Wox -= self.learning_rate * self.Wox_grad
        self.bo  -= self.learning_rate * self.bo_grad
        self.Wch -= self.learning_rate * self.Wcf_grad
```

```python
        self.Wcx -= self.learning_rate * self.Wcx_grad
        self.bc -= self.learning_rate * self.bc_grad
    def calc_delta(self, delta_h, activator):
        # 初始化各个时刻的误差项
        self.delta_h_list = self.init_delta()    # 输出误差项
        self.delta_o_list = self.init_delta()    # 输出门误差项
        self.delta_i_list = self.init_delta()    # 输入门误差项
        self.delta_f_list = self.init_delta()    # 遗忘门误差项
        self.delta_ct_list = self.init_delta()   # 即时输出误差项
        # 保存从上一层传递下来的当前时刻的误差项
        self.delta_h_list[-1] = delta_h
        # 迭代计算每个时刻的误差项
        for k in range(self.times, 0, -1):
            self.calc_delta_k(k)
    def init_delta(self):
        # 初始化误差项
        delta_list = []
        for i in range(self.times + 1):
            delta_list.append(np.zeros((self.state_width, 1)))
        return delta_list
    def calc_delta_k(self, k):
        # 根据 k 时刻的 delta_h，计算 k 时刻的 delta_f、delta_i、delta_o、delta_
        #ct，以及 k-1 时刻的 delta_h
        # 获得 k 时刻前向计算的值
        ig = self.i_list[k]
        og = self.o_list[k]
        fg = self.f_list[k]
        ct = self.ct_list[k]
        c = self.c_list[k]
        c_prev = self.c_list[k - 1]
        tanh_c = self.output_activator.forward(c)
        delta_k = self.delta_h_list[k]
        # 计算 delta_o
        delta_o = (delta_k * tanh_c * self.gate_activator.backward(og))
        delta_f = (delta_k * og * (1 - tanh_c * tanh_c) * c_prev * self.
gate_activator.backward(fg))
        delta_i = (delta_k * og * (1 - tanh_c * tanh_c) * ct * self.
gate_activator.backward(ig))
        delta_ct = (delta_k * og * (1 - tanh_c * tanh_c) * ig * self.
output_activator.backward(ct))
        delta_h_prev = (np.dot(delta_o.transpose(), self.Woh) +
 np.dot(delta_i.transpose(), self.Wih) +
            np.dot(delta_f.transpose(), self.Wfh) + np.dot(delta_
ct.transpose(), self.Wch)).transpose()
```

```python
        # 保存全部 delta 值
        self.delta_h_list[k - 1] = delta_h_prev
        self.delta_f_list[k] = delta_f
        self.delta_i_list[k] = delta_i
        self.delta_o_list[k] = delta_o
        self.delta_ct_list[k] = delta_ct
    def calc_gradient(self, x):
        # 初始化遗忘门权重梯度矩阵和偏置项
        self.Wfh_grad, self.Wfx_grad, self.bf_grad = (self.init_weight_gradient_mat())
        # 初始化输入门权重梯度矩阵和偏置项
        self.Wih_grad, self.Wix_grad, self.bi_grad = (self.init_weight_gradient_mat())
        # 初始化输出门权重梯度矩阵和偏置项
        self.Woh_grad, self.Wox_grad, self.bo_grad = (self.init_weight_gradient_mat())
        # 初始化单元状态权重梯度矩阵和偏置项
        self.Wch_grad, self.Wcx_grad, self.bc_grad = (self.init_weight_gradient_mat())
        # 计算对上一次输出 h 的权重梯度
        for t in range(self.times, 0, -1):
            # 计算各个时刻的梯度
            (Wfh_grad, bf_grad,
             Wih_grad, bi_grad,
             Woh_grad, bo_grad,
             Wch_grad, bc_grad) = (self.calc_gradient_t(t))
            # 实际梯度是各时刻梯度之和
            self.Wfh_grad += Wfh_grad
            self.bf_grad += bf_grad
            self.Wih_grad += Wih_grad
            self.bi_grad += bi_grad
            self.Woh_grad += Woh_grad
            self.bo_grad += bo_grad
            self.Wch_grad += Wch_grad
            self.bc_grad += bc_grad
        # 计算对本次输入 x 的权重梯度
        xt = x.transpose()
        self.Wfx_grad = np.dot(self.delta_f_list[-1], xt)
        self.Wix_grad = np.dot(self.delta_i_list[-1], xt)
        self.Wox_grad = np.dot(self.delta_o_list[-1], xt)
        self.Wcx_grad = np.dot(self.delta_ct_list[-1], xt)
    def init_weight_gradient_mat(self):
        # 初始化权重矩阵
```

```python
            Wh_grad = np.zeros((self.state_width, self.state_width))
            Wx_grad = np.zeros((self.state_width, self.input_width))
            b_grad = np.zeros((self.state_width, 1))
            return Wh_grad, Wx_grad, b_grad
    def calc_gradient_t(self, t):
        # 计算每个时刻t的权重梯度
        h_prev = self.h_list[t - 1].transpose()
        Wfh_grad = np.dot(self.delta_f_list[t], h_prev)
        bf_grad = self.delta_f_list[t]
        Wih_grad = np.dot(self.delta_i_list[t], h_prev)
        bi_grad = self.delta_f_list[t]
        Woh_grad = np.dot(self.delta_o_list[t], h_prev)
        bo_grad = self.delta_f_list[t]
        Wch_grad = np.dot(self.delta_ct_list[t], h_prev)
        bc_grad = self.delta_ct_list[t]
        return Wfh_grad, bf_grad, Wih_grad, bi_grad, Woh_grad, bo_grad,
Wch_grad, bc_grad
    def reset_state(self):
        # 当前时刻初始化为0
        self.times = 0
        # 各个时刻的单元状态向量c
        self.c_list = self.init_state_vec()
        # 各个时刻的输出向量h
        self.h_list = self.init_state_vec()
        # 各个时刻的遗忘门f
        self.f_list = self.init_state_vec()
        # 各个时刻的输入门i
        self.i_list = self.init_state_vec()
        # 各个时刻的输出门o
        self.o_list = self.init_state_vec()
        # 各个时刻的即时状态ct
        self.ct_list = self.init_state_vec()
def data_set():
    x = [np.array([[1], [2], [3]]),
         np.array([[2], [3], [4]])]
    d = np.array([[1], [2]])
    return x, d
class IdentityActivator():
    def forward(self, weight_input):
        return weight_input
    def backward(self, weighted_input):
        return 1.0
# 激活函数sigmoid和tanh
class sigmoidActivator(object):
```

```python
    def forward(self, weighted_input):
        return 1.0 / (1.0 + np.exp(-weighted_input))
    def backward(self, output):
        return output * (1 - output)
class TanhActivator(object):
    def forward(self, weighted_input):
        return 2.0 / (1.0 + np.exp(-2 * weighted_input)) - 1.0
    def backward(self, output):
        return 1 - output * output
def gradient_check():
    # 梯度检查
    # 设计一个误差函数，取所有节点输出项之和
    error_function = lambda o: o.sum()
    lstm = LstmLayer(3, 2, 1e-3)
    # 计算forward值
    x, d = data_set()
    lstm.forward(x[0])
    lstm.forward(x[1])
    # 求取sensitivity map
    sensitivity_array = np.ones(lstm.h_list[-1].shape,dtype=np.float64)
    # 计算梯度
    lstm.backward(x[1], sensitivity_array, IdentityActivator())
    # 检查梯度
    epsilon = 10e-4
    for i in range(lstm.Wfh.shape[0]):
        for j in range(lstm.Wfh.shape[1]):
            lstm.Wfh[i, j] += epsilon
            lstm.reset_state()
            lstm.forward(x[0])
            lstm.forward(x[1])
            err1 = error_function(lstm.h_list[-1])
            lstm.Wfh[i, j] -= 2 * epsilon
            lstm.reset_state()
            lstm.forward(x[0])
            lstm.forward(x[1])
            err2 = error_function(lstm.h_list[-1])
            expect_grad = (err1 - err2) / (2 * epsilon)
            lstm.Wfh[i, j] += epsilon
            print('weights(%d,%d): expected - actual %.4e - %.4e' % (
                i, j, expect_grad, lstm.Wfh_grad[i, j]))
    return lstm
def test():
    l = LstmLayer(3, 2, 1e-3)
```

```
        x, d = data_set()
        l.forward(x[0])
        l.forward(x[1])
        l.backward(x[1], d, IdentityActivator())
        return l
gradient_check()
```

运行程序，输出如下：

```
weights(0,0): expected - actual 1.2120e-09 - 1.2120e-09
weights(0,1): expected - actual 7.6235e-10 - 7.6232e-10
weights(1,0): expected - actual 7.6229e-10 - 7.6229e-10
weights(1,1): expected - actual 4.7944e-10 - 4.7946e-10
```

8.2 窥视孔连接

窥视孔连接（Peephole Connections）的出现是为了弥补遗忘门的一个缺点：当前细胞的状态不能影响输入门，遗忘门在下一时刻的输出使整个细胞对上个序列的处理丢失了部分信息，所以增加了窥视孔连接，如图 8-10 所示。

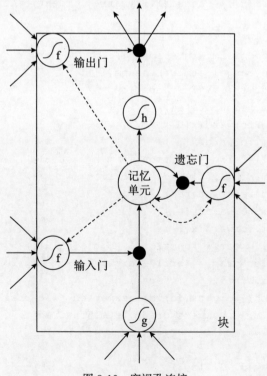

图 8-10　窥视孔连接

窥视孔连接的计算顺序如下。

（1）上一时刻从记忆单元输出的数据，随着本次时刻数据一起输入输入门和遗忘门。

（2）将输入门和遗忘门的输出数据同时输入记忆单元中。

（3）记忆单元出来的数据输入当前时刻的输出门，同时也输入下一时刻的输入门和遗忘门。

（4）遗忘门输出的数据与记忆单元激活后的数据一起作为整个块的输出。

图 8-11 所示为 peephole 的详细结构。通过这样的结构，将门的输入部分增加了一个来源——遗忘门，输入门的输入来源增加了记忆单元前一时刻的输出，输出门的输入来源增加了记忆单元当前的输出，使记忆单元对序列记忆增强。

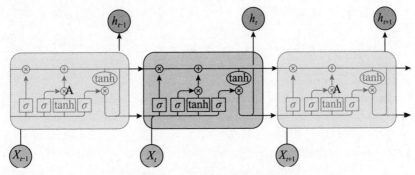

图 8-11　peephole 的详细结构

8.3　GRU 网络对 MNIST 数据集分类

GRU 是另一个常用的网络结构，其功能与 LSTM 几乎一样。它将遗忘门和输入门合成了一个单一的更新门，同样混合了细胞状态和隐藏状态及其他一些改动。最终的模型比标准的 LSTM 模型要简单，如图 8-12 所示。

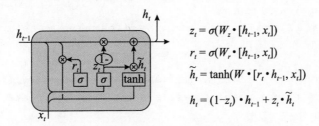

图 8-12　GRU 模型

当然，基于 LSTM 的变体不止 GRU 一个，并且经过一些专业人士的测试，它们在性能和准确度上几乎没有什么差别,只是在具体的某些业务上会略有不同。

由于 GRU 比 LSTM 少一个状态输出,但效果几乎一样,因此在编码时使用 GRU 可以让代码更为简单。

【例 8-2】构建单层 GRU 网络对 MNIST 数据集分类。

```
import TensorFlow as tf
# 导入 MINST 数据集
from TensorFlow.examples.tutorials.mnist import input_data
mnist = input_data.read_data_sets("/data/", one_hot=True)
n_input = 28 # MNIST 数据输入 (img shape: 28*28)
n_steps = 28 # 步长
n_hidden = 128 # 隐藏层特征数
n_classes = 10  # MNIST 列别 (0～9,共 10 类)

tf.reset_default_graph()

# tf Graph 输入
x = tf.placeholder("float", [None, n_steps, n_input])
y = tf.placeholder("float", [None, n_classes])
x1 = tf.unstack(x, n_steps, 1)
#GRU 网络
gru = tf.contrib.rnn.GRUCell(n_hidden)
outputs = tf.contrib.rnn.static_rnn(gru, x1, dtype=tf.float32)
# 创建动态 RNN
pred = tf.contrib.layers.fully_connected(outputs[-1],n_classes, activation_fn = None)
learning_rate = 0.001
training_iters = 100000
batch_size = 128
display_step = 10
# 定义损失函数和优化函数
cost = tf.reduce_mean(tf.nn.softmax_cross_entropy_with_logits(logits=pred, labels=y))
optimizer = tf.train.AdamOptimizer(learning_rate=learning_rate).minimize(cost)
# 评估模型
correct_pred = tf.equal(tf.argmax(pred,1), tf.argmax(y,1))
accuracy = tf.reduce_mean(tf.cast(correct_pred, tf.float32))
# 启动 session
with tf.Session() as sess:
    sess.run(tf.global_variables_initializer())
    step = 1
    # 保持训练直到达到最大迭代
```

```python
while step * batch_size < training_iters:
    batch_x, batch_y = mnist.train.next_batch(batch_size)
    # 重新格式化数据，得到 28 个元素中的 28 个 seq
    batch_x = batch_x.reshape((batch_size, n_steps, n_input))
    # 运行优化 op (backprop)
    sess.run(optimizer, feed_dict={x: batch_x, y: batch_y})
    if step % display_step == 0:
        # 计算批次数据的准确率
        acc = sess.run(accuracy, feed_dict={x: batch_x, y: batch_y})
        # 批处理计算损失
        loss = sess.run(cost, feed_dict={x: batch_x, y: batch_y})
        print ("Iter " + str(step*batch_size) + ", Minibatch Loss= " + \
               "{:.6f}".format(loss) + ", Training Accuracy= " + \
               "{:.5f}".format(acc))
    step += 1
print (" Finished!")
# 计算准确率
test_len = 128
test_data = mnist.test.images[:test_len].reshape((-1, n_steps, n_input))
test_label = mnist.test.labels[:test_len]
print ("Testing Accuracy:", \
    sess.run(accuracy, feed_dict={x: test_data, y: test_label}))
```

运行程序，输出如下：

```
rts instructions that this TensorFlow binary was not compiled to use: AVX2
Iter 1280, Minibatch Loss= 2.095457, Training Accuracy= 0.42969
Iter 2560, Minibatch Loss= 1.841022, Training Accuracy= 0.34375
Iter 3840, Minibatch Loss= 1.592266, Training Accuracy= 0.53906
Iter 5120, Minibatch Loss= 1.355840, Training Accuracy= 0.57812
……
Iter 96000, Minibatch Loss= 0.132790, Training Accuracy= 0.95312
Iter 97280, Minibatch Loss= 0.185305, Training Accuracy= 0.95312
Iter 98560, Minibatch Loss= 0.157916, Training Accuracy= 0.96875
Iter 99840, Minibatch Loss= 0.116497, Training Accuracy= 0.96094
 Finished!
Testing Accuracy: 1.0
```

8.4 双向循环神经网络对 MNIST 数据集分类

如果能像访问过去的上下文信息一样，访问未来的上下文，那么对很多序列标注任务非常有益。例如，在最特殊字符分类的时候，如果能像知道这个字母之前的字母一样，知道未来的字母，会非常有帮助。对于句子中的音素分类同样也是如此。

然而，由于标准的循环神经网络（RNN）在时序上处理序列，所以其往往忽略了未来的上下文信息。这时可以在输入和目标之间添加延迟，以给网络一些时间来加入未来的上下文信息，也就是加入 M 时间帧的未来信息一起来预测输出。理论上，M 可以取得非常大，这样就可以捕获未来所有的可用信息，但实践发现当 M 过大时，预测结果反而会变差。这是因为网络把精力都集中在记忆大量的输入信息上，从而导致联合不同输入向量的预测知识的建模能力下降。因此，M 的大小需要手动调节。

双向循环神经网络（BRNN）的基本思想是：每一个训练序列向前和向后分别是两个循环神经网络（RNN），而且这两个网络都连接着一个输出层。这个结构将输入序列中每一个点完整的过去和未来的上下文信息，提供给输出层。图 8-13 是一个沿着时间展开的双向循环神经网络。图中 6 个独特的权值在每一个时步都被重复利用，6 个权值分别对应：输入到向前和向后隐藏层(w_1, w_3)，隐藏层到隐藏层(w_2, w_5)，向前和向后隐藏层到输出层(w_4, w_6)。值得注意的是：向前和向后隐藏层之间没有信息流，这保证了展开图是非循环的。

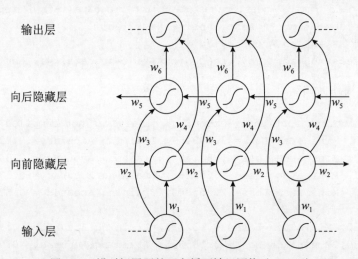

图 8-13　沿时间展开的双向循环神经网络（BRNN）

整个双向循环神经网络（BRNN）的计算过程如下。

1. 向前推算（forward pass）

除了输入序列对于两个隐藏层是相反方向的，双向循环神经网络（BRNN）的隐藏层的向前推算与单向的循环神经网络（RNN）一样，直到两个隐藏层处理完所有的全部输入序列，输出层才更新。

2. 向后推算（backward pass）

所有输出层的 δ 项先被计算，再返回给两个不同方向的隐藏层外，除了双向循环神经网络（BRNN）的向后推算与标准的循环神经网络（RNN）的通过时间反向传播是相似的。

【例8-3】用 TensorFlow 实现 Bi-LSTM 分类。

```
# -*- coding: utf-8 -*-
""" 用 Bi-LSTM 进行分类 """
import tensorflow as tf
import numpy as np
# 加载测试数据的读写工具包，加载测试手写数据，目录 MNIST_data 是用来存放训练和测试数
# 据的
# 可以修改 "/tmp/data"，把数据放到自己要存储的地方
import TensorFlow.examples.tutorials.mnist.input_data as input_data
mnist = input_data.read_data_sets("/tmp/data", one_hot=True)
# 设置训练参数
learning_rate = 0.01
max_samples = 400000
batch_size =128
display_step = 10
#MNIST 图像尺寸为 28*28，输入 n_input 为 28，同时 n_steps 即 LSTM 的展开步数也为 28
#n_classes 为分类数目
n_input = 28
n_steps = 28
n_hidden =256 #LSTM 的 hidden 是什么结构
n_classes =10
x=tf.placeholder("float",[None,n_steps,n_input])
y=tf.placeholder("float",[None,n_classes])
#softmax 层的 weights 和 biases
# 双向 LSTM 有 forward 和 backwrad 两个 LSTM 的细胞，所以权重的参数数量为 2*n_hidden
weights = {
    'out': tf.Variable(tf.random_normal([2*n_hidden, n_classes]))
}
biases = {
    'out': tf.Variable(tf.random_normal([n_classes]))
}
# 定义了 Bi-LSTM 网络的生成
def BiRNN(x,weights,biases):
    x = tf.transpose(x,[1,0,2])
    x = tf.reshape(x,[-1,n_input])
    x = tf.split(x,n_steps)
    # 修改添加了作用域
    with tf.variable_scope('forward'):
        lstm_fw_cell = tf.contrib.rnn.BasicLSTMCell(n_hidden ,forget_bias=1.0)
    with tf.variable_scope('backward'):
        lstm_bw_cell = tf.contrib.rnn.BasicLSTMCell(n_hidden ,forget_bias=1.0)
```

```
        with tf.variable_scope('birnn'):
            outputs,_,_ =tf.contrib.rnn.static_bidirectional_rnn(lstm_fw_
cell,lstm_bw_cell,x,dtype=tf.float32)
        return tf.matmul(outputs[-1],weights['out'])+biases['out']

pred =BiRNN(x,weights,biases)
cost = tf.reduce_mean(tf.nn.softmax_cross_entropy_with_logits(logits =
pred,labels = y))
optimizer = tf.train.AdamOptimizer(learning_rate = learning_rate).
minimize(cost)
correct_pred = tf.equal(tf.argmax(pred,1),tf.argmax(y,1))
accuracy = tf.reduce_mean(tf.cast(correct_pred,tf.float32))
init = tf.global_variables_initializer()
with tf.Session() as sess:
    sess.run(init)
    step =1
    while step* batch_size <max_samples :
        batch_x ,batch_y =mnist.train.next_batch(batch_size)
        batch_x =batch_x.reshape((batch_size,n_steps,n_input))

        sess.run(optimizer,feed_dict={x:batch_x,y:batch_y})
        if step % display_step ==0:
            acc = sess.run(accuracy , feed_dict={x:batch_x,y:batch_y})
            loss = sess.run(cost,feed_dict={x:batch_x,y:batch_y})
            print("Iter" + str(step*batch_size)+",Minibatch Loss = "+\
                "{:.6f}".format(loss)+", Training Accuracy = "+ \
                "{:.5f}".format(acc))
        step+=1
    print("Optimization Finished!")
    test_len = 10000
    test_data = mnist.test.images[:test_len].reshape((-1,n_steps,n_input))
    test_label = mnist.test.labels[:test_len]
    print("Testing Accuracy:",
        sess.run(accuracy,feed_dict={x:test_data,y:test_label}))
```

运行程序，输出如下：

```
……
Iter394240,Minibatch Loss = 0.022451, Training Accuracy = 0.99219
Iter395520,Minibatch Loss = 0.005667, Training Accuracy = 1.00000
Iter396800,Minibatch Loss = 0.005014, Training Accuracy = 1.00000
Iter398080,Minibatch Loss = 0.006802, Training Accuracy = 1.00000
Iter399360,Minibatch Loss = 0.004697, Training Accuracy = 1.00000
Optimization Finished!
```

```
Testing Accuracy: 0.9876
```

8.5 CTC 实现端到端训练的语音识别模型

连接时序分类（Connectionist Temporal Classification，CTC，连续时序分类）是语音辨识中的一个关键技术，它通过增加一个额外的 Symbol 代表 NULL 来解决叠字问题。

RNN 的优势在于处理连续数据，在基于连续的时序分类任务中，通常会使用 CTC 的方法。该方法的优势主要体现在处理 loss 值上，它通过对序列对不上的 label 添加 blank（空 label）的方式，将预测的输出值与给定的 label 值在时间序列上对齐，通过交叉熵的算法求出具体损失值。

比如在语音识别中，一句语音有它的序列值及对应的文本，可以使用 CTC 的损失函数求出模型输出与 label 之间的 loss，再通过优化器的迭代训练让损失值变小，从而将模型训练出来。

【例 8-4】2015 年，百度公开发布的采用神经网络的 LSTM+CTC 模型大幅降低了语音识别的错误率。采用这种技术在安静环境下，标准普通话的识别率接近 97%。本节将通过一个简单的例子，演示如何用 TensorFlow 的 LSTM+CTC 完成一个端到端训练的语音识别模型。

声音实际上是一种波，常见的 MP3 等格式都是压缩格式，原始的音频文件称为 WAV 文件。WAV 文件中除存储了一个文件头外，其余是声音波形的一个个点，图 8-14 是一个声音波形的示意图。

图 8-14 声音波形示意图

要对声音进行分析，需要对其分帧，也就是把声音切开分成很多小段，每一小段称为一帧。帧与帧之间一般是有交叠的。

分帧后,语音就变成了很多小段,常见的提取特征的方法有线性预测编码(Linear Predictive Coding,LPC)、梅尔频率倒谱系数(Mel-frequency Cepstrum Coefficients,MFCC)等。其中,MFCC特征提取是根据人的听觉对不同频率声音的敏感程度,把一帧波形变成一个多维向量,将波形文件转换成特征向量的过程称为声学特征提取,实际应用中有很多声学特征提取的方法。

语音识别最主要的过程之一就是把提取的声学特征数据转换成发音的音素,音素是人发音的基本单元。对于英文,常用的音素集是一套由39个音素构成的集合。对于汉语,基本上就是汉语拼音的声母和韵母组成的音素集合。

例如,假设输入LSTM的是一个100×13的数据,发音音素有39个,则经过LSTM处理后,输入CTC的数据要求是100×41的矩阵(41=39+2)。其中100是原始序列的长度,即多少帧的数据,41表示这一帧数据在41个分类上各自的概率。为什么是41个分类呢?那是因为,在这41个分类中39个是发音音素,剩下2个分别代表空白和没有标签。总的来说,这些输出是将分类序列对齐到输入序列的全部可能方法的概率。任何一个分类序列的总概率,都可以看作它的不同对齐形式对应的全部概率之和。双向LSTM+CTC声学模型训练过程如图8-15所示。

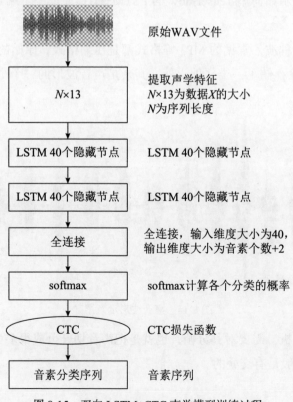

图8-15 双向LSTM+CTC声学模型训练过程

为了简化操作，本例的语音识别是训练一句话，这句话的音素分类也简化成对应的字母（不管是真实的音素还是对应文本的字母，原理都是一样的），其实现代码过程如下。

（1）提取 WAV 文件的 MFCC 特征。

```
def get_audio_feature():
    ''' 获取 WAV 文件提取 MFCC 特征之后的数据 '''
    audio_filename = "audio.wav"
    # 读取 WAV 文件内容，fs 为采样率，audio 为数据
    fs, audio = wav.read(audio_filename)
    # 提取 MFCC 特征
    inputs = mfcc(audio, samplerate=fs)
    # 对特征数据进行归一化，减去均值除以方差
    feature_inputs = np.asarray(inputs[np.newaxis, :])
    feature_inputs = (feature_inputs - np.mean(feature_inputs))/np.std(feature_inputs)
    # 特征数据的序列长度
    feature_seq_len = [feature_inputs.shape[1]]
    return feature_inputs, feature_seq_len
```

函数返回的 feature_seq_len 表示这段语音被分为多少帧，一帧数据计算出一个 13 维长度的特征值。返回的 feature_inputs 是一个二维矩阵，表示这段语音提取出来的所有特征值。矩阵的行数为 feature_seq_len，列数为 13。

然后读取这段 WAV 文件对应的文本文件，并将文本转换成音素分类。音素分类的数量是 28 个，其中包含英文字母的个数（26 个），另外需要添加一个空白分类和一个没有音素的分类，一共 28 种分类。实例的 WAV 文件是一句英文，内容是 "she had your dark suit in greasy wash water all year"。现在要把这句英文里的字母，变成用整数表示的序列，空白用序号 0 表示，字母 a～z 用序号 1～26 表示。于是，这句话的整数表示为：[19 8 5 0 8 1 4 0 25 12 21 18 0 4 1 18 11 0 19 21 9 20 0 9 14 0 7 18 5 19 25 0 23 1 19 8 0 23 1 20 5 18 0 1 12 12 0 25 5 1 18]。最后，再将这个整数序列通过 sparse_tuple_from 函数转换成稀疏三元组结构，这样做主要是为了可以将其直接用在 TensorFlow 的 tf.sparse_placeholder 上。

（2）将一句话转换成分类的整数 id。

```
def get_audio_label():
    ''' 将 label 文本转换成整数序列，然后再转换成稀疏三元组 '''
    target_filename = 'label.txt'
    with open(target_filename, 'r') as f:
        # 原始文本为 "she had your dark suit in greasy wash water all year"
```

```
        line = f.readlines()[0].strip()
        targets = line.replace(' ', '  ')
        # 放入list中，空格用''代替
#['she', '', 'had', '', 'your', '', 'dark', '', 'suit', '', 'in', '',
'greasy', '', 'wash', '', 'water', '', 'all', '', 'year']
        targets = targets.split(' ')
        # 每个字母作为一个label，转换成如下形式
#['s' 'h' 'e' '<space>' 'h' 'a' 'd' '<space>' 'y' 'o' 'u' 'r'
'<space>' 'd'
# 'a' 'r' 'k' '<space>' 's' 'u' 'i' 't' '<space>' 'i' 'n' '<space>'
'g' 'r'
# 'e' 'a' 's' 'y' '<space>' 'w' 'a' 's' 'h' '<space>' 'w' 'a' 't'
'e' 'r'
#'<space>' 'a' 'l' 'l' '<space>' 'y' 'e' 'a' 'r']
        targets = np.hstack([SPACE_TOKEN if x == '' else list(x) for x in
targets])

        # 将label转换成整数序列表示
        # [19  8  5  0  8  1  4  0 25 15 21 18  0  4  1 18 11  0 19 21  9
         20  0  9
        # 14  0  7 18  5  1 19 25  0 23  1 19  8  0 23  1 20  5 18  0  1 12
         12  0 25
        # 5  1 18]
        targets = np.asarray([SPACE_INDEX if x == SPACE_TOKEN else ord(x) -
FIRST_INDEX
        for x in targets])
        # 将列表转换成稀疏三元组
        train_targets = sparse_tuple_from([targets])
        return train_targets
```

接着，定义两层的双向LSTM结构以及LSTM之后的特征映射。

（3）定义双向LSTM结构。

```
    def inference(inputs, seq_len):
        ''' 两层双向LSTM的网络结构定义
        Args:
        inputs: 输入数据，形状是[batch_size, 序列最大长度, 一帧特征的个数13]
            样本在转成特征矩阵之后保存在矩阵中，在n个样本组成的batch中，因为不同样本序列长度
不一样，在组成的三维数据中，第二维的长度要足够容纳下所有样本的特征序列长度，这个长度就是序
列最大长度。
        seq_len: batch里每个样本的有效的序列长度
        '''
        # 定义一个向前计算的LSTM单元，40个隐藏单元
        cell_fw = tf.contrib.rnn.LSTMCell(num_hidden,
```

```
                            initializer=tf.random_normal_initializer(
                                        mean=0.0, stddev=0.1),
                            state_is_tuple=True)
# 组成一个有 2 个 cell 的 list
cells_fw = [cell_fw] * num_layers
# 定义一个向后计算的 LSTM 单元,40 个隐藏单元
cell_bw = tf.contrib.rnn.LSTMCell(num_hidden,
                            initializer=tf.random_normal_initializer(
                                        mean=0.0, stddev=0.1),
                            state_is_tuple=True)
# 组成一个有 2 个 cell 的 list
cells_bw = [cell_bw] * num_layers
# 用向前计算和向后计算的 2 个 cell 的 list 组成双向 LSTM 网络
# sequence_length 为实际有效的长度,大小为 batch_size,表示 batch 中每个样本的
# 实际有效序列长度有多长
# 输出的 outputs 宽度是隐藏单元的个数,即 num_hidden 的大小
outputs, _, _ = tf.contrib.rnn.stack_bidirectional_dynamic_rnn(cells_fw,
                                        cells_bw,
                                        inputs,
                                        dtype=tf.float32,
                                        sequence_length=
                                        seq_len)

# 获得输入数据的形状
shape = tf.shape(inputs)
batch_s, max_timesteps = shape[0], shape[1]
# 将 2 层 LSTM 的输出转换成宽度为 40 的矩阵
# 后面进行全连接计算
outputs = tf.reshape(outputs, [-1, num_hidden])
W = tf.Variable(tf.truncated_normal([num_hidden,
                                        num_classes],
                                    stddev=0.1))
b = tf.Variable(tf.constant(0., shape=[num_classes]))
# 进行全连接线性计算
logits = tf.matmul(outputs, W) + b
# 将全连接计算的结果,由宽度 40 变成宽度 80,即最后输入 CTC 的数据宽度必须是 26+2 的
# 宽度
logits = tf.reshape(logits, [batch_s, -1, num_classes])
# 转置,将第一维和第二维交换,变成序列的长度放第一维,batch_size 放第二维,这也是
# 为了适应 TensorFlow 的 CTC 的输入格式
logits = tf.transpose(logits, (1, 0, 2))
return logits
```

最后,将读取数据、构建 LSTM+CTC 的网络结构以及训练过程结合到一起。在完成 1200 次迭代训练后,进行样本测试,将 CTC 解码结果的音素分类的整数值重新转换成字

母，得到最终结果。

（4）语音识别训练的主程序逻辑代码。

```python
def main():
    # 输入特征数据，形状为：[batch_size, 序列长度, 一帧特征数]
    inputs = tf.placeholder(tf.float32, [None, None, num_features])
    # 输入数据的label, 定义成稀疏sparse_placeholder会生成稀疏的tensor:
    #SparseTensor
    # 这个结构可以直接输入CTC求loss
    targets = tf.sparse_placeholder(tf.int32)
    # 序列的长度，大小是[batch_size], 表示的是batch中每个样本的有效序列长度
    seq_len = tf.placeholder(tf.int32, [None])
    # 向前计算网络，定义网络结构，输入是特征数据，输出提供给CTC计算损失值
    logits = inference(inputs, seq_len)
    #CTC计算损失
    # 参数targets必须是一个值为int32的稀疏tensor的结构：tf.SparseTensor
    # 参数logits是前面LSTM网络的输出
    # 参数seq_len是这个batch样本中每个样本的序列长度
    loss = tf.nn.ctc_loss(targets, logits, seq_len)
    # 计算损失的平均值
    cost = tf.reduce_mean(loss)
    # 采用冲量优化方法
    optimizer = tf.train.MomentumOptimizer(initial_learning_rate, 0.9).minimize(cost)
    # 还有另外一个CTC的函数：tf.contrib.ctc.ctc_beam_search_decoder, 函数会得
    # 到更好的结果，但是效果比ctc_beam_search_decoder低，返回的结果中, decode是
    #CTC解码的结果，即输入数据解码出的结果序列是什么
    decoded, _ = tf.nn.ctc_greedy_decoder(logits, seq_len)
    # 采用计算编辑距离的方式计算decode后结果的错误率
    ler = tf.reduce_mean(tf.edit_distance(tf.cast(decoded[0], tf.int32),
                                          targets))
    config = tf.ConfigProto()
    config.gpu_options.allow_growth = True
    with tf.Session(config=config) as session:
        # 初始化变量
        tf.global_variables_initializer().run()
        for curr_epoch in range(num_epochs):
            train_cost = train_ler = 0
            start = time.time()
            for batch in range(num_batches_per_epoch):
                # 获取训练数据，实例中只取一个样本的训练数据
                train_inputs, train_seq_len = get_audio_feature()
                # 获取这个样本的label
```

```
            train_targets = get_audio_label()
            feed = {inputs: train_inputs,
                    targets: train_targets,
                    seq_len: train_seq_len}

            # 一次训练，更新参数
            batch_cost, _ = session.run([cost, optimizer], feed)
            # 计算累加的训练的损失值
            train_cost += batch_cost * batch_size
            # 计算训练集的错误率
            train_ler += session.run(ler, feed_dict=feed)*batch_size
        train_cost /= num_examples
        train_ler /= num_examples
        # 打印每一轮迭代的损失值及错误率
        log = "Epoch {}/{}, train_cost = {:.3f}, train_ler = {:.3f}, time = {:.3f}"
        print(log.format(curr_epoch+1, num_epochs, train_cost, train_ler,
                         time.time() - start))
# 在进行了1200次训练后，计算一次实际的测试并输出
# 读取测试数据，这里读取的数据和训练数据是同一个样本
test_inputs, test_seq_len = get_audio_feature()
test_targets = get_audio_label()
test_feed = {inputs: test_inputs,
             targets: test_targets,
             seq_len: test_seq_len}
d = session.run(decoded[0], feed_dict=test_feed)
# 将得到的测试语音经过CTC解码后的整数序列转换成字母
str_decoded = ''.join([chr(x) for x in np.asarray(d[1]) + FIRST_INDEX])
# 将no label转换成空
str_decoded = str_decoded.replace(chr(ord('z') + 1), '')
# 将空白转换成空格
str_decoded = str_decoded.replace(chr(ord('a') - 1), ' ')
# 打印最后的结果
print('Decoded:\n%s' % str_decoded)
```

在进行1200次训练后，输出结果如下：

```
......
Epoch 194/200, train_cost = 21.196, train_ler = 0.096, time = 0.088
Epoch 195/200, train_cost = 20.941, train_ler = 0.115, time = 0.087
Epoch 196/200, train_cost = 20.644, train_ler = 0.115, time = 0.083
Epoch 197/200, train_cost = 20.367, train_ler = 0.096, time = 0.088
Epoch 198/200, train_cost = 20.141, train_ler = 0.115, time = 0.082
Epoch 199/200, train_cost = 19.889, train_ler = 0.096, time = 0.087
```

```
Epoch 200/200, train_cost = 19.613, train_ler = 0.096, time = 0.087
Decoded:
she had your dark suitgreasy wash water allyear
```

实例只演示了一个最简单的 LSTM+CTC 的端到端的训练，实际的语音识别系统还需要大量的训练样本以及将音素转换到文本的解码过程。

8.6 LSTM 生成文本预测

Keras 是一个高级的神经网络 API，利用它能够轻松地搭建一些复杂的神经网络模型，它是一个不错的深度学习框架。为了用一个童话生成其他的童话，可以使用 LSTM 模型，之所以使用这个模型，是因为 LSTM 具有长短时记忆功能，能够很好地处理文本中文字之间的联系，而不是将文字看成独立的个体。

8.6.1 模型训练

在搭建 LSTM 模型之前，需要做一些准备工作。将每个文字对应到一个数字，该模型的输入特征向量为前 10 个文字对应的数字组成的向量，目标变量为该 10 个文字的下一个文字对应的数字。该 story.txt 文件中一共有 9191 个文字（包括汉字和标点符号），按照处理模式，共有 1127 个样本，将这些样本传入 LSTM 模型中。建立的模型很简单，先是一个 LSTM 层，含有 256 个 LSTM 结构；然后是一个 Dropout 层，能有效防止模型发生过拟合；最后是 Softmax 层，将它转化为多分类的问题。采用交叉熵作为模型的损失函数。

训练模型的 Python 代码如下：

```python
import numpy as np
import pandas as pd
from keras.models import Sequential
from keras.layers import Dense
from keras.layers import Dropout
from keras.layers import LSTM
from keras.utils import np_utils
import warnings

# 读取 txt 文件
warnings.filterwarnings("ignore")
text=(open("story.txt",encoding='UTF-8').read())
text=text.lower()
# 创建文字和对应数字的字典
```

```
characters = sorted(list(set(text)))
n_to_char = {n:char for n, char in enumerate(characters)}
char_to_n = {char:n for n, char in enumerate(characters)}
# 解析数据集,转换为输入向量和输出向量
X = []
Y = []
length = len(text)
seq_length = 100
for i in range(0, length-seq_length, 1):
    sequence = text[i:i + seq_length]
    label =text[i + seq_length]
    X.append([char_to_n[char] for char in sequence])
    Y.append(char_to_n[label])

X_modified = np.reshape(X, (len(X), seq_length, 1))
X_modified = X_modified / float(len(characters))
Y_modified = np_utils.to_categorical(Y)
# 定义LSTM模型
model = Sequential()
model.add(LSTM(400, input_shape=(X_modified.shape[1], X_modified.shape[2]), return_sequences=True))
model.add(Dropout(0.2))
model.add(LSTM(400))
model.add(Dropout(0.2))
model.add(Dense(Y_modified.shape[1], activation='softmax'))
model.compile(loss='categorical_crossentropy', optimizer='adam')
# 拟合模型
model.fit(X_modified, Y_modified, epochs=1, batch_size=100)
# 保存模型
model.save('weights/chinese_text_generator.h5')
```

运行程序,经过一段时间训练,输出如下:

```
总的文字数: 9191
总的文字类别: 1127
91/91 [==============================] - 211s 2s/step - loss: 6.0687
```

如果想看模型的结构及参数情况,在代码中使用print(model.summary())即可,输出结果如图8-16所示。

```
print(model.summary())
Model: "sequential_6"
_____
Layer (type)                 Output Shape              Param #
=================================================================
lstm_7 (LSTM)                (None, 100, 400)          643200
_____
dropout_7 (Dropout)          (None, 100, 400)          0
_____
lstm_8 (LSTM)                (None, 400)               1281600
_____
dropout_8 (Dropout)          (None, 400)               0
_____
dense_6 (Dense)              (None, 422)               169222
=================================================================
Total params: 2,094,022
Trainable params: 2,094,022
Non-trainable params: 0
_____
None
```

图 8-16　输出结果

虽然这是一个很简单的 LSTM 模型，但它的参数多达 200 多万个，深度学习参数之多可见一斑。训练该模型时，训练时间不是很长（几分钟），但损失值较大，为 6.0687，以这个文件作为模型训练的结果，文件如下：

chinese_text_generator.h5　　　　　2024/1/3 12:42　　　　H5 文件　　　　27,898 KB

8.6.2　预测文本

下一步，利用这个模型生成预测文本。生成预测文本的完整 Python 代码如下：

```python
import numpy as np
import pandas as pd
from keras.models import Sequential
from keras.layers import Dense
from keras.layers import Dropout
from keras.layers import LSTM
from keras.utils import np_utils
from keras.models import load_model
import warnings

warnings.filterwarnings("ignore")
text=(open("story.txt",encoding='UTF-8').read())
text=text.lower()
characters = sorted(list(set(text)))

n_to_char = {n:char for n, char in enumerate(characters)}
char_to_n = {char:n for n, char in enumerate(characters)}
```

```python
X = []
# 测量加载数据长度
length = len(text)
# 解析数据集,转换为输入向量和输出向量
seq_length = 100
for i in range(0, length-seq_length, 1):
    sequence = text[i:i + seq_length]
    X.append([char_to_n[char] for char in sequence])

# 载入模型
model = load_model('weights/chinese_text_generator.h5')
string_mapped = X[99]
full_string = [n_to_char[value] for value in string_mapped]
# 生成字符
for i in range(400):
    x = np.reshape(string_mapped,(1,len(string_mapped), 1))
    x = x / float(len(characters))
    pred_index = np.argmax(model.predict(x, verbose=0))
    seq = [n_to_char[value] for value in string_mapped]
    full_string.append(n_to_char[pred_index])
    string_mapped.append(pred_index)
    string_mapped = string_mapped[1:len(string_mapped)]

# 组合文本
txt=""
for char in full_string:
    txt = txt+char
print("童话故事:", txt)
```

运行程序,输出如下:

童话故事:云层,而彩云却飘落在涧水上。
随便走上哪一朵彩云,彩云都可以带着他们飞。
因此,他们分不清哪里是梅丛,哪里是云间。
第二条山谷里有许多巨大的卵石。
有的隐在树荫上,石头表面有许多凹陷的圆坑,每只坑里
都,,,,,,,,,,,,,,,,,,,,,,,

第 9 章 其他网络的经典分析与应用

CHAPTER 9

前面介绍了 TensorFlow 的神经网络、卷积网络及循环网络，下面对 TensorFlow 其他一些常用的网络进行介绍。

9.1 自编码网络及实现

自编码网络 1986 年由 Rumelhart 提出，是神经网络的一种，是一种无监督学习方法，使用反向传播算法，目标是使输出等于输入。自编码网络内部有隐藏层，可以产生编码来表示输入。

自编码网络主要是通过复现输出而捕捉可以代表输入的重要因素，利用中间隐层对输入的压缩表达，达到像 PCA 那样找到原始信息主成分的目的。

传统自编码网络主要用于降维或特征学习。近年来，由于自编码网络与潜变量模型理论的联系，自编码网络被带到了生成式建模的前沿。

9.1.1 自编码网络的结构

图 9-1 是一个自编码网络的例子，对于输入 $x^{(1)}, x^{(2)}, \cdots, x^{(i)} \in R^n$，让目标值等于输入值 $y^{(i)} = x^{(i)}$。

自编码有如下两个过程。

（1）输入层：隐层的编码过程为

$$h = g_{\theta_1}(x) = \sigma(W_1 x + b_1)$$

（2）隐层：输出层的解码过程为

$$\hat{x} = g_{\theta_2}(h) = \sigma(W_2 h + b_2)$$

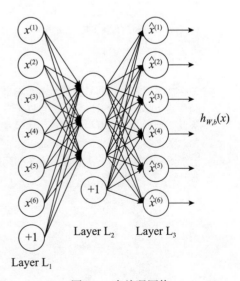

图 9-1　自编码网络

这之间的压缩损失为

$$J_E(W,b) = \frac{1}{m}\sum_{r=1}^{m}\frac{1}{2}\|\hat{x}_r - x_r\|^2$$

很多人可能会有疑问：自编码（无监督学习中的一种）到底有什么用？输入和输出都是本身，这样的操作有何意义？自编码的作用主要有如下两点。

（1）自编码可以实现非线性降维，只要设定输出层中神经元的个数小于输入层中神经元的个数就可以对数据集进行降维。反之，也可以将输出层神经元的个数设置为大于输入层神经元的个数，然后在损失函数构造上加入正则化项进行系数约束，这时就成了稀疏自编码。

（2）利用自编码可以进行神经网络预训练。深层网络通过随机初始化权重，用梯度下降来训练网络，这很容易发生梯度消失。因此现在训练深层网络都是先采用无监督学习来训练模型的参数，然后再将这些参数作为初始化参数进行有监督的训练。

9.1.2 自编码网络的代码实现

本小节通过几个实例来演示自编码网络的实现。

1. 提取图片的特征，并利用特征还原图片

【例9-1】通过构建一个量程的自编码网络，将MNIST数据集的数据特征提取出来，并通过这些特征重建一个MNIST数据集。下面以MNIST数据集为例，将其像素点组成的数据（28×28）从784维降到256维，然后再降到128维，最后再以同样的方式经过256维，最终还原原来的图片。

```
import tensorflow as tf
import numpy as np
import matplotlib.pyplot as plt
# 导入 MINST 数据集
from TensorFlow.examples.tutorials.mnist import input_data
mnist = input_data.read_data_sets("/data/", one_hot=True)
# 网络模型参数
learning_rate = 0.01
n_hidden_1 = 256 # 第一层 256 个节点
n_hidden_2 = 128 # 第二层 128 个节点
n_input = 784 # MNIST data 输入 (img shape: 28*28)
# 占位符
x = tf.placeholder("float", [None, n_input])# 输入
y = x # 输出
# 学习参数
```

```python
weights = {
    'encoder_h1': tf.Variable(tf.random_normal([n_input, n_hidden_1])),
    'encoder_h2': tf.Variable(tf.random_normal([n_hidden_1, n_hidden_2])),
    'decoder_h1': tf.Variable(tf.random_normal([n_hidden_2, n_hidden_1])),
    'decoder_h2': tf.Variable(tf.random_normal([n_hidden_1, n_input])),
}
biases = {
    'encoder_b1': tf.Variable(tf.zeros([n_hidden_1])),
    'encoder_b2': tf.Variable(tf.zeros([n_hidden_2])),
    'decoder_b1': tf.Variable(tf.zeros([n_hidden_1])),
    'decoder_b2': tf.Variable(tf.zeros([n_input])),
}
# 编码
def encoder(x):
    layer_1=tf.nn.sigmoid(tf.add(tf.matmul(x, weights['encoder_h1']),biases['encoder_b1']))
    layer_2=tf.nn.sigmoid(tf.add(tf.matmul(layer_1,weights['encoder_h2']), biases['encoder_b2']))
    return layer_2
# 解码
def decoder(x):
    layer_1= tf.nn.sigmoid(tf.add(tf.matmul(x, weights['decoder_h1']),biases['decoder_b1']))
    layer_2 = tf.nn.sigmoid(tf.add(tf.matmul(layer_1, weights['decoder_h2']),biases['decoder_b2']))
    return layer_2
# 输出的节点
encoder_out = encoder(x)
pred = decoder(encoder_out)
# 使用平方差为cost
cost = tf.reduce_mean(tf.pow(y - pred, 2))
optimizer = tf.train.RMSPropOptimizer(learning_rate).minimize(cost)
# 训练参数
training_epochs = 20    # 一共迭代20次
batch_size = 256        # 每次取256个样本
display_step = 5        # 迭代5次输出一次信息
# 启动会话
with tf.Session() as sess:
    sess.run(tf.global_variables_initializer())
    
    total_batch = int(mnist.train.num_examples/batch_size)
```

```
# 开始训练
for epoch in range(training_epochs):# 迭代
    for i in range(total_batch):
        batch_xs, batch_ys = mnist.train.next_batch(batch_size)# 取数据
        _, c = sess.run([optimizer, cost], feed_dict={x: batch_xs})
                                                                # 训练模型
    if epoch % display_step == 0:# 现实日志信息
        print("Epoch:", '%04d' % (epoch+1),"cost=", "{:.9f}".format(c))

print(" 完成!")
# 测试
correct_prediction = tf.equal(tf.argmax(pred, 1), tf.argmax(y, 1))
# 计算错误率
accuracy = tf.reduce_mean(tf.cast(correct_prediction, "float"))
print ("Accuracy:", 1-accuracy.eval({x: mnist.test.images, y: mnist.test.images}))

# 可视化结果
show_num = 10
reconstruction = sess.run(
    pred, feed_dict={x: mnist.test.images[:show_num]})

f, a = plt.subplots(2, 10, figsize=(10, 2))
for i in range(show_num):
    a[0][i].imshow(np.reshape(mnist.test.images[i], (28, 28)))
    a[1][i].imshow(np.reshape(reconstruction[i], (28, 28)))
plt.draw()
```

运行程序,输出如下,效果如图 9-2 所示。

```
Epoch: 0001 cost= 0.205947176
Epoch: 0006 cost= 0.126171440
Epoch: 0011 cost= 0.107432112
Epoch: 0016 cost= 0.097940058
完成!
Accuracy: 1.0
```

图 9-2 自编码输出结果 1

上面代码使用的激活函数为 sigmoid 激活函数,输出范围是 [0,1],当对最终提取的特征节点采用激活函数时,就相当于对输入进行限制或缩放,使其位于 [0,1]。有一些数据集,比如 MNIST,能方便地将输出缩放到 [0,1],但是有些数据集很难满足对输入值的要求,例如,PCA 白化处理的输入并不满足 [0,1] 的范围要求,也不清楚是否有更好的办法将数据缩放到特定范围内。如果利用一个恒等式来作为激活函数,就可以很好地解决这个问题,即以 $f(z)=z$ 作为激活函数。

2. 提取图片的二维特征,并利用二维特征还原图片

由多个带有 sigmoid 激活函数的隐藏层以及一个线性输出层构成的自编码器,称为线性解码器。

【例 9-2】通过构建一个二维的自编码网络,将 MNIST 数据集的数据特征提取出来,并通过这些特征重建一个 MNIST 数据集,这里使用 4 层逐渐压缩将维度 785 分别压缩成 256、64、16、2 这 4 个特征向量,最后再还原。此处使用了线性解码器,在编码的最后一层,没有进行 sigmoid 变化,这是因为生成的二维特征数据的特征已经变得极为主要,所以希望它传到解码器中,少一些变化可以最大化地保存原有的主要特征。

```python
import tensorflow as tf
import numpy as np
import matplotlib.pyplot as plt
# 导入 MINST 数据集
from TensorFlow.examples.tutorials.mnist import input_data
mnist = input_data.read_data_sets("/data/", one_hot=True)
# 参数设置
learning_rate = 0.01
# 设置隐藏层
n_hidden_1 = 256
n_hidden_2 = 64
n_hidden_3 = 16
n_hidden_4 = 2
n_input = 784    # MNIST data 输入 (img shape: 28*28)

#tf Graph 输入
x = tf.placeholder("float", [None,n_input])
y=x
weights = {
     'encoder_h1': tf.Variable(tf.random_normal([n_input, n_hidden_1],)),
     'encoder_h2': tf.Variable(tf.random_normal([n_hidden_1, n_hidden_2],)),
```

```python
        'encoder_h3': tf.Variable(tf.random_normal([n_hidden_2, n_hidden_3],)),
        'encoder_h4': tf.Variable(tf.random_normal([n_hidden_3, n_hidden_4],)),
        'decoder_h1': tf.Variable(tf.random_normal([n_hidden_4, n_hidden_3],)),
        'decoder_h2': tf.Variable(tf.random_normal([n_hidden_3, n_hidden_2],)),
        'decoder_h3': tf.Variable(tf.random_normal([n_hidden_2, n_hidden_1],)),
        'decoder_h4': tf.Variable(tf.random_normal([n_hidden_1, n_input],)),
    }
biases = {
        'encoder_b1': tf.Variable(tf.zeros([n_hidden_1])),
        'encoder_b2': tf.Variable(tf.zeros([n_hidden_2])),
        'encoder_b3': tf.Variable(tf.zeros([n_hidden_3])),
        'encoder_b4': tf.Variable(tf.zeros([n_hidden_4])),
        'decoder_b1': tf.Variable(tf.zeros([n_hidden_3])),
        'decoder_b2': tf.Variable(tf.zeros([n_hidden_2])),
        'decoder_b3': tf.Variable(tf.zeros([n_hidden_1])),
        'decoder_b4': tf.Variable(tf.zeros([n_input])),
    }
def encoder(x):
    layer_1 = tf.nn.sigmoid(tf.add(tf.matmul(x, weights['encoder_h1']),
                                   biases['encoder_b1']))
    layer_2 = tf.nn.sigmoid(tf.add(tf.matmul(layer_1, weights['encoder_h2']),
                                   biases['encoder_b2']))
    layer_3 = tf.nn.sigmoid(tf.add(tf.matmul(layer_2, weights['encoder_h3']),
                                   biases['encoder_b3']))
    layer_4 = tf.add(tf.matmul(layer_3, weights['encoder_h4']),
                                   biases['encoder_b4'])
    return layer_4
def decoder(x):
    layer_1 = tf.nn.sigmoid(tf.add(tf.matmul(x, weights['decoder_h1']),
                                   biases['decoder_b1']))
    layer_2 = tf.nn.sigmoid(tf.add(tf.matmul(layer_1, weights['decoder_h2']),
                                   biases['decoder_b2']))
    layer_3 = tf.nn.sigmoid(tf.add(tf.matmul(layer_2, weights['decoder_h3']),
                                   biases['decoder_b3']))
    layer_4 = tf.nn.sigmoid(tf.add(tf.matmul(layer_3, weights['decoder_h4']),
                                   biases['decoder_b4']))
    return layer_4
# 构建模型
encoder_op = encoder(x)
```

```python
y_pred = decoder(encoder_op)
cost = tf.reduce_mean(tf.pow(y - y_pred, 2))
optimizer = tf.train.AdamOptimizer(learning_rate).minimize(cost)
# 训练
training_epochs = 20   # 20 Epoch 训练
batch_size = 256
display_step = 1

with tf.Session() as sess:
    sess.run(tf.global_variables_initializer())
    total_batch = int(mnist.train.num_examples/batch_size)
    # 启动循环开始训练
    for epoch in range(training_epochs):
        # 遍历全部数据集
        for i in range(total_batch):
            batch_xs, batch_ys = mnist.train.next_batch(batch_size)
            _, c = sess.run([optimizer, cost], feed_dict={x: batch_xs})
        # 显示训练中的详细信息
        if epoch % display_step == 0:
            print("Epoch:", '%04d' % (epoch+1),
                  "cost=", "{:.9f}".format(c))
    print(" 完成!")
    # 可视化结果
    show_num = 10
    encode_decode = sess.run(
        y_pred, feed_dict={x: mnist.test.images[:show_num]})
    # 将与样本对应的自编码重建图像一并输出以便比较
    f, a = plt.subplots(2, 10, figsize=(10, 2))
    for i in range(show_num):
        a[0][i].imshow(np.reshape(mnist.test.images[i], (28, 28)))
        a[1][i].imshow(np.reshape(encode_decode[i], (28, 28)))
    plt.show()
```

运行程序,输出如下,效果如图 9-3 所示。

```
Epoch: 0001 cost= 0.098318711
Epoch: 0002 cost= 0.091663495
Epoch: 0003 cost= 0.081670709
...
Epoch: 0018 cost= 0.058314051
Epoch: 0019 cost= 0.057423860
Epoch: 0020 cost= 0.059067950
完成!
```

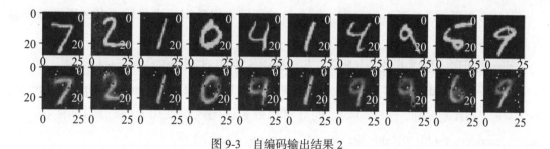

图 9-3　自编码输出结果 2

接着把数据压缩后的二维特征显示出来，执行以下代码：

```
……
# 可视化结果
show_num = 10
encode_decode = sess.run(
    y_pred, feed_dict={x: mnist.test.images[:show_num]})
# 将与样本对应的自编码重建图像一并输出以便比较
f, a = plt.subplots(2, 10, figsize=(10, 2))
for i in range(show_num):
    a[0][i].imshow(np.reshape(mnist.test.images[i], (28, 28)))
    a[1][i].imshow(np.reshape(encode_decode[i], (28, 28)))
plt.show()'''
aa = [np.argmax(l) for l in mnist.test.labels]# 将 onehot 编码转成一般编码
encoder_result = sess.run(encoder_op, feed_dict={x: mnist.test.images})
plt.scatter(encoder_result[:, 0], encoder_result[:, 1], c=aa)#mnist.test.labels)
plt.colorbar()
plt.show()
```

运行程序，效果如图 9-4 所示。

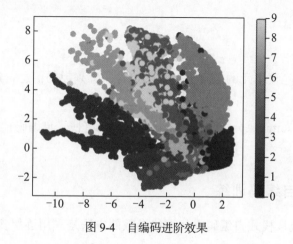

图 9-4　自编码进阶效果

从图 9-4 可知，这是一种聚类，通过自编码网络将数据降维之后更有利于进行分类处理。

当然也可以不用以下代码，那么在最前面引入 MNIST 时就必须把 onehot 关掉，将 mnist = input_data.read_data_sets("/data/", one_hot=True) 改为 mnist = input_data.read_data_sets("/data/", one_hot=False)，同时将倒数第三句改成使用 mnist 的测试标签，plt.scatter(encoder_result[:, 0], encoder_result[:, 1], c=mnist.test.labels)。

9.2 栈式自编码器及实现

逐层贪婪训练法可以依次训练网络的每一层，进而预训练整个深度神经网络。本节介绍如何将自编码器"栈化"到逐层贪婪训练法中，从而预训练（或者说初始化）深度神经网络的权重。

9.2.1 栈式自编码概述

栈式自编码神经网络是一个由多层稀疏自编码器组成的神经网络，前一层自编码器的输出作为后一层自编码器的输入。沿用自编码器的各种符号，对于一个 n 层栈式自编码神经网络，假定用 $W^{(k,1)}$、$W^{(k,2)}$、$b^{(k,1)}$、$b^{(k,2)}$ 表示第 k 个自编码器对应的 $W^{(1)}$、$W^{(2)}$、$b^{(1)}$、$b^{(2)}$ 参数，那么该栈式自编码神经网络的编码过程就是，按照从前向后的顺序执行每一层自编码器的编码步骤：

$$a^{(l)} = f(z^{(l)})$$
$$z^{(l+1)} = W^{(l,1)}a^{(l)} + b^{(l,1)}$$

同理，栈式自编码神经网络的解码过程就是，按照从后向前的顺序执行每一层自编码的解码步骤：

$$a^{(n+l)} = f(z^{(n+l)})$$
$$z^{(n+l+1)} = W^{(n-l,2)}a^{(n+l)} + b^{(n-l,2)}$$

其中，$a^{(n)}$ 是最深层隐藏单元的激活值，其中包含了感兴趣的信息，这个向量也是对输入值的更高阶的表示。

通过将 $a^{(n)}$ 作为 softmax 分类器的输入特征，可以将栈式自编码神经网络中学到的特征用于分类问题。

9.2.2 栈式自编码训练

一种比较好的获取栈式自编码神经网络参数的方法是采用逐层贪婪训练法进行训练。

即先利用原始输入来训练网络的第一层，得到其参数 $W^{(1,1)}$、$W^{(1,2)}$、$b^{(1,1)}$、$b^{(1,2)}$；然后网络第一层将原始输入转换为由隐藏单元激活值组成的向量（假设该向量为 A），接着把 A 作为第二层的输入，继续训练得到第二层的参数 $W^{(2,1)}$、$W^{(2,2)}$、$b^{(2,1)}$、$b^{(2,2)}$；最后，对后面的各层采用同样的策略，即采用将前层的输出作为下一层输入的方式依次进行训练。

对于上述训练方式，在训练每一层的参数时，会固定其他各层参数保持不变。所以，如果想得到更好的结果，在上述预训练过程完成之后，可以通过反向传播算法同时调整所有层的参数，这个过程一般称作"微调（fine-tuning）"。

实际上，当使用逐层贪婪训练方法将参数训练到快要收敛时，应该使用微调。如果直接在随机化的初始权重上使用微调，会得到不好的结果，因为参数会收敛到局部最优。

如果只对以分类为目的的微调感兴趣，那么惯用的做法是丢掉栈式自编码网络的"解码"层，直接把最后一个隐藏层作为特征输入 softmax 分类器进行分类，这样，分类器（softmax）的分类错误的梯度值就可以直接反向传播给编码层了。

9.2.3 栈式自编码实现 MNIST 手写数字分类

假设要训练一个包含两个隐藏层的栈式自编码网络，用来进行 MNIST 手写数字分类，那么首先要用原始输入 $x^{(k)}$ 训练第一个自编码器，它能够学习得到原始输入的一阶特征表示 $h^{(1)(k)}$，如图 9-5 所示。

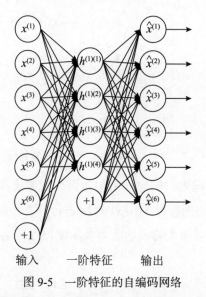

图 9-5　一阶特征的自编码网络

接着，需要把原始数据输入上述训练好的稀疏自编码器中，对于每一个输入 $x^{(k)}$，都可以得到它对应的一阶特征表示 $h^{(1)(k)}$。然后用这些一阶特征作为另一个稀疏自编码器的输入,使用它们来学习二阶特征 $h^{(2)(k)}$,如图 9-6 所示。

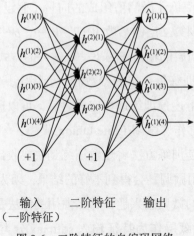

输入　　二阶特征　　输出
(一阶特征)

图 9-6　二阶特征的自编码网络

同样,再把一阶特征输入刚训练好的第二层稀疏自编码器中,就可以得到每个 $h^{(1)(k)}$ 对应的二阶特征激活值 $h^{(2)(k)}$。接下来,把这些二阶特征作为 softmax 分类器的输入,就可以训练得到一个能将二阶特征映射到数字标签的模型,如图 9-7 所示。

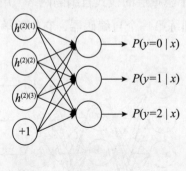

输入　　　softmax
(二阶特征)　分类

图 9-7　将二阶特征映射到数字标签的模型

最终可以将这三层结合起来,构建一个包含两个隐藏层和一个最终 softmax 分类器层的栈式自编码网络,这个网络能够对 MNIST 数字进行分类,如图 9-8 所示。

栈式自编码神经网络具有强大的表达能力及深度神经网络的所有优点。其主要几个优点表现在:

(1)每一层都可以单独训练,保证了降维特征的可控性。

(2)对于高维度的分类问题,一下子拿出一套完整可用的模型并不容易,因为节点太多,参数太多,一味地增加深度只会使结果越来越不可控,成为测底的黑盒,而使用栈式自编码逐层降维，可以将复杂问题简单化，更容易完成任务。

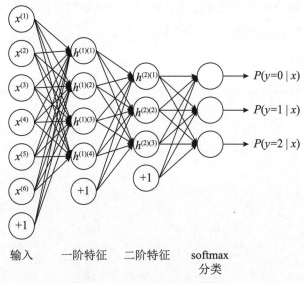

图 9-8　三层栈式自编码网络

（3）理论上是越深层的神经网络对现实的拟合度越高，但是传统的多层神经网络，由于使用的是误差反向传播方式，导致层越深，传播的误差越小。栈式自编码巧妙地绕过了这个问题，直接使用降维后的特征值进行二次训练，可以加深为任意层数。

栈式自编码神经网络能够获取输入的"层次型分组"或"部分-整体分解"结构。自编码器可以学习得到与样本相对应的低维向量，该向量可以更好地表示高维样本的数据特征。

9.2.4　栈式自编码器的应用场合与实现

之前使用自编码器演示 MNIST 的例子，主要是为了得到一个很好的可视化效果，但是在实际应用中，全连接网络的自编码器并不适合处理图像类的问题（因为网络参数太多）。

自编码器更像是一种技巧，在现实环境中，需要使用具体的模型配合各种技巧来解决问题。在任何一个多维数据的分类中都可以使用自编码，或者在大型图片分类任务中，对卷积池化后的特征数据进行自编码降维也是一个好办法。

【例 9-3】去噪自编码器和栈式自编码器的综合实现。

- 首先建立一个去噪自编码器（包含输入层四层的网络）。
- 然后对第一层的输出做一次简单的自编码压缩（包含输入层三层的网络）。

- 接着将第二层的输出做一个 softmax 分类。
- 最后把这 3 个网络的中间层拿出来，组成一个新的网络进行微调，构建一个包含输入层的简单去噪自编码器。

（1）导入数据集。

```
import TensorFlow as tf
import numpy as np
import matplotlib.pyplot as plt
from TensorFlow.examples.tutorials.mnist import input_data
import os

from TensorFlow.examples.tutorials.mnist import input_data
# 获取数据，数字为 1 ~ 10
mnist = input_data.read_data_sets('MNIST_data', one_hot=True)
print(type(mnist)) #<class 'TensorFlow.contrib.learn.python.learn.datasets.base.Datasets'>
print('Training data shape:',mnist.train.images.shape)
print('Test data shape:',mnist.test.images.shape)
print('Validation data shape:',mnist.validation.images.shape)
print('Training label shape:',mnist.train.labels.shape)

train_X = mnist.train.images
train_Y = mnist.train.labels
test_X = mnist.test.images
test_Y = mnist.test.labels
```

（2）定义网络参数。

最终训练的网络包含一个输入层，两个隐藏层，一个输出层。除了输入层，每一层都用一个网络来训练，于是需要训练 3 个网络，最后再把训练好的各层组合在一起，形成第 4 个网络。

```
def stacked_auto_encoder():
    tf.reset_default_graph()
    ''' 网络参数定义 '''
    n_input = 784
    n_hidden_1 = 256
    n_hidden_2 = 128
    n_classes = 10
    learning_rate = 0.01                    # 学习率
    training_epochs = 20                    # 迭代轮数
    batch_size = 256                        # 小批量数量大小
```

```
            display_epoch = 10
            show_num = 10
            savedir = "./stacked_encoder/"       # 检查点文件保存路径
            savefile = 'mnist_model.cpkt'         # 检查点文件名
            # 第一层输入
            x = tf.placeholder(dtype=tf.float32,shape=[None,n_input])
            y = tf.placeholder(dtype=tf.float32,shape=[None,n_input])
            keep_prob = tf.placeholder(dtype=tf.float32)
            # 第二层输入
            l2x = tf.placeholder(dtype=tf.float32,shape=[None,n_hidden_1])
            l2y = tf.placeholder(dtype=tf.float32,shape=[None,n_hidden_1])
            # 第三层输入
            l3x = tf.placeholder(dtype=tf.float32,shape=[None,n_hidden_2])
            l3y = tf.placeholder(dtype=tf.float32,shape=[None,n_classes])
```

（3）定义学习参数。

除了输入层，后面的 3 层（256,128,10）中每一层都需要单独使用一个自编码网络来训练，所以要为这 3 个网络创建 3 套学习参数。

```
            weights = {
            # 网络1 784-256-256-784
            'l1_h1':tf.Variable(tf.truncated_normal(shape=[n_input,n_hidden_1],stddev=0.1)), # 级联使用
            'l1_h2':tf.Variable(tf.truncated_normal(shape=[n_hidden_1,n_hidden_1],stddev=0.1)),
            'l1_out':tf.Variable(tf.truncated_normal(shape=[n_hidden_1,n_input],stddev=0.1)),
            # 网络2 256-128-128-256
            'l2_h1':tf.Variable(tf.truncated_normal(shape=[n_hidden_1,n_hidden_2],stddev=0.1)),# 级联使用
            'l2_h2':tf.Variable(tf.truncated_normal(shape=[n_hidden_2,n_hidden_2],stddev=0.1)),
                      'l2_out':tf.Variable(tf.truncated_normal(shape=[n_hidden_2,n_hidden_1],stddev=0.1)),
            # 网络3 128-10
            'out':tf.Variable(tf.truncated_normal(shape=[n_hidden_2,n_classes],stddev=0.1))   # 级联使用
                        }
                    biases = {
                    # 网络1 784-256-256-784
                    'l1_b1':tf.Variable(tf.zeros(shape=[n_hidden_1])),
                    # 级联使用
                    'l1_b2':tf.Variable(tf.zeros(shape=[n_hidden_1])),
```

```
            'l1_out':tf.Variable(tf.zeros(shape=[n_input])),
            # 网络2 256-128-128-256
            'l2_b1':tf.Variable(tf.zeros(shape=[n_hidden_2])),
            # 级联使用
            'l2_b2':tf.Variable(tf.zeros(shape=[n_hidden_2])),
            'l2_out':tf.Variable(tf.zeros(shape=[n_hidden_1])),
            # 网络3 128-10
            'out':tf.Variable(tf.zeros(shape=[n_classes]))
            # 级联使用
            }
```

（4）定义第一层网络结构。

注意：在第一层中加入噪声，并且使用弃权层 784-256-256-784。

```
    l1_h1 = tf.nn.sigmoid(tf.add(tf.matmul(x,weights['l1_h1']),biases['l1_b1']))
    l1_h1_dropout = tf.nn.dropout(l1_h1,keep_prob)
    l1_h2 = tf.nn.sigmoid(tf.add(tf.matmul(l1_h1_dropout,weights['l1_h2']), biases['l1_b2']))
    l1_h2_dropout = tf.nn.dropout(l1_h2,keep_prob)
    l1_reconstruction = tf.nn.sigmoid(tf.add(tf.matmul(l1_h2_dropout,weights['l1_out']),biases['l1_out']))
    # 计算代价
    l1_cost = tf.reduce_mean((l1_reconstruction-y)**2)
    # 定义优化器
    l1_optm = tf.train.AdamOptimizer(learning_rate).minimize(l1_cost)
```

（5）定义第二层网络结构 256-128-128-256。

```
    l2_h1 = tf.nn.sigmoid(tf.add(tf.matmul(l2x,weights['l2_h1']),biases['l2_b1']))
    l2_h2 = tf.nn.sigmoid(tf.add(tf.matmul(l2_h1,weights['l2_h2']),biases['l2_b2']))
    l2_reconstruction = tf.nn.sigmoid(tf.add(tf.matmul(l2_h2,weights['l2_out']),biases['l2_out']))
    # 计算代价
    l2_cost = tf.reduce_mean((l2_reconstruction-l2y)**2)
    # 定义优化器
    l2_optm = tf.train.AdamOptimizer(learning_rate).minimize(l2_cost)
```

（6）定义第三层网络结构 128-10。

```
    l3_logits = tf.add(tf.matmul(l3x,weights['out']),biases['out'])
    # 计算代价
```

```
        l3_cost = tf.reduce_mean(tf.nn.softmax_cross_entropy_with_
logits(logits=l3_logits,labels=l3y))
        #定义优化器
        l3_optm = tf.train.AdamOptimizer(learning_rate).minimize(l3_cost)
```

（7）定义级联级网络结构。

将前 3 个网络串联在一起，建立第 4 个网络，并定义网络结构。

```
    #1 联 2
    l1_l2_out = tf.nn.sigmoid(tf.add(tf.matmul(l1_h1,weights['l2_
h1']),biases['l2_b1']))
    #2 联 3
    logits = tf.add(tf.matmul(l1_l2_out,weights['out']),biases['out'])
    #计算代价
    cost = tf.reduce_mean(tf.nn.softmax_cross_entropy_with_logits(logit
s=logits,labels=l3y))
    #定义优化器
    optm = tf.train.AdamOptimizer(learning_rate).minimize(cost)
    num_batch = int(np.ceil(mnist.train.num_examples / batch_size))
    #生成 Saver 对象，max_to_keep = 1，表名最多保存一个检查点文件，这样在迭代过程中，
    #新生成的模型就会覆盖以前的模型
    saver = tf.train.Saver(max_to_keep=1)
    #直接载入最近保存的检查点文件
    kpt = tf.train.latest_checkpoint(savedir)
    print("kpt:",kpt)
```

（8）训练网络第一层。

```
        with tf.Session() as sess:
            sess.run(tf.global_variables_initializer())
            #如果存在检查点文件，则恢复模型
            if kpt!=None:
                saver.restore(sess, kpt)
            print('网络第一层 开始训练')
            for epoch in range(training_epochs):
                total_cost = 0.0
                for i in range(num_batch):
                    batch_x,batch_y = mnist.train.next_batch(batch_size)
    #添加噪声，每次取出一批次的数据，将输入数据的每一个像素都加上 0.3 倍的高斯噪声
        batch_x_noise = batch_x + 0.3*np.random.randn(batch_size,784)
        #标准正态分布
                    _,loss= sess.run([l1_optm,l1_cost],feed_dict={x:batch_x_
noise,y:batch_x,keep_prob:0.5})
                    total_cost += loss
```

```python
            # 打印信息
            if epoch % display_epoch == 0:
                print('Epoch {0}/{1}  average cost {2}'.format(epoch,
training_epochs,total_cost/num_batch))
            # 每隔1轮后保存一次检查点
            saver.save(sess,os.path.join(savedir,savefile),global_step = epoch)
    print(' 训练完成 ')
    # 数据可视化
    test_noisy=mnist.test.images[:show_num]  + 0.3*np.random.
randn(show_num,784)
    reconstruction = sess.run(l1_reconstruction,feed_dict = {x:test_
noisy,keep_prob:1.0})
    plt.figure(figsize=(1.0*show_num,1*2))
    for i in range(show_num):
        # 原始图像
        plt.subplot(3,show_num,i+1)
        plt.imshow(np.reshape(mnist.test.images[i],(28,28)),cmap='gray')
        plt.axis('off')
        # 加入噪声后的图像
        plt.subplot(3,show_num,i+show_num*1+1)
        plt.imshow(np.reshape(test_noisy[i],(28,28)),cmap='gray')
        plt.axis('off')
        # 去噪自编码器输出图像
        plt.subplot(3,show_num,i+show_num*2+1)
        plt.imshow(np.reshape(reconstruction[i],(28,28)),cmap='gray')
        plt.axis('off')
    plt.show()
```

（9）训练网络第二层。

注意：这个网络模型的输入已经不再是 MNIST 图片了，而是上一层网络中的一层的输出。

```python
with tf.Session() as sess:
    sess.run(tf.global_variables_initializer())
    print(' 网络第二层 开始训练 ')
    for epoch in range(training_epochs):
        total_cost = 0.0
        for i in range(num_batch):
            batch_x,batch_y = mnist.train.next_batch(batch_size)
            l1_out = sess.run(l1_h1,feed_dict={x:batch_x,keep_prob:1.0})
            _,loss = sess.run([l2_optm,l2_cost],feed_dict={l2x:l1_
out,l2y:l1_out})
            total_cost += loss
```

```python
            # 打印信息
            if epoch % display_epoch == 0:
                print('Epoch {0}/{1}  average cost {2}'.format(epoch,training_epochs,total_cost/num_batch))
            # 每隔1轮后保存一次检查点
            saver.save(sess,os.path.join(savedir,savefile),global_step = epoch)
        print(' 训练完成 ')
        # 数据可视化
        testvec = mnist.test.images[:show_num]
        l1_out = sess.run(l1_h1,feed_dict={x:testvec,keep_prob:1.0})
        reconstruction = sess.run(l2_reconstruction,feed_dict = {l2x:l1_out})
        plt.figure(figsize=(1.0*show_num,1*2))
        for i in range(show_num):
            # 原始图像
            plt.subplot(3,show_num,i+1)
            plt.imshow(np.reshape(testvec[i],(28,28)),cmap='gray')
            plt.axis('off')
            # 加入噪声后的图像
            plt.subplot(3,show_num,i+show_num*1+1)
            plt.imshow(np.reshape(l1_out[i],(16,16)),cmap='gray')
            plt.axis('off')
            # 去噪自编码器输出图像
            plt.subplot(3,show_num,i+show_num*2+1)
            plt.imshow(np.reshape(reconstruction[i],(16,16)),cmap='gray')
            plt.axis('off')
        plt.show()
```

（10）训练网络第三层。

注意：这个网络模型的输入要经过前面 2 次网络运算才可以生成。

```python
    with tf.Session() as sess:
        sess.run(tf.global_variables_initializer())
        print(' 网络第三层 开始训练 ')
        for epoch in range(training_epochs):
            total_cost = 0.0
            for i in range(num_batch):
                batch_x,batch_y = mnist.train.next_batch(batch_size)
                l1_out = sess.run(l1_h1,feed_dict={x:batch_x,keep_prob:1.0})
                l2_out = sess.run(l2_h1,feed_dict={l2x:l1_out})
                _,loss = sess.run([l3_optm,l3_cost],feed_dict={l3x:l2_out,l3y:batch_y})
```

```
                total_cost += loss
            # 打印信息
            if epoch % display_epoch == 0:
                    print('Epoch {0}/{1}  average cost {2}'.
format(epoch,training_epochs,total_cost/num_batch))
            # 每隔1轮后保存一次检查点
            saver.save(sess,os.path.join(savedir,savefile),global_step = epoch)
        print(' 训练完成 ')
```

（11）栈式自编码网络验证。

```
        correct_prediction =tf.equal(tf.argmax(logits,1),tf.argmax(l3y,1))
        # 计算准确率
        accuracy = tf.reduce_mean(tf.cast(correct_prediction,dtype=tf.float32))
        print('Accuracy:',accuracy.eval({x:mnist.test.images,l3y:mnist.test.labels}))
```

（12）级联微调，将网络模型级联起来进行分类训练。

```
    with tf.Session() as sess:
        sess.run(tf.global_variables_initializer())
        print(' 级联微调  开始训练 ')
        for epoch in range(training_epochs):
            total_cost = 0.0
            for i in range(num_batch):
                batch_x,batch_y = mnist.train.next_batch(batch_size)
                _,loss = sess.run([optm,cost],feed_dict={x:batch_x,l3y:batch_y})
                total_cost += loss
            # 打印信息
            if epoch % display_epoch == 0:
                print('Epoch {0}/{1}  average cost {2}'.format(epoch,training_epochs,total_cost/num_batch))
            # 每隔1轮后保存一次检查点
            saver.save(sess,os.path.join(savedir,savefile),global_step = epoch)
        print(' 训练完成 ')
        print('Accuracy:',accuracy.eval({x:mnist.test.images,l3y:mnist.test.labels}))

if __name__ == '__main__':
    stacked_auto_encoder()
```

运行程序，输出如下，效果如图9-9及图9-10所示。

```
Training data shape: (55000, 784)
Test data shape: (10000, 784)
Validation data shape: (5000, 784)
Training label shape: (55000, 10)
网络第一层  开始训练
Epoch 0/20   average cost 0.04819703022407931
Epoch 10/20  average cost 0.026828159149302994
训练完成
```

图 9-9 第一层训练降噪效果

```
网络第二层  开始训练
Epoch 0/20   average cost 0.015684995388742105
Epoch 10/20  average cost 0.003399355595844776
训练完成
```

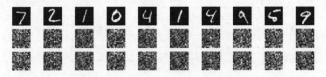

图 9-10 第二层训练降噪效果

```
网络第三层  开始训练
Epoch 0/20   average cost 2.0654699164767596
Epoch 10/20  average cost 0.7360656081244003
训练完成
Accuracy: 0.8465
级联微调  开始训练
Epoch 0/20   average cost 0.355837113011715
Epoch 10/20  average cost 0.017571143613760033
训练完成
Accuracy: 0.9772
```

由于网络模型中各层的初始值已经训练好了，略过对第三层网络模型的单独验证，直接去验证整个分类模型，看看栈式自编码器的分类效果如何。由以上结果可以看出，直接将每层的训练参数堆起来，网络会有不错的表现，准确率达到 84.65%。为了进一步优化，进行了级联微调，最终的准确率达到了 97.72%。可以看到这个准确率和前馈神经网络的准确率近似，还可以增加网络的层数进一步提高准确率。

9.3 变分自编码及实现

变分自编码（Variational Auto-Encoder，VAE）不再是学习样本的个体，而是学习样本的规律，这样训练出来的自编码不仅具有重构样本的功能，而且具有仿照样本的功能。

变分自编码其实就是在编码过程中改变了样本的分布（"变分"可以理解为改变分布）。前面所说的"学习样本的规律"，具体指的就是样本的分布，假设知道样本的分布函数，就可以从这个函数中随便取一个样本，然后从网络解码层向前传导，这样就可以生成一个新的样本。

为了得到这个样本的分布函数，模型训练的目的不再是样本本身，而是通过加一个约束项，将网络生成一个服从高斯分布的数据集，这样按照高斯分布中的均值和方差规则就可以任意取相关的数据，然后通过解码层还原成样本。VAE 的结构框图如图 9-11 所示。

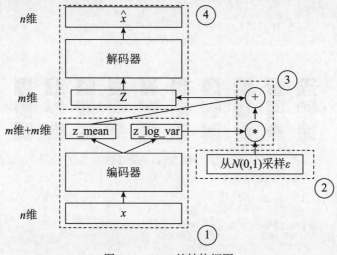

图 9-11 VAE 的结构框图

9.3.1 变分自编码原理

以 MNIST 为例，在看过几千张手写数字图片之后，变分自编码神经网络能进行模仿，并生成一些类似的图片，这些图片在原始数据中并不存在，与原始数据相比，有一些变化但看起来相似。如果学会了数据 x 的分布 $P(X)$，这样根据数据的分布就能轻松地产生新样本。

但数据分布的估计不是件容易的事情，尤其是当数据量不足的时候。这时可以使用一个隐变量 z，由 z 经过一个复杂的映射得到 x，并且假设 z 服从高斯分布：

$$x = f(z;\theta)$$

因此只需学习隐变量所服从高斯分布的参数，以及映射函数，即可得到原始数据的分布，为了学习隐变量所服从高斯分布的参数，需要得到足够多的 z 的样本。然而 z 的样本并不能直接获得，因此还需要一个映射函数（条件概率分布），从已有的 x 样本中得到对应的 z 样本：

$$z = Q(z|x)$$

VAE 看起来和自编码器很相似，从数据本身经编码得到隐层表示，经解码还原。但 VAE 和 AE 存在如下区别。

- AE 中隐层表示的分布未知，而 VAE 中隐变量服从高斯分布。
- AE 中学习的是 encoder 和 decoder，VAE 中还学习了隐变量的分布，包括高斯分布的均值和方差。
- AE 只能从一个 x，得到对应的重构 x。
- VAE 可以产生新的 z，从而得到新的 x，即生成新的样本。

9.3.2 变分自编码模拟生成 MNIST 数据

由于在 VAE 中假设隐变量 z 服从高斯分布，因此 encoder 对应的条件概率分布应和高斯分布尽可能相似。可以用相对熵，又称作 KL 散度（Kullback–Leibler Divergence）来衡量两个分布的差异，或者说距离，但相对熵是非对称的：

$$D(f \| g) = \int f(x) \log \frac{f(x)}{g(x)} \mathrm{d}x$$

下面直接通过一个实例来演示变分自编码的应用。

【例 9-4】使用 VAE 模拟生成 MNIST 数据。

（1）定义占位符。

该网络与之前的略有不同，编码器为两个全连接层，第一个全连接层由 784 个维度的输入变为 256 个维度的输出，第二个全连接层并列连接了两个输出网络，mean 和 lg_var（可以看作噪声项，VAE 跟普通的自编码器差别不大，无非是多加了该噪声并对该噪声做了约束），每个网络都输出了 2 个维度的输出。然后两个输出通过一个公式进行计算，输入以一个 2 节点为开始的解码部分，接着后面为两个全连接的解码层，第一个由 2 个维度的输入到 256 个维度的输出，第二个由 256 个维度的输入到 784 个维度的输出。

```
import tensorflow as tf
import numpy as np
import matplotlib.pyplot as plt
from TensorFlow.examples.tutorials.mnist import input_data
```

```
from scipy.stats import norm

mnist = input_data.read_data_sets('MNIST-data',one_hot=True)

print(type(mnist)) #<class 'TensorFlow.contrib.learn.python.learn.
datasets.base.Datasets'>
print('Training data shape:',mnist.train.images.shape)
print('Test data shape:',mnist.test.images.shape)
print('Validation data shape:',mnist.validation.images.shape)
print('Training label shape:',mnist.train.labels.shape)

train_X = mnist.train.images
train_Y = mnist.train.labels
test_X = mnist.test.images
test_Y = mnist.test.labels
'''
定义网络参数
'''
n_input = 784
n_hidden_1 = 256
n_hidden_2 = 2
learning_rate = 0.001
training_epochs = 20        # 迭代轮数
batch_size = 128            # 小批量数量大小
display_epoch = 3
show_num = 10

x = tf.placeholder(dtype=tf.float32,shape=[None,n_input])
# 后面通过它输入分布数据，用来生成模拟样本数据
zinput = tf.placeholder(dtype=tf.float32,shape=[None,n_hidden_2])
```

（2）定义学习参数。

mean_w1 和 mean_b1 是生成 mean 的权重和偏置，log_sigma_w1 和 log_sigma_b1 是生成 log_sigma 的权重和偏置。

```
weights = {
        'w1':tf.Variable(tf.truncated_normal([n_input,n_hidden_1],stddev = 0.001)),
        'mean_w1':tf.Variable(tf.truncated_normal([n_hidden_1,n_hidden_2],stddev = 0.001)),
        'log_sigma_w1':tf.Variable(tf.truncated_normal([n_hidden_1,n_hidden_2],stddev = 0.001)),
        'w2':tf.Variable(tf.truncated_normal([n_hidden_2,n_hidden_1],stddev = 0.001)),
```

```
            'w3':tf.Variable(tf.truncated_normal([n_hidden_1,n_input],stddev =
0.001))
        }
biases = {
        'b1':tf.Variable(tf.zeros([n_hidden_1])),
        'mean_b1':tf.Variable(tf.zeros([n_hidden_2])),
        'log_sigma_b1':tf.Variable(tf.zeros([n_hidden_2])),
        'b2':tf.Variable(tf.zeros([n_hidden_1])),
        'b3':tf.Variable(tf.zeros([n_input]))
        }
```

注意：这里初始化权重时，使用了很小的值 0.001。这里设置得非常小心，因为如果网络初始生成的模型均值和方差都很大，那么其与标准高斯分布的差距就会非常大，这样会导致模型训练不出来，生成 NAN 的情况。

（3）定义网络结构。

```
# 第一个全连接层是由 784 个维度的输入样本作为 256 个维度的输出
h1 = tf.nn.ReLU(tf.add(tf.matmul(x,weights['w1']),biases['b1']))
# 第二个全连接层并列了两个输出网络
z_mean = tf.add(tf.matmul(h1,weights['mean_w1']),biases['mean_b1'])
z_log_sigma_sq = tf.add(tf.matmul(h1,weights['log_sigma_w1']),biases
['log_sigma_b1'])

# 然后将两个输出通过一个公式进行计算，输入以一个以 2 节点为开始的解码部分，为高斯分布样本
eps = tf.random_normal(tf.stack([tf.shape(h1)[0],n_hidden_2]),0,1,dtype =
tf.float32)
z = tf.add(z_mean,tf.multiply(tf.sqrt(tf.exp(z_log_sigma_sq)),eps))

# 解码器由 2 个维度的输入作为 256 个维度的输出
h2 = tf.nn.ReLU(tf.matmul(z,weights['w2']) + biases['b2'])
# 解码器由 256 个维度的输入作为 784 个维度的输出，即还原成原始输入数据
reconstruction = tf.matmul(h2,weights['w3']) + biases['b3']

# 这两个节点不属于训练中的结构，是为了生成指定数据用的
h2out = tf.nn.ReLU(tf.matmul(zinput,weights['w2']) + biases['b2'])
reconstructionout = tf.matmul(h2out,weights['w3']) + biases['b3']
```

（4）反向传播。

这里定义损失函数加入了 KL 散度。

```
# 计算重建 loss
# 计算原始数据和重构数据之间的损失，这里除了使用平方差代价函数外，也可以使用交叉熵代价函数
reconstr_loss = 0.5*tf.reduce_sum((reconstruction-x)**2)
print(reconstr_loss.shape)          #(,) 标量
```

```python
# 使用 KL 散度公式
latent_loss = -0.5*tf.reduce_sum(1 + z_log_sigma_sq - tf.square(z_mean) - tf.exp(z_log_sigma_sq),1)
print(latent_loss.shape)        #(128,)
cost = tf.reduce_mean(reconstr_loss+latent_loss)
# 定义优化器
optimizer = tf.train.AdamOptimizer(learning_rate).minimize(cost)
num_batch = int(np.ceil(mnist.train.num_examples / batch_size))
```

（5）开始训练，并可视化输出。

```python
with tf.Session() as sess:
    sess.run(tf.global_variables_initializer())
    
    print('开始训练')
    for epoch in range(training_epochs):
        total_cost = 0.0
        for i in range(num_batch):
            batch_x,batch_y = mnist.train.next_batch(batch_size)
            _,loss = sess.run([optimizer,cost],feed_dict={x:batch_x})
            total_cost += loss
        
        # 打印信息
        if epoch % display_epoch == 0:
            print('Epoch {}/{}  average cost {:.9f}'.format(epoch+1,training_epochs,total_cost/num_batch))
    print('训练完成')
    # 测试
    print('Result:',cost.eval({x:mnist.test.images}))
    # 数据可视化
    reconstruction = sess.run(reconstruction,feed_dict = {x:mnist.test.images[:show_num]})
    plt.figure(figsize=(1.0*show_num,1*2))
    for i in range(show_num):
        # 原始图像
        plt.subplot(2,show_num,i+1)
        plt.imshow(np.reshape(mnist.test.images[i],(28,28)),cmap='gray')
        plt.axis('off')
        # 变分自编码器重构图像
        plt.subplot(2,show_num,i+show_num+1)
        plt.imshow(np.reshape(reconstruction[i],(28,28)),cmap='gray')
        plt.axis('off')
    plt.show()
    # 绘制均值和方差代表的二维数据
```

```python
    plt.figure(figsize=(5,4))
    # 将 onehot 转为一维编码
    labels = [np.argmax(y) for y in mnist.test.labels]
    mean,log_sigma = sess.run([z_mean,z_log_sigma_sq],feed_dict={x:mnist.test.images})
    plt.scatter(mean[:,0],mean[:,1],c=labels)
    plt.colorbar()
    plt.show()
    '''
    plt.figure(figsize=(5,4))
    plt.scatter(log_sigma[:,0],log_sigma[:,1],c=labels)
    plt.colorbar()
    plt.show()
    '''
    '''
    高斯分布取样,生成模拟数据
    '''
    n = 15   #15 x 15 的 figure
    digit_size = 28
    figure = np.zeros((digit_size * n, digit_size * n))
    grid_x = norm.ppf(np.linspace(0.05, 0.95, n))
    grid_y = norm.ppf(np.linspace(0.05, 0.95, n))
    for i, yi in enumerate(grid_x):
        for j, xi in enumerate(grid_y):
            z_sample = np.array([[xi, yi]])
            x_decoded = sess.run(reconstructionout,feed_dict={zinput:z_sample})

            digit = x_decoded[0].reshape(digit_size, digit_size)
            figure[i * digit_size: (i + 1) * digit_size,
                   j * digit_size: (j + 1) * digit_size] = digit

    plt.figure(figsize=(10, 10))
    plt.imshow(figure, cmap='gray')
    plt.show()
```

运行程序,输出如下,效果如图 9-12 ~ 图 9-14 所示。

```
Training data shape: (55000, 784)
Test data shape: (10000, 784)
Validation data shape: (5000, 784)
Training label shape: (55000, 10)
开始训练
Epoch 1/20   average cost 3122.352842819
Epoch 4/20   average cost 2448.467387355
Epoch 7/20   average cost 2294.400140239
```

```
Epoch 10/20    average cost 2215.912743573
Epoch 13/20    average cost 2166.834991313
Epoch 16/20    average cost 2132.051581520
Epoch 19/20    average cost 2104.639311183
训练完成
Result: 163160.58
```

图 9-12　变分自编码结果

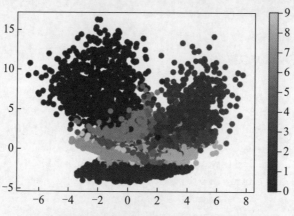

图 9-13　变分自编码二维可视化

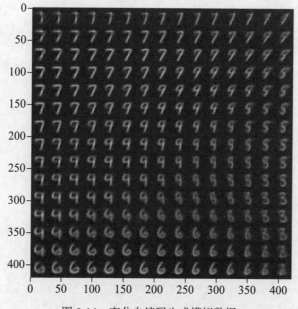

图 9-14　变分自编码生成模拟数据

由图 9-14 可看出，从左下角到右上角显示了在神经网络的世界里，网络是按照图片的形状变化而排列的，并不像人类一样，把数字按照 1～9 的顺序排列，因为机器学习的只是图片，而人类对数字的理解更多的是其代表的意义。

9.4 条件变分自编码及实现

前面介绍变分自编码器是为了本节条件变分自解码器做铺垫，在实际应用中条件变分自编码器的应用更广泛，下面来介绍条件变分自编码器。

9.4.1 条件变分自编码概述

变分自编码器存在一个问题：虽然可以生成一个样本，但是只能输出与输入图片相同类别的样本。虽然也可以随机从符合模型生成的高斯分布中取数据来还原样本，但是并不知道生成的样本属于哪个类别。条件变分自编码器可以解决这个问题，让网络按所指定的类别生成样本。

在变分自编码器的基础上，条件变分自编码器的主要的改动是在训练、测试时，加入一个 one-hot 向量，用于表示标签向量。其实，就是给变分自编码网络加一个条件，让网络在学习图片分布时加入标签因素，这样可以按照标签的数值来生成指定的图片。

9.4.2 条件变分自编码网络生成 MNIST 数据

【例 9-5】使用标签指导条件变分自编码网络生成 MNIST 数据。

在编码阶段需要在输入端添加标签对应的特征。在解码阶段同样也需要将标签加入输入，这样，在解码的结果不断向原始的输入样本的逼近，最终得到的模型会把输入的标签特征当成 MNIST 数据的一部分，这样就实现了通过标签来生成 MNIST 数据的目的。

在输入端添加标签时，一般是通过一个全连接层的变换将得到的结果连接到原始输入的地方，在解码阶段也将标签作为样本输入，与高斯分布的随机值一并运算，生成模拟样本。条件变分自编码网络结构如图 9-15 所示。

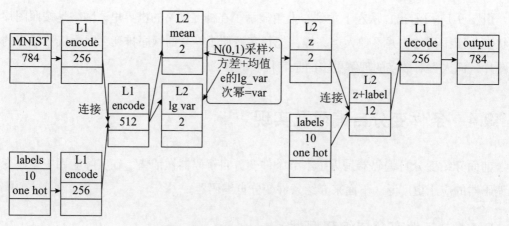

图 9-15 条件变分自编码网络结构

实现的 TensorFlow 代码如下:

```python
'''
条件变分自编码
'''
import tensorflow as tf
import numpy as np
import matplotlib.pyplot as plt
from TensorFlow.examples.tutorials.mnist import input_data

mnist = input_data.read_data_sets('MNIST-data',one_hot=True)
print(type(mnist))
print('Training data shape:',mnist.train.images.shape)
print('Test data shape:',mnist.test.images.shape)
print('Validation data shape:',mnist.validation.images.shape)
print('Training label shape:',mnist.train.labels.shape)

train_X = mnist.train.images
train_Y = mnist.train.labels
test_X = mnist.test.images
test_Y = mnist.test.labels
'''
定义网络参数
'''
n_input = 784
n_hidden_1 = 256
n_hidden_2 = 2
n_classes = 10
learning_rate = 0.001
```

```python
training_epochs = 20        # 迭代轮数
batch_size = 128            # 小批量数量大小
display_epoch = 3
show_num = 10

x = tf.placeholder(dtype=tf.float32,shape=[None,n_input])
y = tf.placeholder(dtype=tf.float32,shape=[None,n_classes])
# 后面通过它输入分布数据，用来生成模拟样本数据
zinput = tf.placeholder(dtype=tf.float32,shape=[None,n_hidden_2])
'''
定义学习参数
'''
weights = {
        'w1':tf.Variable(tf.truncated_normal([n_input,n_hidden_1],stddev = 0.001)),
        'w_lab1':tf.Variable(tf.truncated_normal([n_classes,n_hidden_1],stddev = 0.001)),
      'mean_w1':tf.Variable(tf.truncated_normal([n_hidden_1*2,n_hidden_2],stddev = 0.001)),
        'log_sigma_w1':tf.Variable(tf.truncated_normal([n_hidden_1*2,n_hidden_2],stddev = 0.001)),
        'w2':tf.Variable(tf.truncated_normal([n_hidden_2+n_classes,n_hidden_1],stddev = 0.001)),
        'w3':tf.Variable(tf.truncated_normal([n_hidden_1,n_input],stddev = 0.001))
        }
biases = {
        'b1':tf.Variable(tf.zeros([n_hidden_1])),
        'b_lab1':tf.Variable(tf.zeros([n_hidden_1])),
        'mean_b1':tf.Variable(tf.zeros([n_hidden_2])),
        'log_sigma_b1':tf.Variable(tf.zeros([n_hidden_2])),
        'b2':tf.Variable(tf.zeros([n_hidden_1])),
        'b3':tf.Variable(tf.zeros([n_input]))
        }
'''
定义网络结构
'''
# 第一个全连接层是由 784 个维度的输入样本变成 256 个维度的输出
h1 = tf.nn.ReLU(tf.add(tf.matmul(x,weights['w1']),biases['b1']))
# 输入标签
h_lab1 = tf.nn.ReLU(tf.add(tf.matmul(y,weights['w_lab1']),biases['b_lab1']))
# 合并
hall1 = tf.concat([h1,h_lab1],1)
# 第二个全连接层并列了两个输出网络
```

```python
z_mean = tf.add(tf.matmul(hall1,weights['mean_w1']),biases['mean_b1'])
z_log_sigma_sq = tf.add(tf.matmul(hall1,weights['log_sigma_w1']),biases['log_sigma_b1'])
# 然后将两个输出通过一个公式进行计算,输入以一个 2 节点为开始的解码部分,为高斯分布样本
eps = tf.random_normal(tf.stack([tf.shape(h1)[0],n_hidden_2]),0,1,dtype=tf.float32)
z = tf.add(z_mean,tf.multiply(tf.sqrt(tf.exp(z_log_sigma_sq)),eps))
# 合并
zall = tf.concat([z,y],1)
# 解码器,由 12 个维度的输入变成 256 个维度的输出
h2 = tf.nn.ReLU(tf.matmul(zall,weights['w2']) + biases['b2'])
# 解码器,由 256 个维度的输入变成 784 个维度的输出,即还原成原始输入数据
reconstruction = tf.matmul(h2,weights['w3']) + biases['b3']
# 这两个节点不属于训练中的结构,是为了生成指定数据用的
zinputall = tf.concat([zinput,y],1)
h2out = tf.nn.ReLU(tf.matmul(zinputall,weights['w2']) + biases['b2'])
reconstructionout = tf.matmul(h2out,weights['w3']) + biases['b3']
'''
构建模型的反向传播
'''
# 计算重建 loss
# 计算原始数据和重构数据之间的损失,这里除了使用平方差代价函数外,也可以使用交叉熵代价
# 函数
reconstr_loss = 0.5*tf.reduce_sum((reconstruction-x)**2)
print(reconstr_loss.shape)      # 标量
# 使用 KL 散度公式
latent_loss = -0.5*tf.reduce_sum(1 + z_log_sigma_sq - tf.square(z_mean) - tf.exp(z_log_sigma_sq),1)
print(latent_loss.shape)        #(128,)
cost = tf.reduce_mean(reconstr_loss+latent_loss)
# 定义优化器
optimizer = tf.train.AdamOptimizer(learning_rate).minimize(cost)
num_batch = int(np.ceil(mnist.train.num_examples / batch_size))
'''
开始训练
'''
with tf.Session() as sess:
    sess.run(tf.global_variables_initializer())
    print('开始训练')
    for epoch in range(training_epochs):
        total_cost = 0.0
        for i in range(num_batch):
            batch_x,batch_y = mnist.train.next_batch(batch_size)
```

```python
            _,loss = sess.run([optimizer,cost],feed_dict={x:batch_x,y:batch_y})
            total_cost += loss
        # 打印信息
        if epoch % display_epoch == 0:
            print('Epoch {}/{}  average cost {:.9f}'.format(epoch+1,training_epochs,total_cost/num_batch))
    print('训练完成')
    # 测试
    print('Result:',cost.eval({x:mnist.test.images,y:mnist.test.labels}))
    # 数据可视化，根据原始图片生成自编码数据
    reconstruction=sess.run(reconstruction,feed_dict = {x:mnist.test.images[:show_num],y:mnist.test.labels[:show_num]})
    plt.figure(figsize=(1.0*show_num,1*2))
    for i in range(show_num):
        # 原始图像
        plt.subplot(2,show_num,i+1)
        plt.imshow(np.reshape(mnist.test.images[i],(28,28)),cmap='gray')
        plt.axis('off')
        # 变分自编码器重构图像
        plt.subplot(2,show_num,i+show_num+1)
        plt.imshow(np.reshape(reconstruction[i],(28,28)),cmap='gray')
        plt.axis('off')
    plt.show()
    '''
    高斯分布取样，根据标签生成模拟数据
    '''
    z_sample = np.random.randn(show_num,2)
    reconstruction = sess.run(reconstructionout,feed_dict={zinput:z_sample,y:mnist.test.labels[:show_num]})
    plt.figure(figsize=(1.0*show_num,1*2))
    for i in range(show_num):
        # 原始图像
        plt.subplot(2,show_num,i+1)
        plt.imshow(np.reshape(mnist.test.images[i],(28,28)),cmap='gray')
        plt.axis('off')
        # 根据标签生成模拟数据
        plt.subplot(2,show_num,i+show_num+1)
        plt.imshow(np.reshape(reconstruction[i],(28,28)),cmap='gray')
        plt.axis('off')
    plt.show()
```

运行程序，输出如下，效果如图 9-16 和图 9-17 所示。

```
Training data shape: (55000, 784)
Test data shape: (10000, 784)
Validation data shape: (5000, 784)
Training label shape: (55000, 10)
开始训练
Epoch 1/20   average cost 2747.583380269
Epoch 4/20   average cost 1929.891334427
Epoch 7/20   average cost 1846.391463595
Epoch 10/20  average cost 1804.154971384
Epoch 13/20  average cost 1774.558020871
Epoch 16/20  average cost 1754.259125749
Epoch 19/20  average cost 1737.567899198
训练完成
Result: 135659.16
```

图 9-16　根据原数据生成模拟数据

图 9-17　根据标签生成模拟数据

图 9-16 是根据原始图片生成的自编码数据，第一行为原始数据，第二行为自编码数据，该数据仍然保留了一些原始图片的特征。

图 9-17 是利用样本数据的标签和高斯分布的 z_sample 一起生成的模拟数据，可以看到通过标签生成的数据，已经彻底学会了样本数据的分布，并生成了与输入截然不同但意义相同的数据。

参考文献

[1] 李嘉璇. TensorFlow 技术解析与实战 [M]. 北京：人民邮电出版社, 2017.

[2] BONNIN R. TensorFlow 机器学习项目实战 [M]. 姚鹏鹏, 译. 北京：人民邮电出版社, 2017.

[3] 李金洪. 深度学习之 TensorFlow 入门、原理与进阶实战 [M]. 北京：机械工业出版社, 2018.

[4] 罗冬日. TensorFlow 入门与实战 [M]. 北京：人民邮电出版社, 2018.

[5] 郑泽宇, 梁博文, 顾思宇, 等. TensorFlow 实战 Google 深度学习框架 [M]. 2 版. 北京：电子工业出版社, 2018.

[6] 黄鸿波. TensorFlow 进阶指南 [M]. 北京：电子工业出版社, 2018.

[7] 王晓华. TensorFlow 深度学习应用实战 [M]. 北京：清华大学出版社, 2017.

[8] CHOPRA D, JOSHI N, MATHUR L. 精通 Python 自然语言处理 [M]. 王威, 译. 北京：人民邮电出版社, 2017.

[9] GANEGEDARA T. TensorFlow 自然语言处理 [M]. 马恩驰, 陆健, 译. 北京：机械工业出版社, 2019.

[10] 李孟全. TensorFlow 与自然语言处理应用 [M]. 北京：清华大学出版社, 2019.

[11] 赤石雅典, 江泽美保. Python 自然语言处理入门 [M]. 陈欢, 译. 北京：中国水利水电出版社, 2022.

[12] ANTIC Z. Python 自然语言处理实战 [M]. 于延锁, 刘强, 译. 北京：机械工业出版社, 2023.